自动化生产线
项目分析与设计

张 聪 ◎ 著

U0396334

华南理工大学出版社
SOUTH CHINA UNIVERSITY OF TECHNOLOGY PRESS
·广州·

内 容 提 要

本书通过实例分析，阐述自动化生产线的设计流程和方法。内容主要分为七部分，涉及水果加工与包装等具体的生产线项目，每个项目均自成体系，对相关生产线的整个设计过程进行详尽的解析，论述其研究方案的确立、工艺流程的制定、全线总体及关键设备设计等。通过本书的学习，读者可全面了解自动化生产线项目分析与设计的完整工作流程。

本书可作为大学机械工程等相关专业师生的教材或设计指导用书，也可供从事机械设计工作的技术人员和学者作为参考资料。

图书在版编目（CIP）数据

自动化生产线项目分析与设计/张聪著. －－广州：华南理工大学出版社，2024.6.
ISBN 978 － 7 － 5623 － 7728 － 3

Ⅰ. TP278

中国国家版本馆 CIP 数据核字第 2024542PZ3 号

Zidonghua Shengchanxian Xiangmu Fenxi Yu Sheji
自动化生产线项目分析与设计
张 聪 著

出 版 人：柯 宁
出版发行：华南理工大学出版社
（广州五山华南理工大学 17 号楼，邮编 510640）
http://hg.cb.scut.edu.cn　E-mail：scutc13@ scut.edu.cn
营销部电话：020－87113487　87111048 （传真）
责任编辑：黄冰莹　张 颖
责任校对：王洪霞
印 刷 者：广东虎彩云印刷有限公司
开　　本：787mm×1092mm　1/16　印张：15.75　字数：403 千
版　　次：2024 年 6 月第 1 版　印次：2024 年 6 月第 1 次印刷
定　　价：63.00 元

前　言

自动化生产线广泛应用于各个领域，涵盖食品、日化、电器、通信、汽车等行业。只要是大规模的产品加工和制造，就需要配备自动化生产线。各行业应用的生产线各不相同，类型多，但会有共性技术，而且均遵循一定的设计流程和模式。

自动化生产线基本是由多种技术有机结合的综合性系统，涉及的技术包括机械、气动、传感、检测、控制，等等。因此，开发新型的自动化生产线，要求技术人员必须具备多方面的知识，不但要掌握机械结构原理，而且要熟知检测及控制技术等，从而有能力根据产品特性制定合理的工艺流程，进而提出科学而实用的设计方案。

传统的自动化生产线书籍着重于介绍过程控制等知识点，缺少具体的生产应用实例，并缺乏对自动化生产线项目的全面分析，难以指导实际设计。有鉴于此，本书从实际出发，选取具体的自动化生产线项目，重点以果蔬加工和包装等生产设备为例，结合现代装备制造业的先进技术进行详细阐述，力求使读者学习后能熟悉相关自动化生产线的系统结构和功能特性，掌握相类似的机械和控制系统的工作原理。进一步触类旁通，能进行包括项目分析、设计、配套等在内的完整工作流程。

笔者从事果蔬加工技术装备、食品与包装机械等研究、开发工作逾 30 年，曾经在研究所和企业主持过大量的研发项目，涉及果蔬保鲜分级、食品包装、饮料加工等领域，开发的自动化生产线已应用于国内外众多的产品加工和制造企业。

本书从文字到图表均为笔者主持的研究项目的原创性材料，书中所列的自动化生产线及其机械设备包含笔者研究中的大量专利技术。全书文字均源于笔者的研究报告，所有插图均出自笔者的设计图纸。

笔者撰写此书的主要目的是针对大学机械工程类相关专业的学生，为其提供一种理论联系实际的可行性教材。通过具体案例的分析，使学生能掌握自动化生产线的应用技术，从而培养其较强的独立分析问题及解决问题的能力，以适应现代机电行业的发展趋势。

笔者更期待，此书不但可以向读者传授实用的自动化生产线设计方法与技巧，而且可供国内从事相关专业研究的技术人员和学者参考，从而能给相关技术人员一点创造性启发，在行业中研发出更先进和智能的自动化生产线，共同促进国产装备制造业的发展。

张聪

2023 年 12 月于广州

目　录

概　论

自动化生产线的应用领域非常广泛，无论是食品、饮料、药品的加工生产，还是家电、汽车、电子产品的制造等都离不开自动化生产线。采用自动化生产线进行规模化商品生产，可减少劳动力，提高生产效率，同时确保产品的标准化和高质量。因此，自动化生产线在现代化工业生产中有着极其重要的地位和作用。

自动化生产线是一个技术综合体，包括机械技术、气动技术、传感检测技术、PLC 技术、网络通信技术、人机界面技术，等等。每一条生产线都需要按特定条件结合多种技术灵活应用。因此，开发新型的自动化生产线，要求设计人员不能仅局限于掌握机电技术，还须具备多方面知识。

（1）自动化生产线的基本形式

自动化生产线应用于产品的规模化生产，而产品的加工或制造过程需要经过多个工序。一条自动化生产线必须包含产品生产的全部工序，每一工序（或几个工序）需要配套一台自动化专机。在生产过程中，上一工序完成后，半成品需经过输送或搬运进入下一工序，如此连续经过一系列专机的加工和输送过程，最终产出成品。因此，自动化生产线一定是由多台自动化专机组成的，而且必须按照预先设定的工序排列。各台专机之间还需要用自动化输送或搬运系统连接，再通过集中控制，才能形成功能完善的自动化产品生产系统。

由此可见，自动化生产线就是一套处理、加工、制造产品的自动化系统。该系统按照特定的生产流程（工序），将各种自动化专机、输送及辅助装置连成一体，通过气动、液压、电机、传感器和电气控制使各部分的动作联系起来，按照规定的程序自动运行，连续、稳定地生产出符合技术要求的特定产品。

（2）自动化生产线的设计要点及流程

自动化生产线从规划、设计、制造到安装调试和投产，是一个复杂的系统工程，一般都需要团体协作完成。接受生产线项目开发工作后，设计者首先要进行全面和深入的分析，对项目背景、相关技术状况、关键技术及设计要点和难点等都需要了如指掌。实际设计过程中，还要根据特定条件考虑各方面因素的影响，尽量减少失误。

自动化生产线的设计涉及相关机械设备的选型，以及设备之间的相互衔接、协调动作、统一调控等，其设计要点主要包括：

①确定生产工艺流程。针对特定的产品，根据其生产目标制定合理的工艺流程。这是自动化生产线设计的首要工作。工艺流程是否科学合理，将直接影响所配套的生产线的使用效果。

②根据工艺流程进行设备配置。对于通用的、定型的、现成的机械设备，可搜集相关的资料，包括制造厂家、型号规格、性能参数等。对照工艺流程的要求进行分析、比较，择优选配。

③对定制的、专用的、非标的、新型的机械设备进行方案设计，初步确定机型、结构及相关技术参数。

④自动化生产线总体设计。根据厂房布局绘制生产线安装及平面布置图。

⑤制定详细的设备清单。

⑥开展具体的设计工作，包括单机设计、设备集成设计、设备间输送及衔接的设计、管线配置设计、全线控制设计等。

最终目标就是构建符合工艺要求的高效的自动化生产线，满足生产要求。

在自动化生产线项目实施过程中，需要制定一个合理的设计工作流程，按部就班地开展工作，如图0-1所示。

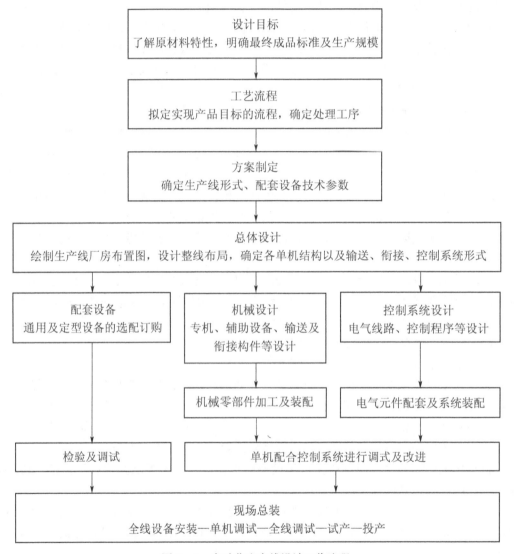

图0-1　自动化生产线设计工作流程

（3）自动化生产线的完善

每一条新设计的生产线或多或少都会有一些问题或不足，需要进一步完善，这是生产线设计过程的重要一环。自动化生产线在投入生产运行后，各种问题和缺陷会一一显露。每条生产线都有一个瓶颈工序，这需要特别关注。瓶颈工序中的设备是全线节拍时间最长（即速度最低）的设备，会影响全线的生产能力。

作为设计人员，要改进完善生产线，首先要针对故障率高的设备，找出问题加以解决。其次，要重点观察生产线的瓶颈工序，把该工序配置的设备所包含的缺陷发掘出来，才能想办法完善全线。如果该工序处于人工操作状态，则需要衡量以目前的技术条件是否可支持设计新型设备进行替代。

假如确定生产线某工序中的设备需要改进，首先要明确需要改进的装置或机构最终的性能可达到什么程度。例如，改进某个容易出故障的装置后，故障率可下降的百分比；改进某个制约工作速度的机构后，设备可提速的百分比；改进某套导致整机功耗过高的系统后，设备能降耗的百分比。

针对生产线中人工辅助操作工序的改进，需根据已有条件来确定能否设计全自动设备完全代替人工而衔接全线，还是只能设计半自动设备部分代替人工而优化工序。

对于生产线某一工序设备的改进，除了分析采用的技术是否合理和成熟，还要分析改动该工序设备后是否影响前后工序设备的配合和衔接。总之，对生产线中任何设备的改进优化都不能孤立对待，而是需要从全线的角度考虑，确保生产线上每台设备都能配合动作，协调运行。

本书将以具体设计和实际应用的自动化生产线作为阐述对象，通过列举多条果蔬加工和包装生产线，详述各项目的分析方法、研究方案的确立、工艺流程的制定、全线总体及关键设备的设计等。

1 果蔬洁净加工生产线

【关键技术】
- 水气浴清洗技术
- 超声波清洗技术
- 臭氧消毒技术
- 气幕除湿技术
- 隔滤除杂技术

【重点知识和设计要点】
- 果蔬水气浴洁净加工工艺流程
- 果蔬水气浴洁净加工生产线总体设计及其设备的形式与功能
- 分拣输送机和整理输送机的结构、原理、特点
- 水气浴清洗机的整机结构、原理和性能特点
- 水气浴清洗机输送系统的形式、管道系统的组成
- 气幕式沥水除湿机的结构、原理和性能特点
- 超声波清洗设备的原理和特点
- 综合应用水气浴、超声波、毛刷清洗技术的设备
- 果蔬清洗中的除杂技术及系统

1.1 项目背景

果蔬的洁净加工，目的在于去除其表面尘土污迹及混杂其中的杂物，进一步可通过技术手段进行杀菌消毒以及最大限度地分解残留农药，确保果蔬符合卫生安全要求，能洁净上市，从而提高商品档次。

果蔬的清洗效果关键取决于采用的清洗方式，同时与清洗时间和清洗液有关。作为商品化处理的果蔬，一般情况下只采用常温清水作为清洗液，当一些果蔬需要配合冷链贮运时，清洗水还要进行冷冻处理以降至合适的温度。针对果蔬表皮顽固污迹，可于清洗水中添加一点表面活性物，如去垢剂等，但为了避免造成物料和环境的二次污染，尽量少用清洁剂，物理清洗方式是最理想的方式。

果蔬在清洗过程中，其表面大部分农残会被排除，但农残的清洗效果取决于农药种类、施加剂量及清洗工艺等综合因素，这需要从种植源头开始控制。若果蔬受到农药强烈污染，则清洗失去意义。

1.2 技术概况

果蔬在生长过程中，由于雨水、灌溉等原因，导致果蔬表面及缝隙处黏附聚集着泥土、灰尘等污垢，清洗比较困难。一般情况下，采用人工清洗时，首先是把果蔬浸泡在水中一段时间，将黏附的淤泥、沙粒、杂物等泡软溶解，对于叶菜则需要掰开菜叶，再用水流冲洗，达到洗净目的。

果蔬的机械化清洗设备，设计者首先要考虑把造成果蔬表皮损伤的可能性降到最低，否则处理后的果蔬难以保存，使清洗失去意义。因此，在果蔬特别是叶类蔬菜的清洗过程中，应尽量避免采用机械搅拌、刮刷等强力手段。

由于果蔬品种繁多，特性不同，因此针对不同品种的果蔬应选用合理的清洗方式，才能达到理想的效果。一般情况下，类似球形的水果和根茎类、瓜类可采用喷淋及毛刷清洗等方式，表皮嫩薄或叶类果蔬则宜采用水气浴加喷淋等清洗方式。至于一些更难清洗的污迹，可采用超声波技术，但相关的清洗设备要求更高。鉴于每种清洗方式均具有优缺点，生产中会视实际情况采用多种清洗技术混合的综合清洗方式，既可达到良好效果，又可提高生产效率。

以下列举实例"果蔬水气浴洁净加工生产线"，详细阐述相关的果蔬洁净加工技术、设备原理及生产线设计要点。

1.3 方案分析

在果蔬洁净加工车间中，为了实现果蔬的规模化连续清洗，需要设计合理的工艺流程，按加工工序配备合适的设备，组成自动生产线。

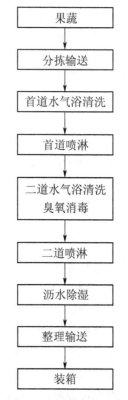

图 1-1 果蔬水气浴洁净
加工工艺流程图

在设计自动生产线前，首先必须明确果蔬洁净加工的目的，据此确定生产线应具备的基本功能。果蔬洁净加工的主要目的如下：

（1）去除残败果蔬及杂物；

（2）清洗果蔬表面污迹；

（3）杀菌消毒及分解农药残留，以利保鲜及确保卫生安全；

（4）卫生包装，方便上市。

根据上述目的，自动生产线必须具备去杂、清洗、消毒等功能，最终产出净化的果蔬产品。果蔬水气浴洁净加工生产工艺流程如图 1-1 所示。

由图 1-1 可见，果蔬进入生产线后，先后经过以下工序处理：

（1）分拣

在此工序，操作工检查进入生产线的果蔬，剔除个别残败果蔬及杂物。

（2）清洗和消毒

设定两道清洗，使果蔬依次经历两个清洗阶段，达到完全洁净的目的。每一个清洗阶段，都包含水气浴清洗和喷淋处理。其中，在第二阶段的水气浴清洗过程中，充入臭氧，形成臭氧化水，使果蔬在清洗过程完成消毒处理。

（3）沥水除湿

果蔬经历两道清洗后，带有大量的水分，因此，需采取合理的处理方式，一般以风力为主，除去其表面水分，以利于装箱储运。

（4）整理装箱

如果处理物料是叶类蔬菜，由于其形态不规则，经过清洗和沥水后，处于比较混乱的状态，则需要采取人工处理方式对其进行整理排布，以方便整齐装箱。如果是一般的球状水果，则可以通过输送机直接流入包装箱。

1.4 总体设计

根据果蔬洁净加工工艺流程，配置合适的处理设备，拟定全线总体设计如图 1-2 所示。全线主要由 4 台设备组成，分别为分拣输送机、双道连续清洗机、沥水机、整理输送机等。4 台设备的结构形式及功能分述如下：

（1）分拣输送机

分拣输送机是一台带入料筐和提升段的刮板皮带输送机，输送速度可调。果蔬被送入分拣输送机的料筐，接着提升至水平运行段，连续均匀地输送。操作工站在两侧踏台检查运行中的果蔬，把个别残败果蔬或枝叶、杂物等剔除。其后，果蔬被匀速送入清洗机。

（2）双道连续清洗机

双道连续清洗机主要采用水气浴加喷淋的清洗方式，配合臭氧消毒对果蔬进行彻底的洁净加工。

双道连续清洗机是根据工艺流程设计的。设备采用不锈钢刮板网带的输送方式，由前后两段清洗槽组成，其间通过一个上下坡道连接，形成一体化结构。果蔬进入清洗机后依次完成以下工序：

① 首道水气浴清洗

果蔬经分拣输送后自动送入清洗机水槽，并被网带刮板带动运行，接受水气浴初步清洗。

② 首道喷淋。

果蔬经过首道水气浴清洗后，在清洗机中间坡道提升过程接受水流喷淋，然后过渡进入第二道清洗槽。

③ 二道水气浴清洗和臭氧消毒

在第二道清洗槽中，配合水气浴充入臭氧气体，形成臭氧化水，实现果蔬在清洗过程中的消毒和稀释分解残留农药。

④ 二道喷淋

果蔬完成二道水气浴清洗后，被提升离开水槽送出机外。在提升阶段，果蔬再次接受喷淋，就此达到彻底洁净的目的。

由上述可见，果蔬在双道连续清洗机内部的运行过程中，对应工艺流程的要求，一一实现了相关工序的处理。

另外，为提高果蔬清洗质量，可以在首道清洗槽的前端配置循环筛板隔滤装置，可有效滤去果蔬中的漂浮杂质，使果蔬洁净更彻底。

（3）沥水除湿机

果蔬清洗后需要通过沥水除湿机除去表面的水分。沥水除湿机类型有多种，本生产线采用气幕式沥水除湿机，定间距配置 8 套气幕发生器，输送载体为不锈钢网带。

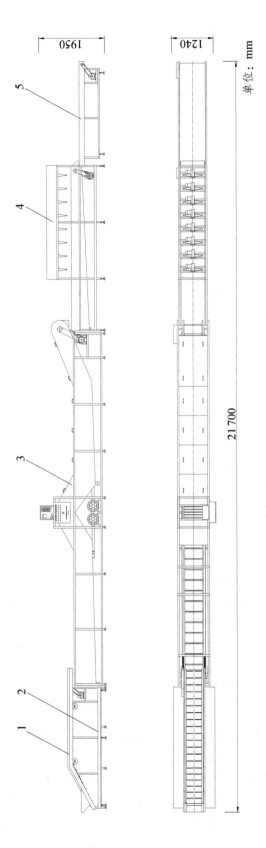

图 1-2 果蔬水气浴洁净加工生产线

1—分拣输送机; 2—分拣踏台; 3—双道连续清洗机; 4—沥水除湿机; 5—整理输送机

单位: mm

果蔬在清洗机中提升输出后，落入沥水机的输送网带，在运行中先后接受多次气幕喷射处理，使表面水滴分离沥干，达到一个理想的状态，以便于其后的装箱贮运。

（4）整理输送机

整理输送机是一台平皮带输送机，果蔬通过平皮带匀速输送，由操作工整理排列、定量分配，最后进入包装箱。

1.5　设备设计

1.5.1　分拣输送机和整理输送机

本生产线的分拣输送机和整理输送机均采用皮带输送形式。皮带输送机是一种结构简单、运行平稳、适用广泛的输送设备。应用于果蔬输送的皮带主要采用表面平整或光滑的平皮带，皮带宽度及输送长度根据实际生产要求的处理流量和输送距离而确定。输送皮带厚度有标准值，其宽度和长度可根据实际自行设计，并向皮带制造厂商定制。输送皮带具弹性、柔软性，给予果蔬良好的保护性，因此其大量应用于果蔬生产线上的进出料输送，或进行分拣及包装处理的工序上。

1.5.1.1　采用平皮带的整理输送机

1. 平皮带输送机总体结构

图 1-3 所示是一台平皮带输送机，可充当整理输送机。其结构主要由主动辊 1（此处数字为图中结构标注序号，全书同）、平皮带 2、托辊 3、被动辊 4 机架，以及电机减速机和传动链等组成。电机减速机输出链轮通过传动链带动主动辊 1 的链轮，驱动主动辊并带动平皮带 2 运行。被动辊 4 安装在滑动轴承上，通过调节螺杆调整可有效张紧平皮带。

平皮带输送机的零部件较少，除了输送带外，最主要部件就是主动辊和被动辊。主动辊两端轴头通过带座轴承固定安装在出料端，被动辊两端轴头通过滑动轴承安装在输送机入料端。一般情况下，主动辊和被动辊的直径相等，辊体表面压花以增加驱动皮带的摩擦力，辊体形状为鼓状结构，即中间高两端低的鼓状筒体，可有效防止带动皮带运行过程出现皮带跑偏的现象。皮带驱动辊的具体设计可参考相关机械手册。

平皮带的输送行程段及回程段均需要有效的承托，承托形式有两种：一种是辊筒承托，一种是平板承托。若只采用辊筒承托时，皮带运行的摩擦力小，节省动力，但皮带表面承托力不均匀，仅靠皮带表面张力承托物料，因此只用于较轻负载；若只采用平板承托时，皮带表面承托力均匀，可用于重负载，但相应皮带运动的摩擦力较大，动力要求高。因此，最理想的承托形式是综合采用托辊与平板承托，也就是在相邻托辊之间装配承托平板。机器设计时，应使托辊中心处于同一平面直线，而承托平板表面处于同一平面，同时使托辊外圆顶点高出承托平板板面 3～5 mm，如此则可确保输送皮带既具有均匀承载力，又可减少运行过程的摩擦力，从而降低驱动力。

图 1-3 所示是采用辊筒承托轻负载的形式，在输送行程段和回程段按一定间距在皮带下部均匀排布承托辊。由于输送行程段需要考虑果蔬物料重量加上皮带自身重量，因此要求布置较多数量的托辊，托辊间距的设定以不导致输送物料过程皮带下坠为前提条件。

至于回程段，由于只需承托皮带自重，因此可适当布置较少的托辊。

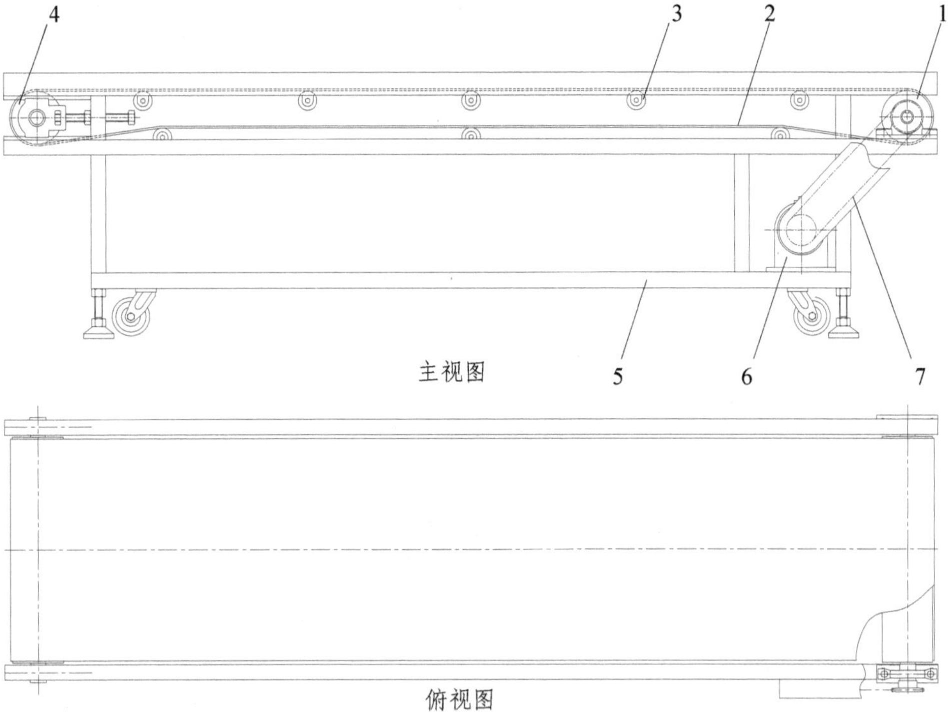

图1-3　平皮带输送机总体结构图

1—主动辊；2—平皮带；3—托辊；4—被动辊；5—机架；6—电机及减速机；7—传动链

2. 果蔬输送皮带的特性

适用于果蔬输送的皮带主体材质（即表面材质）一般为 PVC、PU、PE，骨架层有一到两层纬线带刚性的聚酯丝或棉纤维编织物。最常用的输送皮带厚度规格为 2 mm、3 mm、4.5 mm 等，具体需根据设计的输送机宽度、长度和输送量而定。

输送皮带可接合刮板和裙边，平皮带可装配塑胶刮板，通过粘合剂固合形成刮板皮带，刮板皮带可对果蔬进行提升输送。图1-4所示是在平皮带表面粘合刮板，形成刮板皮带。刮板间距 L 根据物料外形尺寸和要求的输送产量而决定，刮板高度 h 一般选取 30～100 mm，用于提升时，如果提升角度大，相应要求的刮板高度 h 也要选取大值。

图1-4中刮板与平皮带粘合时，在皮带两侧留有宽度为 b 的空道，这个设计很重要。如图1-5所示，在皮带输送物料行程，两侧挡板可尽量靠近刮板，在皮带空道上方安装，对输送果蔬实现有效限位；刮板皮带回程时，采用托轮承托两侧空道，避免刮板皮带严重下坠而影响运行效果；另外，刮板皮带提升机的入料处可设计一段水平输送，使果蔬入料更平缓、轻柔，在这种情况下，刮板皮带在水平运行转向提升运行时皮带会反向弯曲，必须采用压轮压住刮板皮带的两侧空位，才能顺利导向。

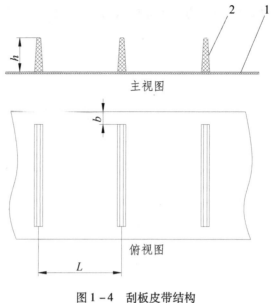

图 1-4　刮板皮带结构
1—平皮带；2—刮板

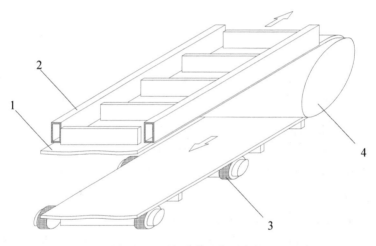

图 1-5　刮板皮带运行示意图
1—刮板平皮带；2—挡板；3—托轮；4—主动辊

　　图 1-6 所示是在平皮带表面粘合刮板和裙边，形成带裙边刮板皮带。这种输送皮带对果蔬的保护性非常好，常用于樱桃、草莓等表面柔嫩的水果输送。由图可见，皮带两侧分别有一条连续的波纹形的挡边，挡边同样是橡胶材料，与平皮带粘合。果蔬在输送过程中均处于由平皮带、刮板和裙边组成的柔性的框腔内，与输送载体相对静止，即与周边不存在相对运动，因此不会出现输送过程摩擦损伤的现象。

　　波纹形的橡胶裙边如弹簧一样，可以伸缩。当皮带经过主动辊和被动辊时需要弯曲输送，此时，裙边被拉伸；当皮带由水平输送转向提升输送时，皮带需要反向弯曲，此时，裙边被压缩。无论拉伸或压缩，裙边均能保持作为挡板的正常状态。

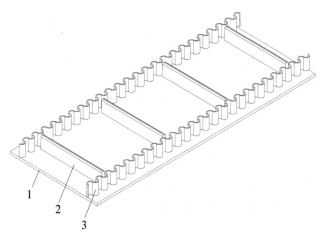

图1-6 带裙边刮板皮带
1—平皮带；2—刮板；3—裙边

由此可见，裙边做成波纹状是一个合理的设计方式。假如把裙边做成平板状，则在运动过程会出现拉伸开裂和挤压变形，不能正常使用。

1.5.1.2 采用刮板皮带的分拣输送机

分拣输送机有多种形式，根据果蔬品种不同而异。针对叶类蔬菜或部分果蔬可采用刮板皮带输送形式。图1-7所示是一款刮板皮带输送机的总体结构图，输送载体是刮板皮带，由主动辊5和被动辊12带动。

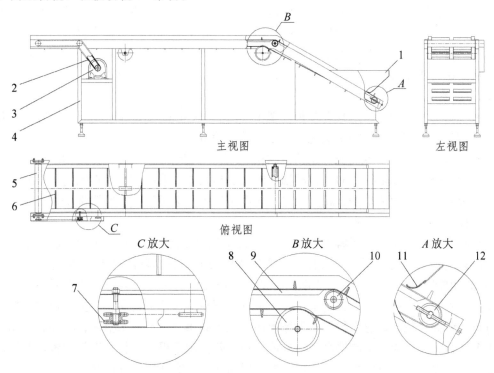

图1-7 分拣输送机总体结构图
1—入料槽；2—传动链；3—电机及减速机；4—机架；5—主动辊；6—刮板皮带；7—传动链轮；
8—托轮；9—托板；10—托辊；11—胶板；12—被动辊

输送机的前段为提升段，后段为水平输送段，可实现入料提升和人工分拣的功能。输送机的出料端设计为悬空伸出状，主要是为了配合下道处理工序，可直接伸入下一台设备的入料口，使生产设备之间装配严密紧凑。因此，图 C 增设了一套双排链轮作为中间传动，连接减速机输出链轮和主动辊驱动链轮。

放大图 A 可见，有一块胶板 11 安装在入料槽的出口，形成一个弹性活门，刮板上行时推开活门顺利带走果蔬，而料槽中的果蔬在刮板到达前不会回流，从而避免了刮板与料槽出口处夹伤果蔬的现象发生。当然，如果如上所述在提升前设计一段水平输送段，果蔬的入料效果会更理想，可杜绝伤果现象。

另外，本机的被动辊 12 采用固定轴装配辊筒式结构，放大图 A 可见，辊筒可通轴承绕固定轴自转，固定轴两端轴头安装在调节螺杆上，转动螺杆可拉动辊筒从而张紧皮带，这是一种简单实用的设计方式。

放大图 B 可见，刮板皮带提升至高位转向水平处，装配有托辊 10 导向，输送物料全程均有托辊和托板支承皮带。刮板皮带回程时也需要承托，承托部件为托轮 8。托轮的结构是在固定轴上装配滚轮，图示配置有 3 个滚轮，分别支承于刮板皮带的两侧和中间空道。设计时，应确保滚轮的半径减去固定轴的半径大于刮板的高度，以利于刮板顺利通过。

本设备由于采用柔性刮板皮带输送，因此适用于大部分果蔬，特别是在叶类蔬菜洁净加工中可作为输入设备或过渡输送设备等。

1.5.2　水气浴清洗机

水气浴清洗是一种理想的经济的清洗技术，应用广泛。其原理为：在清洗水槽内泵入压缩气流，水气混合，产生数量庞大的气泡，气泡在上升逸出的过程中释放压力，形成爆破冲击。浸泡于水中的水果蔬菜在无数的微小气泡爆破冲击下，黏附其上的污泥被振松脱落，从而达到洁净目的。

1.5.2.1　水气浴清洗机结构

水气浴清洗机的结构形式有多种，图 1-8 所示设备具有双道连续清洗功能，可使果蔬连续实现两次清洗——初步清洗、深度清洗及消毒。

图 1-8 所示设备主要由第一道清洗水槽 2、第二道清洗水槽 7、网带刮板 3、气流系统 5、调速电机 8、主动轴部件 11、被动轴部件 13，以及电控系统 10、消毒系统 9 等组成。

本设备配置两道清洗槽，相互独立，中间采用上下坡道连接。两道清洗槽中的水不流通，有独立的进水与排水系统。

在本设备中，网带刮板跨越第一道和第二道清洗水槽，连续贯穿全程清洗工序。工作时，调速电机 8 启动，由减速机输出链轮和链传动带动主动轴部件 11，通过主动轴部件 11 和被动轴部件 13 上的链轮，驱动网带刮板 3 按图示箭头方向运行。如图所示，网带刮板在第一道清洗水槽水平运行至末位时，在导向压轮的作用下转向，沿上坡道向上提升一段行程，到高点位置跨过导轮，沿下坡道向下运行到第二道清洗水槽内，在导轮作用下转向水平运行，直至第二道清洗水槽的末位，在导轮作用下提升上行至出料位置。其后网带刮板绕过主动轴驱动链轮做回程运行，如此周而复始，实现连续输送物料。

清洗设备中的物料输送系统采用不锈钢网带刮板，作为设计选择项，也可以采用工程塑料网带刮板。

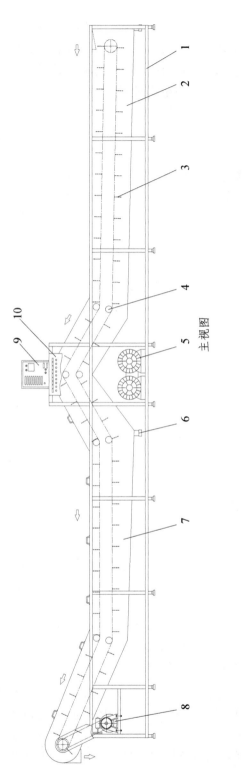

主视图

俯视图

图 1-8 水气浴双道连续清洗机

1—机架；2—第一道清洗水槽；3—网带刮板；4—导向压轮；5—气流系统；6—排水阀；7—第二道清洗水槽；8—调速电机；9—消毒系统；10—电控系统；11—主动轴部件；12—封合盖；13—被动轴部件

1. 采用不锈钢网带刮板的输送系统

不锈钢网带在果蔬的输送和清洗机中较常用。网带输送机的输送载体是双链条带动的不锈钢编织网带，由于网孔密布、开放面积大，具有极其良好的排水性能，因此特别适用于瓜果类、叶类蔬菜和部分水果的清洗及清洗后的输送沥水。不锈钢网带输送机具有运动平稳、承托力大的特点，网带装配上刮板后，果蔬输送效果得到提升。

输送用的网带由不锈钢丝编织而成，编织形式多种多样。用于果蔬输送时，选择网带的原则是：其一是编织形式简单易清洗；其二是网面平滑均匀；其三是网孔大小合适不易卡滞果蔬。

图 1-9 所示是一种最常用的果蔬输送用的网带，其采用不锈钢丝，根据一定的图案形式，按螺距 k 和节距 t 编织成网。在丝网上，间隔若干个节距穿过一根支轴，支轴两端轴头穿入链条销孔，并由开口销限位。

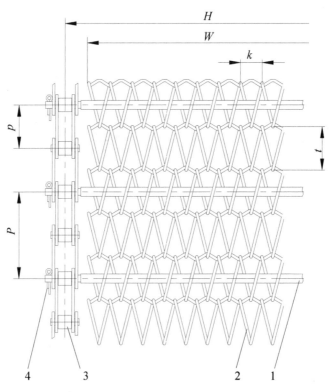

图 1-9 输送用的网带结构
1—支轴；2—钢丝网；3—链条；4—开口销

丝网的节距 t 与链条的节距 p 成比例关系，$t \leqslant p$，而且 $t = p/n$，n 为 1~6 的整数；同样，支轴的间距 P 与链条的节距 p 成倍比关系，$P \geqslant p$，而且 $P = pn$，n 通常为 1~6 的整数，根据网带实际承载能力选取。

表 1-1 列出了常用果蔬输送用的网带规格及其相关参数的选择。适合果蔬输送的网带材质最常用的是 SUS304 不锈钢，如需用于高盐及高酸碱场合则可采用 SUS316L 不锈钢。

表 1-1　果蔬输送常用不锈钢网带规格及设计参数选择

双节距链节距 p/mm	支轴间距 P/mm	支轴直径 D/mm	网丝直径 d/mm	网带节距 t/mm	网带螺距 k/mm
25.4	25.4n	5～8	1～1.6	6.35～25.4	3～19
31.75	31.75n	6～10	1.2～2	6.35～31.75	5～21
38.1	38.1n	8～12	1.5～2	6.35～38.1	8～21
50.8	50.8n	10～12	1.5～3	12.7～50.8	10.5～21
101.6	101.6n	10～14	1.5～4	12.7～50.8	10.5～27

　　网带依靠定距排布的支轴与两侧的输送链条连接，支轴按一定的链条节距排列，间距要合适。若支轴间距太大，网带的支撑力较弱，容易下坠，不利承载果蔬；支轴间距太小，排布的支轴数量太多，会造成网带的自身重量太大，不但浪费材料，而且消耗动力。

　　网带由两侧的链条通过支轴带动运行，前进及回程均需要链轨承托，以有效支撑果蔬重量及网带自身的重量，网带输送系统截面图如图 1-10 所示。网带两侧的滚子链沿链轨运行。挡板的设置应合理，图示两侧挡板内侧面刚好超过链条位置，可确保果蔬处于网带位置输送，运行过程不至于碰到旁边的链条而造成损伤。

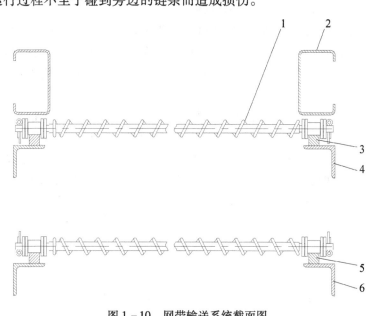

图 1-10　网带输送系统截面图
1—输送网带；2—挡板；3—上链轨；4—上托轨；5—下链轨；6—下托轨

　　在网带上装配刮板后可作提升使用。网带上的刮板装配如图 1-11 所示。刮板采用不锈钢板制造，通常为 L 形结构，底部由螺钉螺母装配在网带上。刮板装配时，在网带下部需加装一块垫板，长度、宽度、厚度与刮板底部基本一致，拧紧螺钉螺母后，使刮板与垫板夹紧网带，起到加固的作用。

　　刮板的高度取决于输送果蔬的外形尺寸和提升角度两个参数，果蔬的外形尺寸大，刮板的高度应按比例增高；提升角度增加，刮板的高度也应相应增加。一般情况下，最常使用的刮板高度为 30～100 mm。

　　刮板的安装位置最理想是靠近支轴的位置，可使网带刮板刚性好，输送平稳。刮板的安装间距为链节距的倍数，根据输送物料的不同而异，并且与设计要求的输送量有关。在同样的输送速度下，刮板间距小则输送量大，反之，刮板的间距大则输送量小。

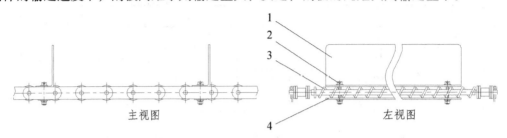

图 1-11　网带刮板装配图

1—刮板；2—螺钉螺母；3—网带；4—垫板

2. 采用工程塑料网带刮板的输送系统

链板式输送带是由标准化链板按模块化组合装配而成。用于果蔬输送的链板以工程塑料材质为主；链板形式多样，配件型号众多，包括链节、链轮、托轮、导轨、护栏及相关附件均有标准化生产。工程塑料链板不但装配灵活，而且具有轻型、平滑、静音、防护性好等特点，是一种非常理想的果蔬输送载体。

工程塑料网带是链板带的其中一种形式，链板上具有一定的开孔率，虽然其开孔率及透过性不及不锈钢网带，但由于是标准化注塑件，孔隙均匀细密、承托物料的网带表面平滑，且没有编织网中钢丝凹凸交错容易卡滞果蔬的缺点，因此广泛用于果蔬的轻柔输送、提升和清洗加工中。

适用于果蔬输送的工程塑料链板带形式较多，通过标准模块组合而成，其材质主要为POM 和 PP。图 1-12 所示是其中较常用的一种平格型链板带，板带模块 6 是标准化产品，板宽 152.4 mm、节距 50.8 mm，其两侧加工有凹凸齿，模板之间可相互嵌入拼合，延长至整机输送长度；同时，模块如链节一样具有销孔，按长度方向拼合和宽度方向排列后，可采用销轴串联铰接，形成一条连续循环的履带。

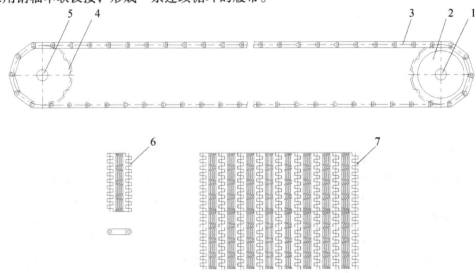

图 1-12　工程塑料链板带结构

1—主动轴；2—主动链轮；3—链板带；4—被动链轮；5—被动轴；6—板带模块；7—模块组合链板带

用于果蔬输送的链板带大多数要求具有一定的透过性孔隙，既减轻输送带重量，也利于果蔬输送过程的透气、沥水或者筛除砂泥等细微杂质。链板带的开孔程度以开孔率表示，即孔隙在模块表面面积所占的百分比。图 1 – 12 所示链板带的开孔率为 18%，不同形式的链板带开孔率不一样，最高可达 48%。

驱动链板带的链轮同样采用工程塑料制造，主动轮的轮齿节距与链板带对应，被动轮可采用光轮，或者与主动链轮形式一样。链轮标准化生产，常用齿数 8～16 齿，一些链板带采用的链轮齿数可多至 32 齿。链轮的中心孔可采用圆孔带键槽，配合圆轴安装；也可采用方孔，与标准方形钢管配合，把方形钢管充当转轴。

工程塑料链板带除了可以进行水平输送外，只要在输送链板带上定节距装配刮板模块后也可以作为提升机使用，而且效果非常理想。图 1 – 13 所示是工程塑料刮板链板带装配图，图示链板带中两节链距安装一块刮板模块，由销轴串联铰接。

刮板模块标准化制造，宽度和节距与链板带模块一致，刮板高度一般可选 32 mm、50 mm、76 mm、102 mm 四种规格。实际设计中，刮板的高度及安装间距选择需根据输送物料外形参数、输送要求处理量等具体决定。

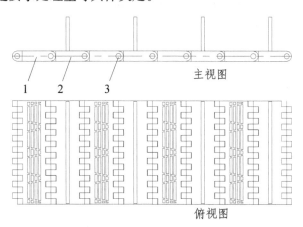

图 1 – 13　工程塑料刮板链板带
1—板带模块；2—刮板模块；3—销轴

图 1 – 14 所示是一段工程塑料网带输送系统的结构简图，图示是带刮板的塑料链板带，在槽体中运行，可作为果蔬输送使用，也可以利用槽体在输送过程对果蔬进行清洗。

塑料网带输送系统的截面结构如图 1 – 15 所示，由网带刮板 1、链轮 2、轴套 3、驱动轴 4、侧挡板 5、上托轨 6、轴承 7、下托轨 8 组成。

链轮装配在轴上，由轴套 3 定位。链轮根据链板带的宽度可配置若干个，图示只配置了 2 个，是最少个数。由于链板带是模块化组合，因此当链板带宽度较大时，需要配置多个链轮，在驱动轴上均匀定间距布置，以确保带动链板带的驱动力均匀分布。

链板带的输送过程上下均需要托轨承托，托轨同样有标准化产品选用，由金属骨架和塑料摩擦条组成，塑料摩擦条直接和链板带接触，运动过程滑动摩擦。由于上托轨要承受链板带重量和物料重量，当链板带宽度较大时，为了均匀承托，需要在链板带宽度方向布置若干条托轨，图示只配置了 2 条，是最少数量。

图 1 - 14　塑料网带输送系统结构简图

1—刮板链板带；2—槽体；3—被动轴；4—主动轴

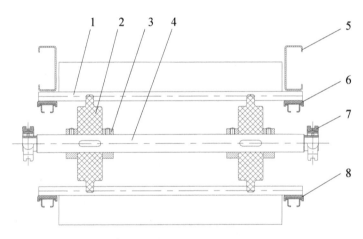

图 1 - 15　塑料网带输送系统截面结构

1—网带刮板；2—链轮；3—轴套；4—驱动轴；5—侧挡板；6—上托轨；7—轴承；8—下托轨

由于工程塑料链板带具有轻型、平滑、防护性好等众多优点，因此适用于大多数果蔬输送，特别是对于一些表皮嫩薄易损的果蔬，采用工程塑料链板带是最理想的选择。

大多数输送机在输送方向两侧需要设置固定的侧挡板，以防止果蔬偏离输送带，但侧挡板的设置有一个缺点，会导致靠近输送带边缘的果蔬在前进过程不断摩擦侧挡板，有可能造成果蔬表皮损伤。这一现象对于大多数皮厚肉实的果蔬（如柑橙等）影响不大，也较少出现损伤情况。但对于樱桃、草莓、西红柿、梨等娇嫩的果蔬，输送过程绝对不能靠固定的侧挡板进行限位。

工程塑料链板带可采用一个裙边附件解决上述问题。如图 1 - 16 所示，裙边附件是一块小挡板，形状如图所示，其下部有两个铰支，中心距等于板带模块的节距。裙边安装在靠近链板带两侧，一个链节安装一个，使链板带两侧形成连续的侧挡边。裙边随链板带运行，可以保持对链板带内的果蔬限位以防止偏离，同时，由于果蔬与裙边之间没有相对运动，因此就不存在上述链板带边缘果蔬与挡板发生摩擦而损伤的现象。

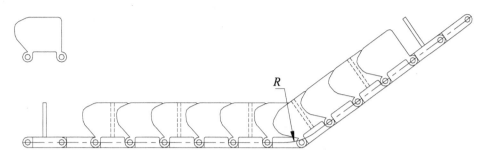

图 1-16　带裙边的塑料刮板链板带

由图 1-16 可见，工程塑料链板带可反向弯曲输送，其反向弯曲半径最小为 R50 mm。设计提升机时，最理想的方案是在入料处采用一定长度的水平输送段（如图中所示），然后反向弯曲向上提升。这样设计，可以有效减少刮板对果蔬的撞击，使果蔬入料平缓，对果蔬的保护作用明显。链板带反向弯曲输送时，在弯曲位置网面两侧需装配压轮，起导向作用。

1.5.2.2　水气浴清洗机管道系统

在水气浴清洗设备中，网带刮板输送系统起到连续输送物料的功能，要实现有效清洗，设备还需配套相应的水路系统、气路系统及消毒系统等。

图 1-17 所示是水气浴双道连续清洗机管道布置图。设备包括 3 套系统，分别为水力喷淋系统、气流发生及均布系统、消毒系统。

水力喷淋系统通过进水管 9 连接清洁水源。清洗工作开始前，设备中的两道水槽需要注入清洁水，水面高度接近网带上部刮板高度。水源中的清洁水由进水管 9 输入，通过入料喷淋管 1、过渡提升喷淋管 2 注入第一道清洗水槽，通过出料提升喷淋管 8 注入第二道清洗水槽。

在清洗工作时，喷淋管继续进行水流喷淋。入料处水力喷淋，可迅速冲散进入的果蔬，使果蔬浸润漂浮水槽中，这有利均匀输送。过渡提升处水力喷淋，可清除经第一道清洗的果蔬黏附的大部分污水，采用上下喷管结构，可对经过的物料上下喷淋，这样清洗更全面。出料提升处的喷淋冲洗，是实现果蔬最终完全洁净的有效手段。

气流发生及均布系统主要由漩涡气泵 11、气管 12 及第二道气流均布器 10 和第一道气流均布器 13 组成。本设备对应两道水槽配套了两套气流发生及均布系统，使两道水槽同时产生汽浴状态，实现果蔬两次水气浴清洗。

消毒系统由臭氧发生器 3、臭氧管 4、臭氧化水循环泵 5、混合器 6、过滤器 7 等组成。消毒系统工作时，臭氧化水循环泵 5 启动，使清洗槽中的水由过滤器 7 抽出，然后通过混合器 6 泵入，形成循环流动。由抽臭氧发生器 3 产生臭氧，气体经臭氧管 4 进入混合器 6，在其中与循环水混合形成臭氧化水，进入清洗水槽。

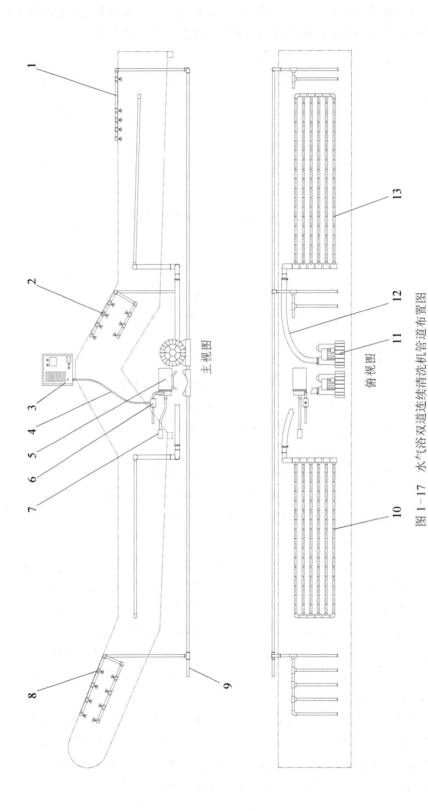

主视图

俯视图

图 1-17 水气浴双道连续清洗机管道布置图

1—入料喷淋管；2—过渡提升喷淋管；3—臭氧发生器；4—臭氧管；5—臭氧化水循环泵；6—混合器；7—过滤器；8—出料提升喷淋管；9—进水管；10—第二道气流均布器；11—旋涡气泵；12—气管；13—第一道气流均布器

1.5.2.3 水气浴清洗原理

双道连续清洗机设计了两道清洗槽，果蔬在槽内被网带刮板带动运行，接受水气浴清洗。果蔬完成第一道清洗工作后，经过过渡提升喷淋进入第二道清洗。第二道清洗槽继续进行水气浴清洗，进一步离解蔬菜水果表面污迹，同时可按需配置消毒系统，实现清洗过程中的消毒和稀释分解残留农药。

图 1-18 所示是水气浴清洗原理图，图示是第二道清洗的局部视图。工作时，漩涡气泵 1 作为气源发生器产生气流，经进气管 2 由气流均布器 3 排出。气流均布器 3 由多排气管组成，气管均布小孔。气体由气流均布器的小孔喷出，水气混合，产生数量庞大的气泡，气泡在上升逸出的过程中释放压力，形成爆破冲击。浸泡运行于水中的蔬菜在无数的微小的气泡爆破冲击下，粘附其上的污泥被振松脱落，从而达到洁净目的。

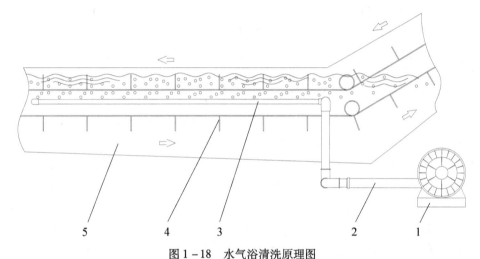

图 1-18　水气浴清洗原理图

1—漩涡气泵；2—进气管；3—气流均布器；4—网带刮板；5—清洗水槽

采用水气浴清洗需要注意两个问题：

第一，必须保证有合适的清洗时间，时间不足将导致清洗不完全，而时间太长则影响生产率。如果是连续式的清洗，则要求果蔬在水槽中运行一定的距离，在这过程中应确保果蔬有足够的时间被清除污泥。果蔬在水槽输送过程中，黏附其上的污泥被水浸泡松软，同时不断受到汽水混合造成的波浪搅动和爆破气泡的冲击，令其振荡翻滚，使果蔬表面及夹缝中的污泥脱落，从而得到有效的清洗。在整个清洗过程中，由于果蔬只受到了水流、气泡的振荡冲击，所以极少出现揉瘀熟化、茎梗折断的现象，因此，通过水气浴清洗的果蔬表面完整漂亮。

第二，按水槽实际水量合理配置压缩空气的流量和压力，设计理想的清洗系统。泵入水中的压缩空气，气流量应与水槽贮水量成正比关系，才能确保在整个清洗过程中有足够的气泡产生，因此，气源的选择很重要。实际应用中，一般采用低压大流量的漩涡气泵作为气源。

漩涡气泵的叶轮由数十片叶片组成，类似庞大的气轮机叶轮，当其高速旋转时，叶片间的空气受到离心力作用，朝叶轮边缘运动并进入泵体环形空腔，然后再返回叶轮。循环往复，空气被均匀地加速，所产生的循环气流使空气以螺旋线的形式穿出，以极高的能量离开气泵进入清洗系统。采用漩涡气泵供应清洗系统的压缩气源压力一般为 10～40 kPa，流量根据水槽贮水量选择，选择范围一般为 100～1000 m³/h。

采用水气浴清洗的优点是经济可靠，设备结构简单，造价低，适用大部分果蔬的清洗。但水气浴清洗对于果蔬一些夹缝顽固污迹还是力所不及，在这种情况下，可综合其他清洗技术以达到目的。

1.5.2.4 果蔬清洗中的消毒技术及系统

在果蔬洁净加工中，有必要对果蔬进行消毒处理，而目前广泛应用的理想方法是臭氧消毒法。臭氧是一种不稳定气体，具有特殊气味，是特别强烈的氧化剂。在水处理中，臭氧瞬时的灭菌性能明显优越于氯，因此臭氧早已广泛用于水的消毒，消毒同时可除去水中的臭味、水色以及铁、锰等杂质。由于臭氧的强氧化性，并且在空气和水中会逐渐分解成氧气，无任何残留，所以被广泛地应用于食品保鲜与加工等领域，与食品直接接触也非常安全，因此臭氧已被列入可直接和食品接触的添加剂范围。

臭氧比氧易溶于水，但由于只能得到分压低的臭氧，所以浓度比较低。由于臭氧的不稳定性，因此通常要求随时制取并被当场应用。实际生产应用中，可配置臭氧发生器，利用干燥空气或氧气进行高压放电而制成臭氧：

$$3O_2 \xrightarrow{\text{高压放电}} 2O_3 - 148.1 \text{ kJ/mol}$$

每平方米放电面积可产生 50 g/h 的臭氧量。

如图 1-19 所示是应用于果蔬洁净加工中的臭氧消毒系统原理图。果蔬在洁净加工过程要实现消毒，首先需要把臭氧溶于水中形成一定浓度的臭氧化水，为此需要通过一个臭氧加注装置使臭氧和水充分混合，一般可采用射流混合器实现这一工序。射流混合器为一个 T 形三通式结构，进水口和出水口处于同一直线，进气口与其垂直。当高压水流高速直线通过射流器时将形成腔内负压，从而形成强大的抽吸力，把臭氧从进气口吸入，臭氧与水流在高速运动中充分混合，形成臭氧化水。

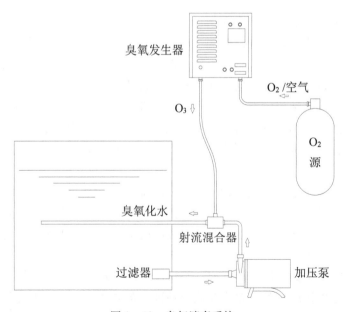

图 1-19 臭氧消毒系统

通过实验，用含量为 1.5 mg/L 的臭氧化水处理 2 min，可杀灭如指状青霉、意大利青霉、扩展青霉、链核盘霉、匍枝根霉、灰葡萄孢霉等引起采摘后果蔬腐烂的病原菌的孢子。另外，臭氧可抑制真菌孢子的萌发，但杀灭真菌孢子的臭氧浓度要比使细菌和病毒失活的浓度高得多。

实践证明，果蔬洁净加工中采用臭氧化水处理可有效杀灭或抑制多种病毒细菌，同时可减低果蔬的代谢强度，从而减少腐烂损失，延长果蔬在冷藏条件下的贮存期。

果蔬臭氧消毒过程机理非常复杂，受影响的参数较多，但最重要的参数有两个，分别为浓度 Q 和时间 t，需要正确控制和配合使用。总结分析各种研究方法和结果可以发现，为了抑制微生物的生长，在采用臭氧进行果蔬消毒时，低浓度和长时间接触处理既是必要的，也是安全的。另外，采用较高臭氧浓度短时间处理某些果蔬以延长其货架寿命的方法，也是其中一种研究模式。

另外，在清洗过程中，采用臭氧处理可在一定程度上分解农药残留物。但农药残留物的分解和清洗效果取决于农药的种类、施加剂量、蔬菜原料的种类和品种等因素，其过程控制更复杂，因此不可能依赖清洗系统达到完全分解消除残留农药的目的，最有效和安全的方法必须由种植源头实施有效的监控，否则，受到农药强烈污染的蔬菜从根本上就失去了清洗的意义。

1.5.2.5 设备主要设计参数

以图 1-8 所示的水气浴双道连续清洗机为例，以叶类蔬菜为清洗对象，设备的主要设计参数如表 1-2 所示。

表 1-2　水气浴双道连续清洗机主要设计参数

序号	技术参数	参考值
1	网带有效输送宽度/mm	600
2	网带输送线速度/($mm \cdot s^{-1}$)	45~220
3	驱动电机功率/kW	1.5
4	旋涡气泵风量/($m^3 \cdot h^{-1}$)	280×2
5	旋涡气泵功率/kW	3.0×2
6	臭氧产量/($g \cdot h^{-1}$)	10~20
7	处理量/($kg \cdot h^{-1}$) 菜心	500

1.5.3 沥水除湿机

果蔬经过清洗处理后，表皮潮湿，必须经过沥水及除湿处理才能进入下一个工序。沥水及除湿是果蔬处理过渡性的关键工序，不可或缺，它是进行后道包装等工序的前提条件，除湿不理想的果蔬在包装后极易出现腐烂现象，难以保存。

果蔬在商品化处理中的沥水除湿，只是尽量减少果蔬表面的水分以利于后道工序的工艺要求，但一般无须百分百干燥其表面，有时表皮保留些许湿度还有利于果蔬的保鲜贮运。因此，沥水除湿设备与传统的干燥设备功能有所不同。

1.5.3.1 采用气幕发生器的沥水除湿机

所谓气幕，是指具有一定宽度的薄片状平面气流。气幕的生成，是通过特定的管道缝隙装置，迫使输入的气流经过条形窄缝出口喷出，被引导形成与条形窄缝出口等长、等厚，并且具有一定流量和压力的幕状气流。

气幕的产生有多种方式，可设计专用导风器配合风机形成气幕，也可选用定型"气刀"或"风刀"产品。"气刀"或"风刀"是专业厂家针对物料进行气幕吹气除水而生产的定型产品。以"刀"形容风力，可见其气流超薄、强度极高。

采用气幕进行果蔬除湿，其最大特点是：气流保持在常温状态下进行除湿处理，速度快，效果好。气幕除湿技术适用于绝大多数果蔬，特别适用于热敏性果蔬，对保证果蔬品质作用明显。

（1）设备总体结构

图 1-20 所示是一款气幕沥水除湿机。整机主要由气幕发生器 1、风罩 2、输送辊筒 3、调速电机 5 及其传动机构、集水槽 6，以及机架 7 和出入料槽 4、8 等组成。

图示气幕除湿机的主体是一台辊筒输送机，输送辊筒由双链条带动运行。辊筒的作用是均匀承载果蔬，分排按一定速度运行。果蔬进入气幕除湿区后，在行进过程依次接受气幕的喷射处理，在扁平及高强度气流的喷射下消除了表面水分。

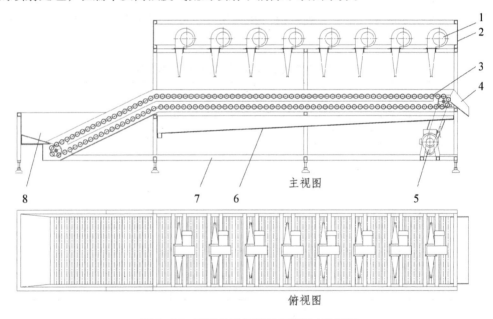

主视图

俯视图

图 1-20　配置输送辊筒的气幕沥水除湿机

1—气幕发生器；2—风罩；3—输送辊筒；4—出料槽；5—调速电机；6—集水槽；7—机架；8—入料槽

配置输送辊筒的气幕沥水除湿机主要适用于类球状的水果，不适用于叶类蔬菜，因为菜叶容易夹入辊筒间隙，影响正常生产。当处理对象为叶类蔬菜时，应采用网带输送机对物料进行输送和沥水，如图 1-21 所示。

气幕除湿机的关键装置是气幕发生器，是产生气幕的动力源。果蔬的除湿效果取决于气幕的强度和气幕作用于果蔬的时间，当然，作用时间越长，除湿效果越好。

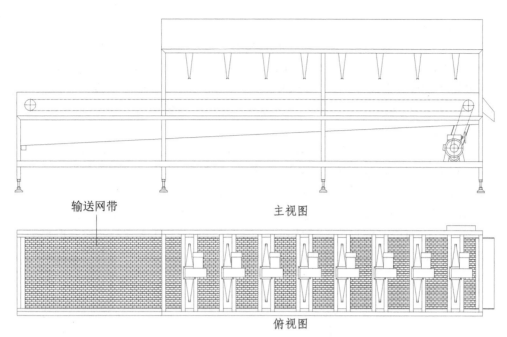

输送网带

主视图

俯视图

图 1-21　配置输送网带的气幕沥水除湿机

由于果蔬在输送带上按一定速度连续运行，每个果蔬经过一道气幕的时间非常有限，因此，为了达到一定的除湿效果，同时提高生产效率，设备一般需要配置多套气幕发生器，使果蔬先后接受多次气幕喷射处理。

（1）气幕发生器结构

图示除湿机的气幕发生器结构如图 1-22 所示。气幕发生器由轴流风机和导风器组成，导风器采用不锈钢薄板制造，为扇形渐变式管道结构。导风器的上部为矩形进风口，与轴流风机出风口接合；下部横向两侧扩张形成扇形结构，纵向居中收缩形成 V 形结构。因此，导风器的下部出风口只有一条长细形的窄缝，宽度一般为 5～8 mm。

轴流风机吹出的风，进入导风器，经过其渐变式管道内腔的强制改变，最终通过出风口的窄缝形成一定宽度的扁平气流，如幕布垂挂，是谓气幕。

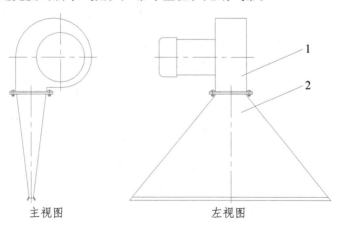

主视图　　　　　　　　　　　　左视图

图 1-22　气幕发生器
1—轴流风机；2—导风器

（3）设备主要参数

气幕发生器的结构设计、布置和风机的选用关系到除湿的效果和效率。以图 1-20 机型为例，辊筒输送的有效宽度为 800 mm，总共配置了 8 套气幕发生器，等间距 450 mm 布置，当辊筒承载水果以线速 100～150 mm/s 运行时，除湿效果非常良好。以橘子为例，采用本机沥水处理，经过 8 道气幕的气流作用，除湿处理量可达 2000～3000 kg/h。

1.5.3.2　气刀除湿装置

"气刀"或"风刀"是专业厂家生产的定型产品，广泛应用于工业领域中的吹气除水等工序，不但适用于吹除饮料瓶或包装罐等表面的水分，也适用于吹除果蔬清洗后的表皮水分。

气刀的动力源来自压缩空气，是效果最好、效率最高的常温除湿装置。气刀装置如图 1-23 所示，由上刀体和下刀体组成，沿长度方向用螺钉均匀紧固。刀体材质采用不锈钢或铝合金。上下刀体合并时，于内部构成一个气流腔室，如图形成一条窄缝形喷嘴。喷嘴窄缝厚度标准规格为 0.05 mm，加宽间隙为 0.1 mm。

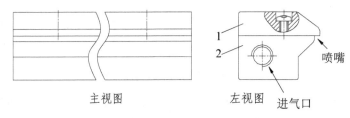

主视图　　　　　　　　　　左视图　进气口

图 1-23　气刀结构图
1—上刀体；2—下刀体

气刀的结构充分利用科恩达效应原理进行设计，从而产生一种空气放大作用。所谓科恩达效应，亦称附壁作用，是指流体（水流或气流）有离开本来的流动方向，改为随着凸出的物体表面流动的倾向，当流体与它流过的物体表面之间存在面摩擦时，流体的流速会减慢。只要物体表面的曲率不是太大，依据流体力学中的伯努利原理，流速的减缓会导致流体被吸附在物体表面上流动。

气刀的设计正是利用科恩达空气放大效应和流体力学的基本原理，在其进气口输入压缩空气，经其特殊构造的气室，在输出一端产生负压效应，则另一端输出的空气可以引流 20～40 倍的环境空气，形成大流量、强冲击的气流，有效节省压缩空气的使用量。

图 1-24 所示是气刀产生气幕的原理图，压缩空气由下刀体端部进气口输入，经内腔室，后通过厚度仅为 0.05 mm 的条形窄缝喷嘴，形成气流薄片高速喷射而出。经过风刀特殊的构造产生科恩达空气放大效应，喷射而出的气流薄片将引流 30～40 倍的环境空气。引

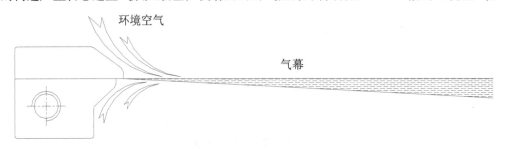

环境空气　　　　　　　　　　　气幕

图 1-24　气刀的气幕生成原理图

流的环境空气与喷射而出的压缩空气汇集一体，水平吹出，形成一面薄片状、高强度、大气流的冲击气幕。

各型气刀的结构设计有所不同，产生的气幕各参数也有所差异，表1-3为一款超级气刀的一些主要气流参数。表中气刀喷嘴间隙为0.05 mm。

表1-3　气刀的主要气流参数

压缩空气压力 p/MPa	每英寸耗气量 Q/（L·min^{-1}）	出气速度 v/（m·s^{-1}）	每英寸气幕冲击力 （离出口152 mm处）F/kgf	噪声 dB（A）
0.14	31	25.4	0.017	57
0.28	48	35.6	0.031	61
0.41	65	48.8	0.051	65
0.55	82	59.9	0.071	69
0.69	99	68.5	0.091	72

由于气刀能产生大流量、高强度的气幕，因此具有优良的除水性能。当气幕扫略果蔬外表曲面时，粘附其上的水分被气流快速带走并清除。

图1-25所示是装配气刀的气幕除湿机。图中仅标示了1套气刀装置，实际应用中，应装配3套以上的气刀装置，才能达到理想的除湿效果。由于果蔬非工业产品如瓶罐等具有统一的尺寸外形，其大小及形状均具有差别，以致输送过程的排列分布并不规则，气幕作用于果蔬的各个表面也不均匀，因此，果蔬需要经历多道气幕处理，才能确保每面黏附的水分被彻底吹除。

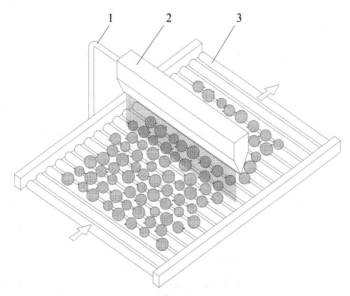

图1-25　装配气刀的气幕除湿机
1—气管；2—气刀；3—输送辊筒

气刀横跨辊筒输送带上方安装，出气口离辊面150～200 mm。压缩空气由气管输入，经气刀产生气幕，向下垂直喷射。

果蔬被辊筒带动向前输送，依次经过各道气幕，受到其强大气流的冲击，表面水分被气流带走并吹落至辊筒底下的集水槽。当辊筒输送过程同时作自转运动，带动果蔬自转时除水效果更理想。

1.5.3.3　气幕除湿装置性能特点对比

采用风机和导风器产生气幕，其优点是机械结构简单，制造及安装方便，成本较低；缺点是采用风机较多会增加故障率，气幕的气流不均匀而且运行噪声较大。

采用气刀进行果蔬除湿具有以下特点：

①气幕的动力源为空气压缩机产生的压缩空气，气刀本身没有任何运动部件和电动装置，因此可免维护；

②气刀产生的气幕流量大、冲击力强，空气放大比达 30～40 倍；

③气刀长度方向形成的气幕气流均衡、稳定；

④气刀的体积小，结构紧凑，安装灵活方便；

⑤工作噪声较低，如表 1-3 所示，当空气压力为 0.69 MPa 时，气刀噪声值只有 72 dB（A）。

气刀工作时需要连续供应大量的压缩空气，对电能的消耗量非常大，这是气刀应用于果蔬除湿处理的缺点。

采用气刀进行果蔬连续除湿处理时，若处理量较大，需配套大型的空气压缩机，能耗相对偏大。在达到同样的除湿效果下，气刀的能耗大于前述利用导风器生成气幕的能耗。

以图 1-20 所示机型为例，分别采用导风器和气刀形成气幕除湿时，各性能参数对比如表 1-4 所示。

由表 1-4 可见，在实际生产应用中，如果考虑能耗问题和设备运行成本，采用风机形成气幕的形式应是首选。

表 1-4　气幕除湿装置性能参数对比

性能参数	采用导风器的气幕除湿机	采用气刀的气幕除湿机
除湿机有效输送宽度	800 mm	800 mm
气幕装置	8 套导风器，出气口长 500 mm，缝隙 5 mm	4 支气刀，长 3"，喷嘴缝隙 0.05 mm
动力源	轴流风机 8 台 单台风机功率 0.37 kW，流量 700 m³/h、风压 850 Pa、转速 2800 r/min	空气压缩机 1 台 功率 11.25 kW（15HP），排气量 1500 L/min，工作压力 0.7 MPa
气幕出口离输送面距离	250 mm	180 mm
气幕排列间距	450 mm	300 mm
辊筒输送线速	135 mm/s	135 mm/s
处理量（橘子）	2000 kg/h	2000 kg/h
吨料耗电量（橘子）	1.5 kW·h/t	5 kW·h/t

1.6　生产线技术参数

1.6.1　主要参数和指标

以图 1 - 2 果蔬水气浴洁净加工生产线为例，当处理对象为叶类蔬菜时，其主要参数指标如表 1 - 5 所示。

表 1 - 5　果蔬水气浴洁净加工生产线主要技术参数和指标

序号	技术参数	参考指标
1	处理量 $Q/(\text{kg} \cdot \text{h}^{-1})$	500（菜心）
2	耗电量 $W/(\text{kW} \cdot \text{h/t})$	11.1
3	耗水量 $H/(\text{t} \cdot \text{h}^{-1})$	1.6
4	洗净率 $k/\%$	99.6
5	损伤率 $S/\%$	1.7
6	总功率 P/kW	10

1.6.2　主要参数计算和检测

（1）处理量的计算

果蔬水气浴洁净加工生产线的设备包括分拣输送机、双道连续清洗机、沥水机和整理输送机，各设备均可于一定范围内无级调速。生产线在满足果蔬洗净率的前提下，其处理量主要与双道连续清洗机的输送刮板网带线速成正比：

$$Q = \frac{3600vM}{p} \qquad (1 - 1)$$

式中：Q——处理量，kg/h；

　　　v——输送网带线速，mm/s；

　　　p——刮板间距，mm；

　　　M——刮板间果蔬平均填充量，kg；与刮板之间面积和果蔬品种相关。

（2）洗净率的检测

$$k = \frac{F_1}{F_1 + F_2} \times 100\% \qquad (1 - 2)$$

式中：k——洗净率，%；

　　　F_1——清洗干净的果蔬质量，kg；

　　　F_2——没有清洗干净的果蔬质量，kg。

（3）损伤率的检测

$$S = \frac{G_1}{G_1 + G_2} \times 100\% \qquad (1 - 3)$$

式中：S——损伤率，%；

　　　G_1——清洗后损伤果蔬的质量，kg；

　　　G_2——清洗后无损伤果蔬的质量，kg。

1.7　生产线清洗工序中的优化方案

1.7.1　超声波清洗设备

超声波清洗技术应用于果蔬洁净加工是发展趋势。图1－26所示是应用于超声波清洗设备中的超声波发生器装置示意图，图中箭头是蔬菜输送运行方向。装置主要由超声波发生器1和超声波换能器振板3组成。图中超声波发生器有4套，对应振板有4块，分别对称装置在清洗槽两侧。工作时，由超声波发生器产生一定频率的超声波，通过换能器振板把能量传向水中，作用在果蔬表面实现清洗作用。

超声波的清洗作用是一个十分复杂的过程，超声波作用包括超声波本身具有的能量作用、空穴破坏时放出的能量作用以及超声波对水的搅拌流动作用等，表现在以下几方面：

①超声波的能量作用。超声波具有很高的能量，它在水中传播时，使水质点运动造成系统内质点分布不匀，出现疏密不同的区域。在质点分布稀疏区域声波形成负声压，在分布致密区域声波形成正声压，因此负声压、正声压交替连续变化，从而使水质点获得一定动能并获得一定的加速度。高频超声波的能量作用是异常巨大的。当具有能量的水质点与污垢粒子相互作用时，可把能量传递给果蔬表面的污垢并造成它们的解离分散。

②空穴破坏时释放的能量作用。由于超声波以正压和负压重复交替变化的方式向前传播，负压时在水中造成微小的真空洞穴，这时溶解在水中的气体会很快进入空穴并形成气泡；而在正压阶段，空穴气泡被绝热压缩，最后被压破，在气泡破裂的瞬间对空穴周围会形成巨大的冲击，使空穴附近的液体或固体受到上千个大气压的高压冲击，放出巨大的能量。这种现象在低频率范围的超声波领域激烈地产生。当空穴突然爆破时，能把果蔬表面的污垢薄膜击破而达到去污的目的。

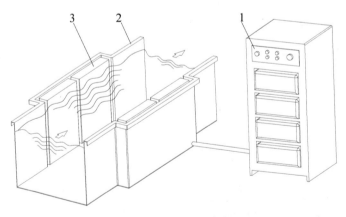

图1－26　超声波清洗装置

1—超声波发生器；2—清洗槽；3—超声波换能器振板

③超声波在传播过程也起到搅拌作用，使水发生运动，令新鲜水不断作用于污垢而加速其溶解。所以超声波强大的冲击力如果发挥适当的话，可促使顽固附着的污垢解离，而且清洗力不均匀的情况得以避免。

在一定条件下用超声波清洗才能得到最好效果。首先，系统设计应能克服空穴产生的不均匀性，使果蔬不断于水中运动，空穴才能较均匀地作用于其表面；其次，形成矩形波形，可考虑把几种不同波长的超声波合成在一起，所产生的超声驻波，最大声压带范围扩大，可以克服清洗的不均匀性。

由于空穴作用在清洗过程中的重要性，而且是频率越低的超声波空穴作用强度越大。因此应用于果蔬清洗的超声波频率一般在 $15 \sim 25$ kHz 范围内选择较佳。只有选择适当的超声波频率，采用适当的使用方法才能取得最好的清洗效果。

超声波清洗设备中的换能器振板的安装方式对清洗效果影响较大，最有效的安装方式是如图 1-26 所示采用的侧附式的振动方式，对称两侧各装若干块振板。生产运行检验中，当换能器振板面积功率密度达 0.5 VA/cm² 或以上，容积功率密度大于 10 VA/L 时，对叶菜及大多数果蔬的清洗均达到理想效果，而且不会对叶菜产生熟化现象。

1.7.2 综合清洗设备

根据不同的果蔬品种，所采取的洁净加工方式有所不同，工序也各有增减，在实际生产中，为了达到更好的清洗效果和提高清洗效率，更多时候是采取两种、三种，甚至更多的清洗方式进行组合应用。在这种情况下，相应的清洗设备就要按具体处理对象和生产条件作针对性设计。

图 1-27 所示是水气浴超声波综合清洗设备示意图。设备采用网带刮板输送的形式，配置双道独立清洗槽，物料连续输送清洗。整机主要由网带刮板、清洗槽、气浴发生装置、超声波发生装置等组成。

在第一道清洗槽中，通过漩涡气泵 6 和气流均布器 7 使槽中产生水气浴状态，对果蔬进行初步清洗，除去其表面大部分污泥。在第二道清洗槽中，通过超声波换能器振板 4，把一定频率和功率的超声波作用在槽中水介质，在超声波能量的作用下进一步离解果蔬顽固污渍，对果蔬做深度清洗，达到全面洁净的目的。本设备特别适用于叶类蔬菜的洁净加工，效率高，清洗彻底，而且不会出现叶面揉瘀熟化、茎梗折断的现象。

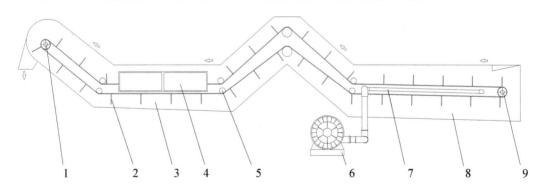

图 1-27　水气浴超声波综合清洗设备示意图

1—主动轴；2—网带刮板；3—第二道清洗槽；4—超声波换能器振板；5—导向压轮；6—漩涡气泵；

7—气流均布器；8—第一道清洗槽；9—被动轴

图 1-28 所示是一款水气浴毛刷综合清洗机。设备由毛刷辊 1、喷淋装置 2、提升辊筒 3、清洗水槽 4 以及漩涡气泵 7 和进气管 6 等组成。

该设备前段采用水气浴清洗，后段采用毛刷清洗，可适用于柑橘、荔枝、龙眼、枣、杏、李等水果，以及根茎类和果类蔬菜的洁净加工。

由图示可见，设备前段配置清洗水槽，由漩涡气泵产生压缩气流进入水槽，形成水气浴状态。隔板5的作用是便于向上透出气流和向下沉积泥沙。果蔬被直接输送入水槽，遇水马上飘散，并受水汽流作用而翻滚，在浸泡过程达到污泥脱落和污渍松软的效果。

当果蔬不断被输送进入水槽时推动槽中果蔬向前运动，接近提升辊筒处，果蔬被辊筒连续向上提升，并被传递至毛刷辊清洗段，接受喷淋和滚刷清洗。此时，由于果蔬在前段水槽中经水气浴作用已除去大部分泥沙，剩下的表面污渍也已松软，再经毛刷刷洗，可轻易达到完全洁净。

毛刷清洗段的废水流入集水槽9，经回流管8流入清洗水槽，这样可充分利用并节约清洗水，因为前段属于初洗，水质要求不高，重点在后段实现彻底洁净。

工作时，喷淋装置连续喷射水流，回流清洗水槽的水不断增加，因此需要把清洗水槽底下的排水阀（图中无标示）打开，既可以排走槽中污水，保持适当的水平面，同时也把沉积槽底的污泥排出。阀门打开的程度要适宜，确保排水流量与喷淋装置进水流量一致。

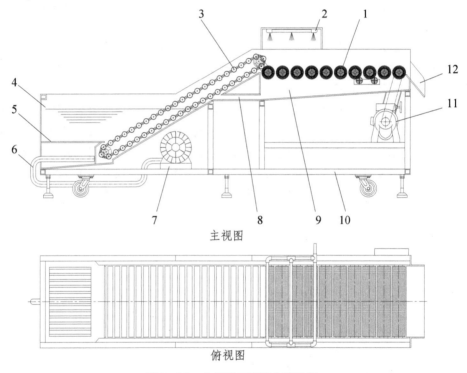

主视图

俯视图

图1-28　水气浴毛刷综合清洗机

1—毛刷辊；2—喷淋装置；3—提升辊筒；4—清洗水槽；5—隔板；6—进气管；7—漩涡气泵；8—回流管；
9—集水槽；10—机架；11—减速电机；12—出料槽

1.7.3　果蔬清洗中的除杂技术及系统

果蔬在上述水气浴或超声波清洗处理过程中，污迹杂质被离解脱落，混合于水中。泥沙污泥等比重大的杂质在水流作用下沉降于槽底，透过槽底筛板，通过排污管排出。但是，对于一些碎叶及纤维等杂质，由于比重较小，容易漂浮在水表，与果蔬混合并吸附在叶子的表面，特别是叶类蔬菜，要把它们完全分离非常困难，即使水流冲刷也难以完全清除。传统的方法是采用人手挑拣剔除漂浮杂物，这种方法工作量大，繁琐而且效果差。

由此可见，果蔬经过水气浴或超声波处理后，只是完成了清洗的一部分工作，只有经过彻底的除杂处理，才能达到完全洁净的目的。

一直以来，果蔬清洗中的除杂技术都是一个难题，特别是针对叶类蔬菜，更缺乏有效的技术方案。因此，本节针对这一难题，介绍一种隔滤筛板除杂技术和装置，可有效把果蔬中的杂物隔滤分离及清除干净，达到理想的洁净效果。

果蔬清洗的隔滤筛板装置结构如图1-29所示，它主要由输送网带1、刮板2、清洗槽3、溢水槽4、导流管5及其水过滤循环系统等组成。其中输送网带为筛板式结构，其上均匀密集分布筛孔；输送网带与水槽基本同宽，网带循环面与水槽两侧壁之间形成一个相对闭合的空间，右侧壁开口连接溢水槽。

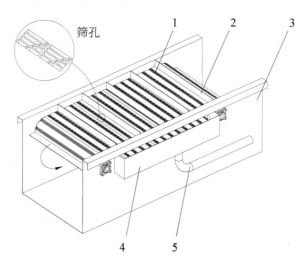

图1-29 隔滤筛板装置

1—网带；2—刮板；3—清洗槽；4—溢水槽；5—导流管

图1-30所示是隔滤除杂工作原理图。工作时，蔬菜在水流作用下接近隔滤筛板装置，被网带刮板拨送压到水面以下运行，在水槽的底部接受水气浴清洗。

果蔬在槽底清洗过程中，其表面污泥沙粒等比重较大的杂质松软脱落，并沉积到水槽底部，通过排污管排走；而黏附果蔬的毛发、蚊虫等比重较小的杂质在水气浴作用下离解，并且在浮力作用下穿透下层网带的筛孔，漂浮到上下网带之间的水面上，从而使果蔬与漂浮物阻隔分离开来。其后，处于上下网带之间水面的漂浮杂质，受到喷头9的高压水喷射，被强制汇集到清洗槽3的右侧壁，并随水流溢出进入溢水槽4。溢水槽4中的水和杂质通过导流管5流入过滤箱7。过滤箱7内设有滤网6，滤网将过滤箱分隔成上、下两部分，上部通过导流管5与溢水槽4连通，下部通过管路与循环泵8连接，循环泵的出水端通过管路与喷头9连通。以此形成了水槽、溢水槽、过滤箱、循环泵、喷头、水槽的水循环回路，隔滤分离的杂质全部停留在滤网6上，可定时清理。

果蔬清洗的隔滤筛板装置配合水气浴或超声波清洗，可彻底分离清除果蔬的污迹杂质，实现高效、高速、自动化操作，而且可实现水循环利用，节约环保。

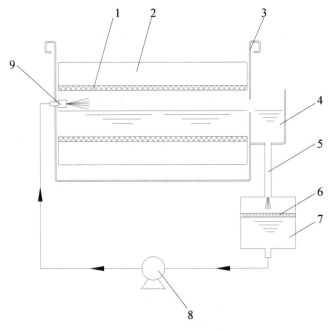

图1-30 隔滤除杂工作原理图

1—网带；2—刮板；3—清洗槽；4—溢水槽；5—导流管；6—滤网；7—过滤箱；8—循环泵；9—喷头

除杂技术更多应用于蔬菜特别是叶类蔬菜的洁净加工上，由于该类物料主要采用水气浴等漂洗形式，所以较难除去黏附叶面的漂浮杂质，因此需要专门考虑隔滤除杂的问题。至于大部分类球形的水果，只要经过喷淋和毛刷清洗，即可达到除去污渍和分离杂质的目的，其除杂技术相对简单。

问题与思考

1. 带裙边的刮板皮带有什么优点？

2. 皮带的裙边为什么是波纹形？为何不能采用平板形？

3. 在刮板皮带两侧留空道，有什么作用？

4. 塑料链板提升机的入料处设计为水平输送段有什么优点？

5. 给链板带配置链轮时，主要考虑什么因素？

6. 水气浴清洗的原理是什么？

7. 要使水槽产生气浴状态需配备哪些装置？简述水气浴产生的过程。

8. 实际生产中，如何制备臭氧？

9. 水气浴清洗机中的臭氧消毒系统由哪些部分组成？

10. 简述臭氧化水的形成过程。

11. 采用气幕对果蔬进行除湿有什么特点？

12. 采用气幕除湿时，影响除湿效果的因素是什么？

13. 气刀能否用于叶类蔬菜的除湿？为什么？

14. 应用于果蔬清洗的超声波频率一般处于什么范围？超声波清洗设备中的换能器振板如何安装才能达到理想的清洗效果？

15. 如何解决下面问题，使除湿效果更理想。请画出示意图并加文字说明（允许改造设备或增加设备）。

参看图 1-21 配置输送网带的气幕沥水除湿机。当采用该设备进行叶菜除湿时，会出现一个问题：气幕只能吹到叶菜的上表面，但吹不到叶菜的下表面。

2 柑橘保鲜分级生产线

【关键技术】

- 连续式毛刷清洗技术
- 喷雾和喷淋式保鲜技术
- 温控除湿技术
- 机械筛选式分级技术
- 机器视觉识别分选技术
- 在线电子称重分级技术

【重点知识和设计要点】

- 柑橘保鲜分级工艺流程
- 柑橘保鲜分级生产线总体设计及其设备的形式与功能
- 辊筒式分拣输送机的结构、原理、特点
- 滚刷式清洗保鲜一体机的结构、原理和性能特点
- 保鲜药液喷雾装置结构和原理
- 隧道式热风除湿机的结构、原理和性能特点
- 吊篮式热风除湿机的结构、原理和性能特点
- 分行输送机的形式、结构和特点
- 滚筒孔径式分级机结构、原理和性能特点
- 皮带孔径式分级机结构、原理和性能特点
- 机器视觉识别分选机结构、原理和性能特点
- 应用于水果分选的机器视觉系统的组成
- 水果成像过程的运动控制和图像采集
- 在线电子称重分级机结构、原理和性能特点
- 在线称重分级分析控制系统

2.1 项目背景

柑橘采摘后一般需要进行洁净保鲜和分级包装，即所谓的商品化处理，其目的是提高柑橘质量档次，有效延长保质期，从而扩大鲜销范围，实现商品增值。处理过程中，各个工序都需要采用合适的自动化设备。而且，在规模化生产中，为提高生产效率，集合多工序处理的自动化生产线必不可少。

由于柑橘类水果的表皮具有一定的弹性和韧性（如橙、柠檬等），因此在自动化生产线上处理时，相较于其他水果没那么容易出现机械损伤，因其特点，设备的输送速度以及生产线处理量均可相应提高。

柑橘类水果的商品化处理，需要经过清洗、保鲜、除湿、分级等工序，各工序配置的处理设备有多种类型选择，可按实际生产需要组成形式各异的自动化生产线。下面以两类典型的自动化生产线为例进行详述，其中一类是采用机械式分级的自动化生产线，另一类

是采用机器视觉或电子称重分级的自动化生产线。

2.2 技术概况

2.2.1 柑橘清洗、保鲜技术

清洗与保鲜处理对柑橘的品质影响重大。对于此类水果，首先要完全清除其表面污迹，然后才能进行喷涂保鲜液处理。

清洗的目的，其一，是为了除去柑橘表皮污迹，杀灭细菌、害虫等；其二，是确保在后续的保鲜工序中，保鲜液能良好地附着柑橘表面。针对柑橘的特性，宜采用喷淋加旋转毛刷清洗技术，可达到迅速彻底洁净表皮的目的。

柑橘的保鲜，通常采用专用的保鲜剂喷涂表皮，然后均匀抛光的方式。常用的保鲜剂可分为三大类，即苯并咪唑类、咪唑类、双胍盐类，各类均包含多个品种，俗称果蜡或保鲜蜡。

要达到良好的保鲜效果，取决于两点：其一，是确保所采用的保鲜蜡液的质量，这是根本；其二，需采用性能优良的喷涂打蜡技术，确保保鲜蜡液有效附着外表，这不但影响水果外观质量，而且影响其保鲜时间。

因此，柑橘经过喷淋毛刷清洗干净后，紧接着，需要进行喷涂保鲜液处理，最后进行表面连续抛光，形成一层均匀的保护膜覆盖表皮。水果表面越洁净，保鲜液附着效果越好，保鲜时间越长。

2.2.2 柑橘表面除湿技术

清洗打蜡后的柑橘，需要马上进行表面除湿，以确保快速干燥固化其表面附着的蜡膜，使果体达到一个理想的状态，以便于以后的贮藏保鲜及包装运输。

除湿方式，以热风干燥为主，可保证快速彻底除去其表面水分。在处理过程，需确保柑橘平布均匀输送，然后配合温控气流，使每个果体在一定的行程范围和一定的时间内接受气流的吹干。

2.2.3 水果分级技术

分级，是水果采摘后进行商品化处理中最重要的工序之一。通过分级处理，把水果划分成若干规格等级，确保每一个规格等级中的物料均匀统一。水果上市直面消费者时，不同规格的水果分别对应不同的价格。

因此，可以说，分级的最终目的，就是使水果按规格等级销售，高规格高价格，低规格低价格，最终实现水果商品增值的最大化。

对水果进行规格划分，必须以水果的性状为基准。水果的性状包括外观特征和内在品质两大类，外观特征主要是大小、形状、颜色或重量等，内在品质主要为含糖量、含酸量等。因此，进行水果分级的前提，首先要确定以什么性状作为分级标准，也就是选取哪一个或哪几个性状作为检测指标，然后才能有目的地进行规格等级的划分。

实际应用中，按水果的大小划分等级是最常用的方法，适用于绝大多数水果。按大小分级也最符合消费者的消费心理，因为以大小规格判定水果的品质是最直观的方式，也基本上符合实际情况。另外，按重量分级也是一种惯常使用的方法，同样它符合传统的消费心理，而且水果的重量与大小基本上是对应的，也就是说，对于同一类水果，按重量分级划分的规格与按大小分级划分的规格基本上是相同的。

对于大小分级方式，传统的设备以机械式筛选为主，按水果外形特性设计筛选机构，以水果的外径为筛选基准，由于简单实用、速度快，因此直到目前为止，机械式筛选设备仍占分级设备的主导地位；而对于重量式分级方式，传统的设备采用弹簧秤在线称量的方式，由于调整麻烦、故障高、误差大，因此目前基本淘汰，已被在线电子称量的形式取代。

近年由于电子电脑技术的高速发展，使水果分级技术出现了质的飞跃。应用电子电脑技术的水果分级设备，已经不局限于对水果进行大小或重量的划分，进一步可以有针对性地进行水果形状、颜色、瑕疵等特性的检测分选；更深入一步，目前的机器视觉技术结合近红外分光分析技术，已经可以在线检测水果糖度、酸度等内部品质及实现分级，而这一切都是在水果无损状态下进行的。

水果分级设备类型较多。同一类型的分级设备，有可能适用于一种或若干种相类性状的水果分级；针对同一品种的水果，也有可能采用不同类型的分级设备实现分级。按分级形式划分，分级设备可归纳为三大类：机械式分级设备、在线电子称重式分级设备、机器视觉式分级设备。三类设备中，以机械式分级设备占有量最大，应用最广泛，该类设备主要由孔径式分级设备和间隙式分级设备组成；而动态电子称重式分级设备和机器视觉式分级设备，由于配套电脑编程技术，可实现水果处理全流程的自动化控制，以及数据的分析统计等功能，具备最先进的技术优势，因此该类型设备已经在大型水果采摘后商品化处理加工厂中应用。

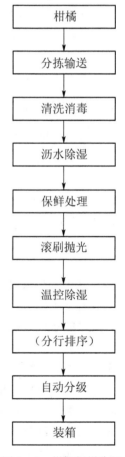

图 2-1　柑橘保鲜分级
工艺流程图

应用于柑橘分级的形式主要有三种，分别为滚筒孔径式分级、机器视觉识别分级、在线电子称重分级。滚筒孔径式分级简易实用，设备投资少，因此应用广泛；但相较于机器视觉识别分级和在线电子称重分级形式，机械分级存在效率较低，以及较易造成表皮损伤的缺点。由于机器视觉分级和电子称重分级具有高速、高效、精确、稳定的优点，因此已越来越受到大中型水果加工企业的欢迎，成为设备生产厂商重点开发的产品。

2.3　方案分析

无论采用哪一类型的自动化生产线对柑橘进行保鲜分级处理，所经过的工艺流程基本一样，如图 2-1 所示。

由图 2-1 可见，柑橘进入生产线后，先后经过以下工序处理：

（1）分拣输送

在此工序，柑橘被输送进入生产线，操作工检查并剔除残次水果。

（2）清洗消毒

采用喷淋加滚刷清洗技术，按需在喷淋水中添加消毒剂。柑橘在连续运行中完成外表清洗和消毒处理。

（3）沥水除湿

采用滚刷清扫或海绵辊吸湿的模式，除去柑橘表面水分，以利于其后喷涂保鲜蜡液。

（4）保鲜处理

主要有两种方式，其一是蜡液发泡滚涂方式：在蜡液槽中通入压缩空气，形成泡沫状，果体经过泡沫区时自然黏附蜡液；其二是蜡液雾化喷涂方式：蜡液通过泵送等形式，经过喷嘴喷射形成雾化状态，可令果蜡均匀附着柑橘表皮。

（5）温控除湿

一般采用热风干燥技术，干燥气流被加热并调控至合适的温度，带走柑橘表面水分，固化其表面蜡液，形成保鲜膜层。

（6）自动分级及包装

按需配套合适的分级设备，按大小或重量把柑橘分成多个级别，以划分商品等级，并且进行相应的装箱等包装处理。当采用机器视觉识别或在线电子称重分级设备时，柑橘在进入分级工序前，还需要进行分行排序处理，以形成整齐的队列进入分级设备。

2.4 总体设计

根据柑橘保鲜分级工艺流程设计相应的自动生产线，以两种类型的生产线为例，图2-2是采用机械式分级的自动生产线，图2-3是采用机器视觉识别分级的自动生产线。

两条生产线可实现的工艺流程都一样，但所配套的设备各有不同。组成生产线的设备的结构形式及功能分述如下：

（1）分拣输送机

分拣输送机采用链条带动的辊筒式输送结构。前段是料筐提升段，后段为水平分拣段。柑橘由料筐进入后，被辊筒带动上升至分拣段，在辊筒的滚动作用下形成一排排列队依次输送，并不断自转，方便站立于设备两旁的操作工观察并进行有效的分拣，剔除质劣、残次的水果。

（2）滚刷式清洗保鲜机

为了使工艺流程紧凑、高效与节能，设备将清洗与保鲜处理进行一体化设计，在一台机上依次完成如下工序：清洗消毒→沥水→喷涂保鲜蜡→滚刷抛光。

设备从进料端到出料端布满毛刷辊筒，定距排列，同步自转。柑橘在毛刷辊筒的自转带动下不断滚动，后排推前排，依次连续向前递进，在送进过程完成清洗消毒、沥水、喷涂保鲜液和抛光工序。

整机由前至后，划分四个功能区：

第一个为清洗功能区。滚刷上方配备喷淋水管，柑橘在这一阶段运行中不断被喷淋刷洗，洁净外表皮。按需要可在清洗区后段增设消毒液喷淋区，在循环水箱中加入杀菌剂，即可以实现对柑橘的消毒处理。

第二个功能区为沥水区。在此区域不再有喷淋水，柑橘在这一阶段运行中被滚刷清扫表面水分。按实际要求，可采用海绵辊筒吸湿的设计方式。

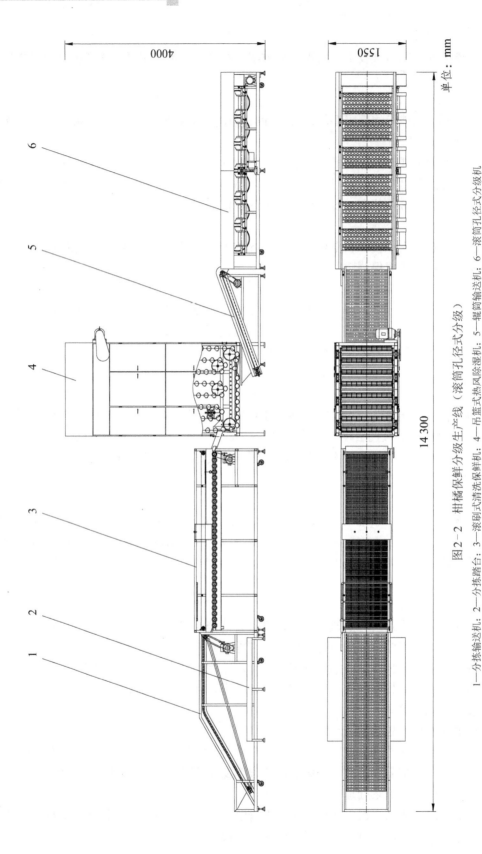

图2-2 柑橘保鲜分级生产线（滚筒孔径式分级）

1—分拣输送机；2—分拣踏台；3—滚刷式清洗保鲜机；4—吊篮式热风除湿机；5—辊筒输送机；6—滚筒孔径式分级机

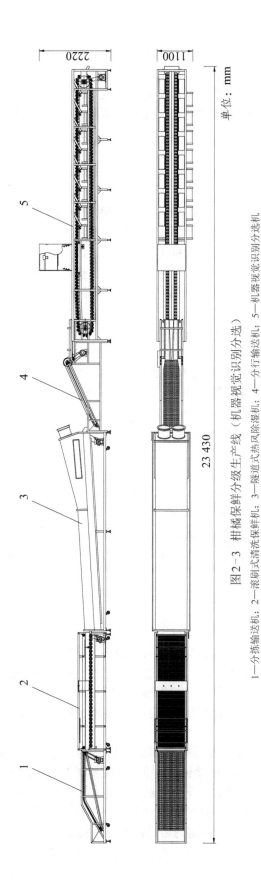

图 2-3 柑橘保鲜分级生产线（机器视觉识别分选）

1—分拣输送机；2—滚刷式清洗保鲜机；3—隧道式热风除湿机；4—分行输送机；5—机器视觉识别分选机

第三个功能区为喷涂果蜡区。该区配备自动喷雾装置，进出口设置软胶门帘，形成一个半封闭喷雾室。柑橘经过此室时，在滚动中被喷上一层保鲜蜡液。

第四个功能区为抛光区。柑橘离开喷雾室后表面已涂满保鲜蜡液，但并不均匀，因此其后还需经过毛刷辊筒的不断刷涂抛光，使其表面形成一层厚薄均匀的蜡膜，确保达到最佳保鲜效果。

（3）温控除湿机

温控除湿机连接在清洗保鲜机与分级机之间，其作用是确保快速干燥固化柑橘表面蜡膜，以利于保鲜效果和后道分级。

图2-2的生产线采用吊篮式热风除湿机，而图2-3的生产线则采用隧道式热风除湿机。两者效果一致，但各有优缺点。吊篮式热风除湿机占地面积小，但安装高度较高，而且结构相对较复杂；隧道式热风除湿机占地面积较大，但结构相对简单，易维护。

除湿机的气流加热方式一般采用电加热或燃气加热，自动测温调控，把干燥温度控制在35～40℃之间，确保能迅速除湿而又不影响柑橘品质。

（4）辊筒输送机和分行输送机

柑橘打蜡除湿后，通过输送设备送到后面的分级机。在图2-2的生产线中，从吊篮式热风除湿机出来的柑橘，经过一台辊筒输送机直接进入其后的滚筒孔径式分级机。

在图2-3的生产线中，柑橘进入机器视觉识别分选机前，需通过一台分行输送机进行排列。分行输送机采用滚筒提升和平皮带输送模式，结合V形槽装置，使柑橘形成两行列队，均匀送入分选机的果杯。

生产线运行时，需调整分行输送机的运行速度，确保其与分选机果杯运行速度同步，使柑橘定间距依次落入分选果杯。

（5）自动分级机

图2-2的生产线采用滚筒孔径式分级机，进行机械筛选分级，配置6个分级滚筒，可按大小分7个级别。图2-3的生产线采用机器视觉识别分选机，其具有双通道8个分选出口。该机可按需对柑橘进行形状、大小、颜色等特性的综合分选处理。例如，可设置进行8级大小分级，或设置进行4级大小分级，同时每个级别分选两种颜色等。

2.5 设备设计

2.5.1 辊筒式分拣输送机

辊筒式分拣输送机广泛用于类球状水果输送，包括柑橘、苹果、荔枝、枣类等，以及茎类蔬菜胡萝卜、马铃薯、番薯等。其输送载体是双链条带动的多排辊筒，辊筒可采用不锈钢或塑料材质。辊筒输送过程中，相邻辊筒的间隙承载水果，通过辊筒自转可使水果较易形成一排接一排地输送，比较有规律，可实现基本的定量供料，这是其特点。

2.5.1.1 设备总体结构

图2-4所示是一款辊筒式分拣输送机的总体结构图，整机主要由入料筐1、输送辊筒2、机架3、主动轴部件4、被动轴部件5、电机及减速机6组成。

输送机架体一般采用不锈钢型钢焊合结构，进料筐为槽体结构，输送辊筒的两侧安装有侧挡板，与辊筒面之间形成输送槽。主动轴部件结构如图2-5所示，在主动轴3中装配有两个输送链轮2，直接带动辊筒的输送链条。主动轴两侧通过带座轴承1固定安装在机器后部出料位置，其主动链轮5通过链条与减速机输出链轮连接。

被动轴部件如图 2-6 所示，被动轴 3 中装配两个输送链轮 2，链轮中心距为 H，与主动轴上的输送链轮中心距一致。被动轴两侧通过滑动轴承 1 安装在机器入料部位，可通过调节螺杆推动滑动轴承张紧辊筒输送链。

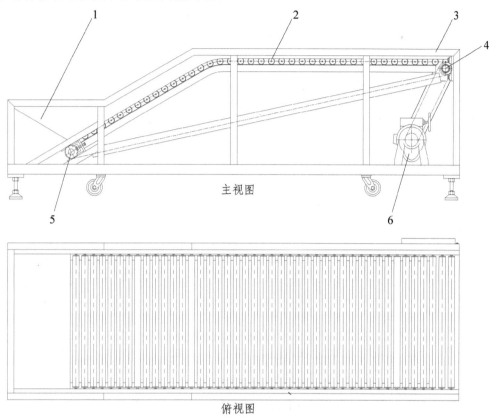

主视图

图 2-4　辊筒式分拣输送机总体结构图

1—入料筐；2—输送辊筒；3—机架；4—主动轴部件；5—被动轴部件；6—电机及减速机

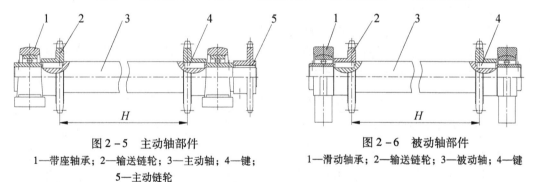

图 2-5　主动轴部件

1—带座轴承；2—输送链轮；3—主动轴；4—键；
5—主动链轮

图 2-6　被动轴部件

1—滑动轴承；2—输送链轮；3—被动轴；4—键

输送辊筒是机器的主要部件，由一系列排列整齐的辊筒组成，是水果的输送载体。辊筒的结构及其装配形式如图 2-7 所示，辊筒之间按一定的链节距排列，由两侧输送链条带动平行运行。

如图 2-7 所示，辊筒主要由筒体 1、芯轴 2、挡圈 3、弹簧 4、端盖 5 和轴承 6 组成。辊筒的两端轴承通过端盖压装紧配，挡圈 3 和弹簧 4 起到筒体轴向定位的作用。辊筒装配后，由于筒体右侧端盖和挡圈之间的弹簧作用，筒体受到右向推力，使其左侧端盖压紧挡圈位置，确保筒体与芯轴相对位置固定。筒体可通过轴承绕芯轴旋转。芯轴 2 的两端轴头插入滚子链链板中的轴孔，并由开口销 8 限位。输送链条一般采用双节距滚子链，按辊筒排列间距在对应链板中加工有轴孔。

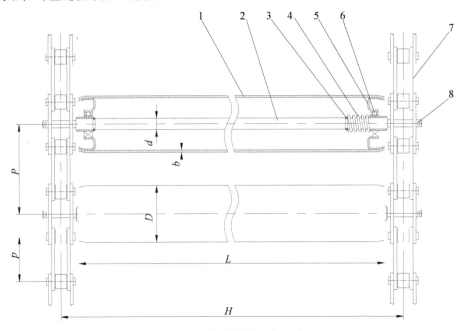

图 2-7　辊筒结构及装配图

1—筒体；2—芯轴；3—挡圈；4—弹簧；5—端盖；6—轴承；7—输送链条；8—开口销

用于水果输送的辊筒的筒体材质一般采用不锈钢管，根据具体情况也可选用塑料材质，塑料材质普遍为 PVC。水果输送机中最常采用的不锈钢辊筒外径为 $\phi38.1$、$\phi50.8$ 以及 $\phi31.8$，对应的塑料辊筒外径为 $\phi40$、$\phi50$ 以及 $\phi32$。表 2-1 中列出了水果输送机中常用的不锈钢辊筒规格及部分设计参数的选择。

2.5.1.2　设备运行原理

由图 2-4 所示可见，该机带提升段和水平输送段，可作为水果入料提升和分拣使用，因此也称作辊筒式提升分拣机。辊筒输送机作为提升机使用时，其提升角度一般不超过 30°，角度太大容易导致水果向后滚落，影响提升效率。

表 2-1　水果输送常用不锈钢辊筒规格及设计参数选择

筒体外径 D/mm	筒体壁厚 b/mm	筒体长度 L/mm	芯轴直径 d/mm	双节距链节距 p/mm	辊筒间距 P/mm
31.8	0.8、1	200～2000	8、10	25.4	50.8
38.1	1、1.2	200～2000	12	31.75	63.5
50.8	1、1.2、1.5	200～2000	12、15	31.75、38.1	63.5、76.2

采摘后的新鲜水果一般用箩筐或箱装载，由工人倒入输送机的进料筐。提升分拣机可作为水果处理生产线的第一台设备，水果由此入料并被提升和输送。

设计时，提升段的进料筐高度以方便工人倒果为原则，其高度最理想为 600 mm，不超过 800 mm。高度超过 800 mm 时，工人倒果比较吃力。输送机的水平段可设计为人工分拣段,操作工面对面站立拣选水果,其操作高度一般为900 mm,超过1200 mm需要配置踏台,以方便工人操作。分拣段的长度按需设计。

辊筒在输送过程中可相对静止也可自转,取决于托轨的作用。如图2-8所示,当输送链条沿链轨运行时,辊筒相对芯轴静止;如图2-9所示,辊筒两端受到托轨上摩擦带的承托,在被输送链条带动前进时,受到托轨摩擦带的作用,将不断滚动并绕芯轴自转。

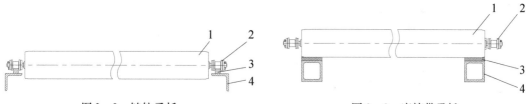

图2-8 链轨承托
1—辊筒;2—输送链;3—链轨;4—托轨

图2-9 摩擦带承托
1—辊筒;2—输送链;3—摩擦带;4—托轨

辊筒在输送过程是否相对静止或自转,应根据输送性质和水果性状决定。对于柑橙等球状水果,在料筐中被辊筒带动提升时,辊筒自转可使水果在滚动中形成一排排依次上行,形成有规律的送料;同样,在水平输送段,辊筒自转可带动水果有规律地不断自转,方便操作工观察水果的各个表面,把质劣、残次的水果挑拣剔除。

但是,对于表皮嫩薄的水果,辊筒输送时应相对静止,或者尽量避免长时间自转,否则会令水果表皮出现瘀伤。另外,当需要在水中提升水果时,提升段的辊筒一般采取相对静止的输送方式,避免在水中水果与辊筒打滑翻落,降低提升效率。

辊筒提升水果的状态如图2-10所示,由图示可见,水果能否顺利提升,受到水果外径、提升角度、辊筒直径、辊筒间距等参数的影响。采用作图法可以进行合理的设计,如图2-11所示。图2-11a所示提升角度合适,水果重心落在两辊支承范围之内,水果能顺利提升;图2-11b所示提升角度太大,水果重心落在两辊支承范围之外,水果向下翻落。

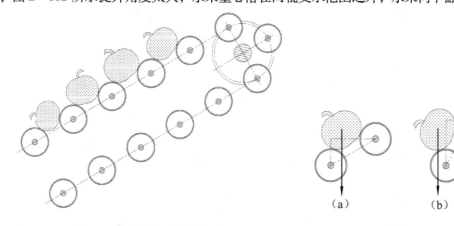

图2-10 辊筒提升水果状态

图2-11 辊筒提升的合理设计

2.5.2 柑橘类水果清洗保鲜机

2.5.2.1 滚刷式清洗机

采用旋转滚刷配合水力喷淋的清洗方式是一种适应广泛的高效的清洗技术,由于毛刷直接刷洗水果表面,因此清洗速度快,洁净程度高,对柑橘、柠檬、苹果、荔枝、青枣、胡萝卜、马铃薯等多品种果蔬均适用。

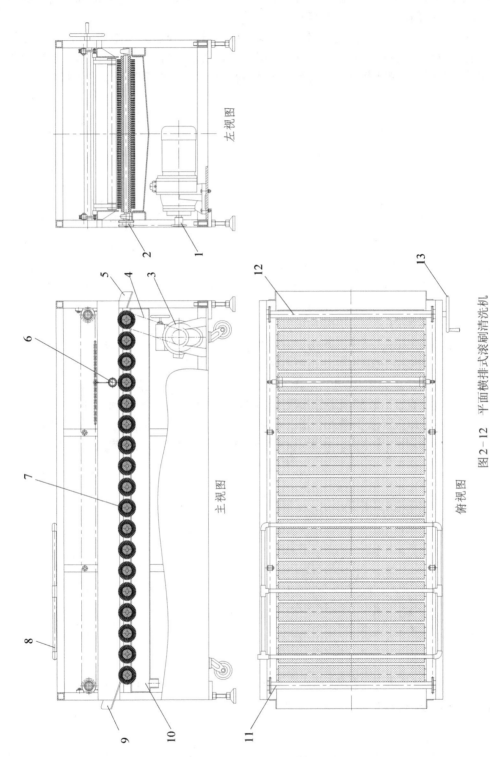

图 2 - 12 平面横排式滚刷清洗机

1—减速机输出链轮; 2—双排链轮; 3—减速电机; 4—驱动链; 5—出料槽; 6—排果辊; 7—毛刷辊; 8—喷淋装置;
9—入料槽; 10—集水槽; 11—排果被动轴; 12—排果主动轴; 13—手轮

滚刷清洗机的关键部件是毛刷辊，一台清洗机由多支毛刷辊组成。滚刷清洗机可设计不同的结构形式，以物料运动方向为基准，按毛刷辊的排列方式，主要分为两种：平面横排式滚刷清洗机、弧面纵置式毛刷清洗机。柑橘清洗主要采用平面横排式滚刷清洗机。

图 2-12 所示是一台平面横排式滚刷清洗机的结构总图。整机主要由毛刷辊 7、喷淋装置 8、集水槽 10、排果辊 6 以及减速电机和入料槽 9、出料槽 5 等组成。水果由入料槽输入，被连续旋转的毛刷辊带动，向出料槽方向运行，其间在水力喷淋的作用下，不断接受刷洗，达到洁净水果表皮的目的，清洗后的污水流入集水槽并通过端部排水管流走。

图示设备装配了 18 支毛刷辊，毛刷辊的数量视乎需处理的水果品种特性而定，数量过少则清洗过程太短，洁净程度难以保证；数量过多则清洗过程太长，易刷伤水果表皮。应用在柑橘等清洗设备配套的毛刷辊以 15～30 支为宜。

毛刷辊在设备上的排布方式如图 2-12 示：按物料的输送方向，等距横排，并且毛刷辊轴线均处于同一平面。

毛刷辊的结构如图 2-13 所示，由芯轴 1、塑辊 2 和刷毛 3 组成。芯轴和塑辊紧固一体，刷毛以一束为一单元，按塑辊圆周面均匀植入一定深度，以紧密不松脱为原则。

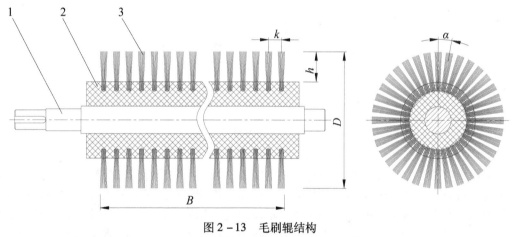

图 2-13 毛刷辊结构
1—芯轴；2—塑辊；3—刷毛

毛刷辊中的刷毛材质、丝径和植毛密度会影响水果的清洗效果。用于水果清洗的毛刷材质主要有尼龙和 PP 材料，尼龙的柔韧性和防老化的持久性相对更好，因此更常采用。刷毛的丝径太小相对应刷毛太软，则清洗效果较差；而直径太大相对应刷毛太硬，则易伤水果。

毛刷辊植毛密度取决于刷毛排列轴向间距 k 和圆周排列角度 α。考虑毛刷辊外径 D 及清洗对象物料的外形大小，合理设定这两个数值，使刷毛密度适宜。

在水果清洗的实际应用中，最常采用的参数为：刷毛丝径为 $\phi0.2～0.3$ mm，毛刷辊外径 $D=120～150$ mm，毛长（刷毛高出塑辊圆周表面的高度）$h=25～35$ mm，刷毛排列轴向间距 $k=8～12$ mm，刷毛圆周排列角度 $\alpha=8°～10°$。

清洗设备中的毛刷辊等距横向排列，其布置如图 2-14 所示。毛刷辊的芯轴两端通过轴承安装在机架上，其芯轴一端装配有双排链轮，由螺栓和挡圈轴向紧固。相邻两辊之间的链轮由传动链交错连接。

当减速电机启动后，驱动链带动第一支毛刷辊旋转，毛刷辊上的双排链轮通过传动链依次传动，带动所有毛刷辊同步自转。

毛刷辊之间的间距 $L = D + b$，其中 D 为毛刷辊外径，b 为相邻毛刷辊的间隙，L 值最终应圆整为传动链的链节距倍数。b 值的选取必须适宜，数值太大，即毛刷辊间间隙太大，会影响水果刷洗和输送效率；数值太小，则毛刷辊间间隙太小，在水流及其表面张力的作用下，会导致旋转毛刷之间阻力大增，从而需增加动力消耗。因此，在实际应用中，b 最理想的取值范围为 5～8 mm，在这一范围内，毛刷辊旋转顺畅，刷洗效果好，输送效率高。

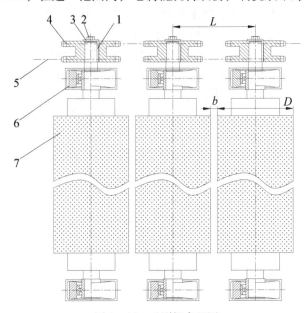

图 2-14　毛刷辊布置图

1—键；2—螺栓；3—挡圈；4—双排链轮；5—传动链；6—轴承；7—毛刷辊

毛刷清洗需要配合水流喷淋进行，喷淋装置一般采用喷淋排管加装喷头的形式，排管沿物料运行方向布置，喷头定间距装配，其密度视机器结构而定，一般要确保物料运行截面均被水流布满。水果在喷淋区接受强力水流冲洗，把表面污泥冲去。喷淋方式较多应用于洁净加工的第一段，用于除去水果较粗的泥块，作为初洗工序；或者应用于每一个洁净工序的后段，作为过渡性清洁工序，以衔接后段工序。

水果在毛刷辊上的清洗原理如图 2-15 所示。如上所述，设备上的成组毛刷辊通过双排链轮，在传动链带动下同步自转。水果由入料槽送入，水果接触滚刷时，在滚刷的自转带动下开始滚动，在相邻滚刷之间不断的自转，依靠自重与刷毛连续摩擦，并在喷淋水作用下清洗表皮污迹。当水果不断由入料槽送入时，后排水果推动前排水果，依次连续向前递进，在送进过程中把整个外表面刷洗干净，完成整个清洗工序。

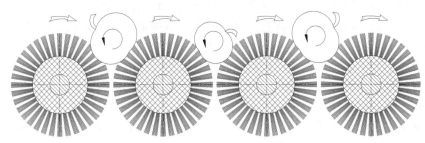

图 2-15　滚刷清洗原理图

毛刷辊的转速对清洗效果影响显著。刷辊转速低则水果的自转速度也较低，毛刷的刷洗频率较低、刷洗力较弱，清洗效果较差；刷辊转速高则水果的自转速度也较高，毛刷的刷洗频率较高、刷洗力较强，清洗效果好。但刷辊的转速过高会导致水果表皮易损。因此，在设计中，刷辊转速值应合理选取，经生产试验，毛刷辊转速范围在 200～300 r/min 可达到最理想的清洗效果。

由图 2－15 可见，水果在毛刷辊的带动下不断自转，接受圆周刷洗，但水果的两个非接触毛刷的端面是清洗死角，特别是如柠檬等椭圆形水果，其运动状态主要是绕长轴自转，极少出现绕短轴自转的现象，因此其长轴两端即果蒂和果脐部基本没有被刷洗到。只有当水果不断向前滚动递进，翻转过刷辊的过程中有可能清洗到果蒂和果脐部。

为了解决以上问题，实现水果表面的完全清洗，从而提高清洗效率，可设计配套螺旋毛刷。如图 2－16 所示，在毛刷辊的布置中，圆柱毛刷与螺旋毛刷相间排列，而且螺旋毛刷分左右螺旋两种，依次排列。当水果

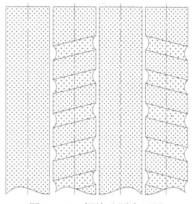

图 2－16　螺旋毛刷布置图

在图示刷辊装置的旋转清洗过程中，水果在自身连续自转的同时，受螺旋毛刷的作用进行左右往复移动，不断被逼改变运动状态，在自转、横移、翻转等混乱的运动中获得全面的刷洗。

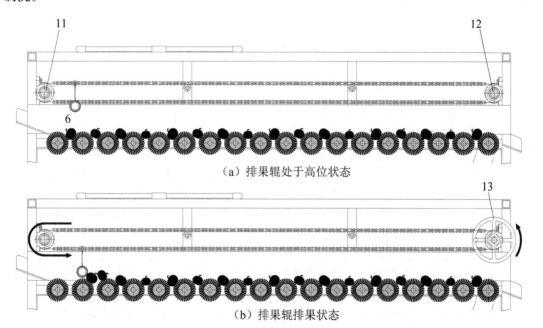

（a）排果辊处于高位状态

（b）排果辊排果状态

图 2－17　排果原理图（零部件编号按图 2－12）
6—排果辊；11—排果被动轴；12—排果主动轴；13—手轮

当清洗工作即将结束时，设备入料槽再没有水果输入，在设备毛刷辊间将积滞相应排数的水果，在没有后来水果的推动作用下，那些水果只能随毛刷辊不断自转，不能向前递进。此时，我们需要一个排果装置清除机内积料。排果原理如图 2－17 所示，2－17a 图

所示是排果辊处于高位状态，2－17b 图所示是排果辊进行排果状态。排果装置由排果辊 6 和排果主动轴 12、排果被动轴 11，以及装配其上两侧的链条组成。排果辊 6 通过软皮带悬吊在链条横销轴上，因此可随链条回转移动，平时处于链条高位静止状态，离开毛刷辊一定高度；当逆时针旋转至手轮 13 时，可转动排果主动轴 12，带动链条逆时针回转，排果辊 6 随链条回转至低位时，紧贴毛刷辊表面上方，由左至右移动，推动水果向出料槽方向运行，排清积滞机内的水果。可以把排果装置设计为电动机构，通过自动控制，由减速电机带动排果主动轴，实现自动排果。设计时，应考虑设置相应的行程开关，控制排果辊的停留位置，确保排果辊在正常清洗工作时处于高位，远离毛刷辊，避免阻挡水果的运行。

平面横排式滚刷清洗机主要适用于柑橘、柠檬、苹果、荔枝、青枣等水果，其优点是刷洗过程规律化，不易损伤水果，清洗全程保持水果分排输送，有利于衔接生产线其他处理工序。

平面横排式滚刷清洗机的处理量受多个因素影响，主要取决于设备输送宽度（一般等于刷辊的植毛有效宽度）、刷辊转速以及水果平均重量等参数。

处理量可通过以下经验公式计算：

$$Q = k\frac{60\pi Dn}{L} \times \frac{B}{d}m \qquad (2-1)$$

式中：Q——处理量，kg/h；

D——毛刷辊直径，mm；

n——毛刷辊转速，r/min；

L——毛刷辊间距，mm；

B——清洗输送宽度，等于刷辊植毛范围轴线的有效长度，mm；

d——单个水果平均直径，mm；

m——单个水果平均质量，kg；

k——修正系数，一般取 0.1。

2.5.2.2 喷雾、喷淋式保鲜技术与设备

在水果处理的生产工艺当中，采用保鲜剂对水果进行保鲜处理，延长水果的贮存期、改良水果的外观品质，一直是水果处理的重要一环。水果的保鲜处理一般置于清洗工序之后，或在初步清洗之后与后道漂洗等工序同步处理，无论如何，在进行保鲜处理前，应确保水果表面基本干净，减少污渍细菌等杂质，以提高保鲜效果。应用于水果的保鲜剂种类繁多，有固态和液态，针对水果品种的不同而异，需选用恰当。在自动化保鲜设备中，一般需要把保鲜剂调配成一定浓度的药液，采用喷雾、喷淋、浸浴等方式对水果进行保鲜处理。

柑橘类水果较多采用喷雾、喷淋保鲜技术与设备。通过喷雾或喷淋的形式使保鲜剂均匀覆盖水果表面，形成保护膜，达到保鲜目的。

喷雾和喷淋，主要区别是在保鲜处理时施加药液的流量不同，前者流量微小，后者流量较大。采用哪种方式，就看保鲜药液的特性，对于一些浓度较高，黏度较大的保鲜剂，相对价值较高，宜采用喷雾方式，确保效果而且节约用量；而喷淋方式主要针对浓度较低，黏度较小的保鲜剂，其相对价值也较低，可通过大流量淋湿水果表面，提高处理速度。

喷淋保鲜处理可在辊筒输送机、网带输送机和滚刷输送机上进行。只要在水果输送行程配置保鲜药液喷淋管道即可实现。相应喷淋管道需配置加压泵连接保鲜剂贮罐，由节流

阀控制流量，药液的流量应确保经过喷淋区的水果能迅速全面湿透为宜。一般还需加上回收过滤循环系统，以使药液能循环使用。

喷雾保鲜处理一般在滚刷机上与旋转毛刷配合进行，也就是通常所说的打蜡保鲜。由于喷雾流量较小，黏附水果表面的药液只有薄薄一层，而且难以保证均匀，因此喷雾后，需要旋转滚刷对水果表面进行刷扫、抛光，确保实现全面均匀的药液涂膜。

实现喷雾打蜡功能的保鲜设备主体为滚刷输送设备，也即滚刷打蜡保鲜设备，其总体结构如前述的平面横排式滚刷清洗机一样。其毛刷辊的结构与清洗毛刷辊一样，但刷毛材质有所区别，为达到最理想的打蜡和抛光效果，可采用马毛、猪鬃毛等材料，因其打蜡抛光更细致。当然，选用尼龙材质的刷毛也可以满足一般的打蜡抛光的要求。

保鲜喷雾区范围一般配置4～6支滚刷。在喷雾区上方配备自动喷雾装置，进出口设置软胶门帘，形成一个半封闭喷雾室。水果进入此室后在旋转毛刷的带动下，在滚动中被喷上一层保鲜液。水果离开喷雾室后表面的保鲜液并不均匀，因此其后还需经过后段滚刷的不断刷涂抛光，使水果表面形成一层厚薄均匀的蜡膜，确保达到最佳保鲜效果。

用这种方法来对水果进行处理，保鲜药液喷雾装置非常重要，其设计形式有多样，可采用空气压缩装置、高精度喷头、电磁阀控制等系统。图2-18所示是一种带喷头自洁式功能的保鲜药液喷雾装置。

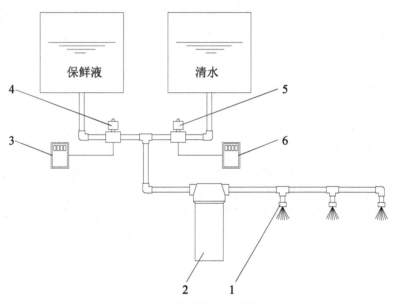

图2-18　保鲜药液喷雾装置
1—喷头；2—微型高压隔膜泵；3—计数器；4—电磁阀；5—电磁阀；6—计数器

如图2-18示，装置由保鲜液贮罐、清水贮罐、微型高压隔膜泵、电磁阀、喷头及管道组成。管道如图连接，一端连通保鲜液贮罐和清水贮罐，另一端连通3个喷头。对应保鲜液贮罐和清水贮罐，各配置一套电磁阀和计数器。

通过计数器3控制电磁阀4的通断及通电时间，可准确控制药液的喷雾时间及流通量；而通过计数器6控制电磁阀5的通断及通电时间，可自动接通清水进行喷头定时清洗。

工作时，微型高压隔膜泵2启动运转。首先电磁阀5断电，清水管路断开。在微型高压隔膜泵运转的同时，计数器3通电，并开始计数，达到预设的时间后，电磁阀4通电打开，药液经管道由微型高压隔膜泵连续泵送至喷管，通过喷头1呈雾状喷出，喷涂于水果表面。在达到预设喷雾时间后，电磁阀4断电关闭，暂时中断保鲜液管道。此时，由于保鲜液喷雾已湿透其下的毛刷辊，因此经过的水果仍然可以通过毛刷继续涂膜打蜡抛光。电磁阀4在预设时间下周而复始进行通、断动作，控制喷雾时间和停顿时间，从而达到控制保鲜药液使用量的目的。

当保鲜处理结束工作时，电磁阀4断电关闭，中断保鲜液连接。此时，微型高压隔膜泵继续运转，计数器6通电，控制电磁阀5开启，连通清水贮罐，把清水泵送至喷管，经过喷头1持续喷雾，达到清理喷头残余药液的目的。喷头清洗达到预设时间后，电磁阀5断电关闭，泵亦停止运转，结束整个工作过程。

本装置可通过程控实现保鲜液与清洁水的自动撤换，对喷头进行定时清理，避免喷头堵塞。既能延长喷头寿命，又能减少保鲜液消耗量，达到节约和环保的效果。

通过喷雾和滚刷打蜡进行保鲜处理的模式，保鲜效果显著，广泛应用于柑橘、柠檬、苹果等水果。其药液消耗量少，每吨水果仅需1～2千克药液即可，因此喷雾装置需要配套微型泵或计量泵以及精密喷头进行处理，才能确保药液使用均匀而不浪费。

水果进行喷涂及打蜡抛光后，需要迅速风干表面水分，使药液凝固成一层薄薄的保护蜡膜，这层保护膜可阻止水果水分的蒸发，抑制呼吸，从而有效延长水果保存时间。

2.5.2.3　沥水除湿装置

水果清洗后进入保鲜前，需要沥水除湿；水果保鲜处理后进入分级或包装前，也需要恰当的除湿。当水果清洗后，表皮附着大量的水分，在没有经过有效的沥水除湿前，不适宜进行药液保鲜处理，否则水果自带水分会稀释保鲜药液，并使保鲜液难以粘附表皮，导致保鲜效果大打折扣。当水果进行浸药或喷雾打蜡等保鲜处理后，表面药液还处于流体性的潮湿状态，只有马上进行除湿处理，尽量减少水分，才能使保鲜药液有效粘附表皮，形成一层固化的保鲜膜，达到最理想的保鲜状态。

柑橘经过滚刷清洗后，可以通过一个滚刷沥水装置或海绵辊吸水装置进行简单的除湿，然后再进行喷涂保鲜液处理。

滚刷清洗设备通过配置滚刷沥水或海绵辊吸水装置，在柑橘进行喷淋刷洗后马上进行沥水处理，可确保其离开清洗区前被沥除表面大部分水滴，不至于带着大量的水分进入后道工序，从而影响其后的处理效率和效果。沥水或吸湿处理要达到较好的效果，通常要配置10支以上的毛刷辊或海绵辊。

经过滚刷沥水或海绵辊吸水的水果，表面还是处于潮湿状态，只是初步实现沥水处理，如果要进一步除湿，需要配置风机等更加强力的除湿设备。

（1）滚刷沥水装置

滚刷沥水装置如图2-19所示，一般要配置4支以上的沥水滚刷1，紧随设备清洗区后部安装。

沥水滚刷的结构与清洗滚刷的结构一样，直径相同，植毛也采用同样材质。在每支沥水滚刷1的右下方，分别安装一块刮水板2。刮水板材质可采用PVC、PU等塑料板，为长条形板式结构，长度方向与毛刷植毛区轴向长度一致。刮水板倾斜45°由螺钉紧固在支承座3上，一边插入沥水滚刷的刷毛内，插入的板边缘加工圆角。

工作时，沥水滚刷自转，转速与清洗滚刷相等。柑橘经过清洗区接受刷洗后，滚动进入沥水区，在这一区域没有喷淋水，带水的水果依靠自重与刷毛连续摩擦，被毛刷连续扫去表面水分。当沥水滚刷自转到右下方时，刷毛上的水分被刮水板刮下，沿刮水板顺流而下，落入集水槽。

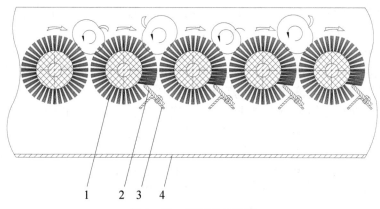

图 2-19　滚刷沥水装置

1—沥水滚刷；2—刮水板；3—支承座；4—集水槽

　　刮水板的作用不可或缺，因为滚刷清扫水果表面的过程，水分会进入植毛内，使刷毛饱含水分，必须要及时排除。否则，饱含水分的刷毛只会使水果变得更湿，根本无法实现水果有效的沥水。

　　（2）海绵辊吸水装置

　　如图 2-20 所示是海绵辊吸水装置，一般要配置 4 支以上的海绵辊。设备清洗后，离开喷淋区，经过 4～6 支毛刷辊过渡，就可以安装海绵辊吸水装置。

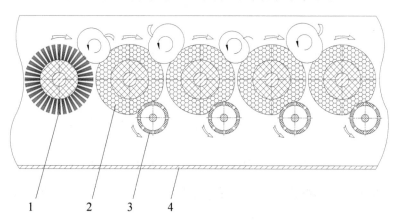

图 2-20　海绵辊吸水装置

1—毛刷辊；2—海绵辊；3—压水辊；4—集水槽

　　海绵辊直径与毛刷辊直径相若，中心塑辊外套海绵层，海绵层与塑辊接合面粘合，海绵厚度与毛刷辊刷毛高度相等。

　　如图 2-20 所示，在每支海绵辊 2 的右下方，分别安装一支压水辊 3。压水辊为辊轴式结构，中间芯轴、两端带轴承、外套辊筒，辊筒可绕芯轴旋转。辊筒材质可采用 PVC 塑料管或不锈钢管，其外表面圆周均匀分布圆孔。压水辊安装时，芯轴两端固定，压水辊与海绵辊的中心距小于两者半径之和，使压水辊的辊筒处于挤压海绵辊的状态，如图所示。

　　工作时，海绵辊由传动链轮带动自转，转速与毛刷辊转速相等。压水辊在海绵辊的摩擦力作用下按图示方向自转。柑橘通过清洗区刷洗后，经过 4～6 支毛刷辊过渡，滚动进入海绵辊吸水区，带水的柑橘在海绵辊上旋转翻滚，被海绵层连续擦拭表面水分。当吸收水分的海绵辊自转到右下方时，受到压水辊的挤压，把积水挤出，水流通过压水辊表面的圆孔流入辊筒内部并顺流而下，落入集水槽。

2.5.2.4 清洗保鲜一体机的设计

针对柑橘类水果进行清洗和保鲜的设备可采用一体化设计，即把清洗与保鲜处理集中在一台机上完成，使工艺流程紧凑、高效与节能。

该机型由众多的自转滚筒毛刷排列组成，实质上是一台平面横排式滚刷输送机。如柑橘在滚刷的自转带动下不断滚动，后排推前排，依次连续向前递进，在送进过程完成清洗、沥水、喷涂保鲜液和抛光的工序。

滚刷分为3类，分别为清洗滚刷、沥水滚刷、抛光滚刷。此3类滚刷用途各异，其刷毛特性各有不同要求。如图2-21所示，整机设计分为四个功能区：

（1）清洗区，其中的清洗滚刷配合喷淋对柑橘进行刷洗；

（2）沥水区，其中的沥水滚刷或海绵辊可配合风机（图中无标示）对清洗后的柑橘进行快速除湿，以利于后道喷涂保鲜液；

（3）保鲜区，配备自动喷雾装置，对进入的柑橘喷涂保鲜液；

（4）抛光区，经过多支滚刷的连续刷涂抛光，使柑橘表面形成一层厚薄均匀的蜡膜，从而达到最佳保鲜效果。

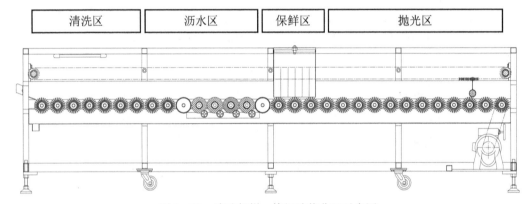

图2-21 清洗保鲜一体机功能分区示意图

例如一台柑橘清洗保鲜机，采用上述的毛刷清洗方式，配置保鲜药液喷雾装置，其关键设计参数如表2-2所示。

表2-2 柑橘清洗保鲜机关键设计参数

序号	技术参数	参考值
1	毛刷直径/mm	120
2	毛刷数量/支	55
3	毛刷转速/$(r \cdot min^{-1})$	200
4	驱动电机功率/kW	0.75
5	沥水风机功率/kW	0.37×5
6	工作水压/MPa	$\geqslant 0.2$
7	喷雾耗蜡量/$(kg \cdot t^{-1})$	1.5
8	处理量（橘）/$(kg \cdot h^{-1})$	5000

2.5.3　温控除湿机

水果保鲜处理后，为使其表面药液固化，需要进行除湿处理。热风是一种最高效的除湿方式，可快速把水果表面水分气化消除。

热风干燥是一种常用的干燥技术，同样可用于水果清洗和保鲜处理后的表面除湿。但是，新鲜水果的表面除湿与农产品干燥加工目的不同，前者的目的只是将水果表面水分消除，最终产品是新鲜水果；后者的目的是除去水果本身水分，最终形成干制产品。因此两者的热风处理的条件和要求有显著区别。

在进行水果热风除湿时，必须注意严格控制气流温度及除湿时间，确保在除却水果表面水分的同时，避免高温损害新鲜水果的品质。

进行热风除湿时，应尽量控制水果表皮温度不升或少升。采用热风除湿工艺时应谨慎选择处理对象，避免用于表皮嫩薄的水果，特别是不适用于热敏性果蔬，如荔枝、龙眼、杧果、猕猴桃、梨子、西红柿等。

应用于水果处理的热风除湿设备可有多种设计方式，最有典型意义的是两种机型，分别是隧道式热风除湿机和吊篮式热风除湿机，前者是卧式机型，后者是立式机型，各具特点，以下进行分述。

2.5.3.1　隧道式热风除湿机

（1）总体结构

图2-22所示是隧道式热风除湿机的总体结构图。隧道式热风除湿机的主体是辊筒输送带，配套风道罩3、加温装置5、风机6等部件装置组成。

除湿机的输送带为链条带动的辊筒式结构，辊筒由两侧链条拖动行进。运行速度由调速电机控制。当输送辊筒底下设置托轨和摩擦带时，辊筒在前进过程同时在摩擦带表面滚动，形成自转运动。输送辊筒运行过程可作自转运动或相对静止，根据使用需要设计。

本机风道罩3作为热风气流隧道，矩形截面，左低右高斜置式导向布置。风机安装风道罩右端高位，即出料槽7的上方，两风机并排布置。

在风机的出风口位置、风道罩内装配有加温装置5。加温装置采用电加热形式，设置三组发热管，横跨风道罩安装。

（2）除湿原理

风机启动后，风力从右至左吹入，进入风道罩后被加温装置加热，形成一定温度的气流，充满并流经整个隧道，汇集于入料端吹出。为了调控气流温度，应该加装温度传感器和温控表。温度传感器安装在隧道内加温装置左侧，气流刚被加热离开发热管的位置，随时检测进入隧道的气流温度。通过自动测温和温控表调控，控制3组发热管的通断电，即相应地调整加热功率，从而调节气流的温度。

当经过清洗或保鲜处理的水果进入隧道，立即被辊筒带动前进，水果在输送过程表面充分接受热气流的作用，表皮水分被快速气化带走，水气由入料端吹出，达到除湿的目的。

为了加速除湿效果，可设计输送辊筒运行过程连续滚动，从而带动水果分排均匀布置输送的同时进行有规律的不断自转，使水果外表全面均匀接受气流的作用，不留死角，快速除却表面水分。但是，对于需进行打蜡抛光处理的水果，如柑橘、苹果等，除湿过程的输送辊筒不宜作自转运动，因为辊筒自转会和该类水果表面产生摩擦，损害其表面保鲜蜡液，使其表面蜡膜失去光滑和出现刮擦痕迹，影响商品品质。

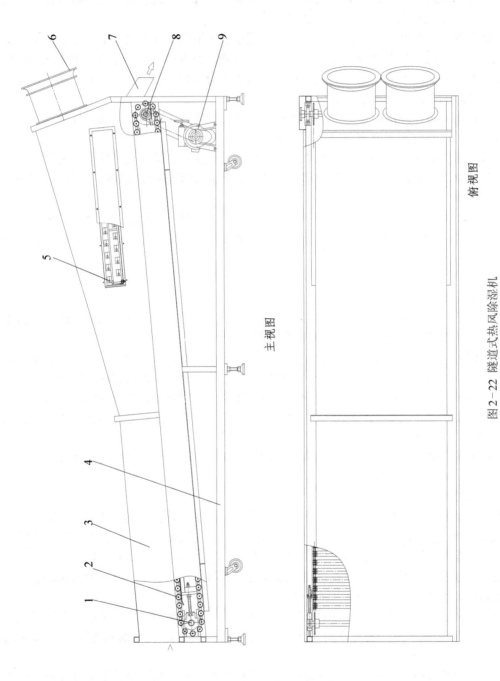

主视图

俯视图

图2-22 隧道式热风除湿机

1—被动轴部件；2—输送辊筒；3—风道罩；4—机架；5—加温装置；6—风机；7—出料槽；8—驱动轴部件；9—调速电机

为了确保水果品质，进行热风除湿处理时，气流的温度不能设置太高。本机的热风温度可在35～45℃调整，实际生产中理想的处理温度尽量不超过40℃。另外，热风除湿处理的时间须严格控制，以不致引起水果表皮严重温升为前提，不能过长。

（3）设备主要设计参数

图2-22所示的隧道式热风除湿机主要设计参数如下：

①有效输送距离：5500 mm

②有效输送宽度：960 mm

③工作输送速度：100～130 mm/s

④加热装置：3组发热管，每组功率8 kW

⑤风机：2台轴流风机，功率0.37 kW，流量2000～3000 m^3/h，全压92～25 Pa

⑥输送电机功率：0.75 kW

⑦除湿气流温度：35～45℃

⑧有效除湿时间：42～55 s

⑨除湿处理量：4000～5000 kg/h（甜橙）

隧道式热风除湿机的特点是结构简单，出入口直线布置，与生产线衔接方便。其缺点是设备较长，占地面积较大。

由于水果除湿效果受温度和时间影响较大，当需要处理更大流量物料时，为了保证水果除湿处理时间，可选取两种方案：其一，在工作输送速度不变的前提下，增加设备有效输送宽度；其二，增加设备的有效输送距离，提高工作输送速度。两种方案均需要加大设备体积，相应需增加发热装置及驱动电机等的功率。

2.5.3.2 吊篮式热风除湿机

吊篮式热风除湿机的总体结构如图2-23所示。该设备采用立式布置，上下传动方式。整机主要由输送链2、吊篮3、风机5、链轮轴Ⅰ～Ⅸ、翻篮导轨14、发热管17、调速电机18、传动链轮19等组成。

（1）传动机构及运行原理

设备的传动机构主要由9套链轮轴组成，链轮轴Ⅰ、Ⅲ、Ⅴ、Ⅶ通过轴承安装在机架上横梁，链轮轴Ⅱ、Ⅳ、Ⅵ、Ⅷ、Ⅸ通过轴承安装在机架底部两横梁，其中链轮轴Ⅵ的两轴端安装在滑动轴承上，可通过调节螺钉调节其上下升降，以张紧输送链2。

输送链2依次环绕链轮轴Ⅰ至链轮轴Ⅸ的链轮安装，形成上下循环往复的形式。输送链为双链条对称布置，中间连接吊篮3（如图2-23的左视图所示）。在链轮轴带动下，两侧输送链同步运动，并带动吊篮上下运行。

电机启动时，通过传动链轮19驱动链轮轴Ⅰ顺时针旋转，带动输送链2及其上的吊篮，依次经链轮轴Ⅱ、Ⅲ、Ⅳ、Ⅴ、Ⅵ、Ⅶ、Ⅷ、Ⅸ，作上下循环往复的环绕运动。整机运行原理如图2-24所示。

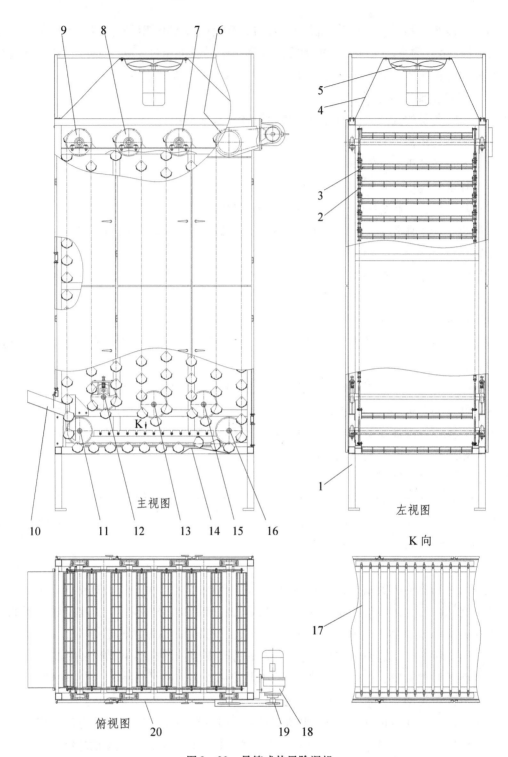

图 2-23 吊篮式热风除湿机

1—机架；2—输送链；3—吊篮；4—导风罩；5—风机；6—链轮轴Ⅰ；7—链轮轴Ⅲ；8—链轮轴Ⅴ；
9—链轮轴Ⅶ；10—入料槽；11—链轮轴Ⅷ；12—链轮轴Ⅵ；13—链轮轴Ⅳ；14—翻篮导轨；
15—链轮轴Ⅱ；16—链轮轴Ⅸ；17—发热管；18—调速电机；19—传动链轮；20—防护门

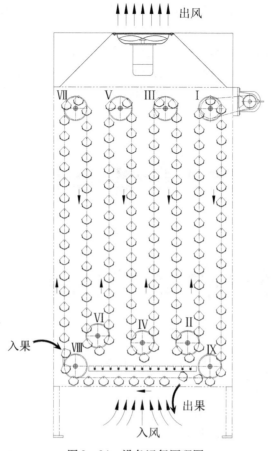

图2-24 设备运行原理图

（2）吊篮结构及装配形式

吊篮作为水果的输送载体，是设备的重要部件，其结构如图2-25所示。吊篮由不锈钢纵向直圆钢和横向弧形圆钢组合焊接而成，形成半圆槽形栅格状。吊篮1两端焊接扇形封

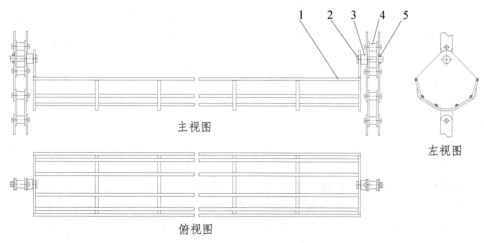

图2-25 吊篮结构及装配图
1—吊篮；2—销轴；3—滚轮；4—传动链；5—开口销

板，封板上部加工有轴孔，通过销轴2、滚轮3和开口销5装配在传动链4的链板孔。因此，吊篮可随传动链运行，并且可绕销轴2转动。

设计吊篮时，应根据处理水果的平均直径来确定吊篮的截面大小，吊篮的截面应比一个水果面积稍大，确保承载水果时形成单排状态，没有堆叠遮挡，从而使每个水果都能全面接受热气流的作用，实现均匀除湿。吊篮运载水果状态如图2-26所示。

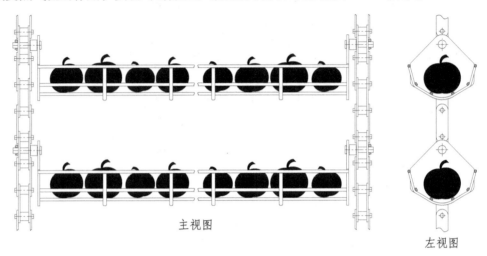

主视图

左视图

图2-26　吊篮运载水果状态

（3）热风系统及除湿原理

风机安装在设备顶部的导风罩上，采用上出风的形式。发热管安装在设备底部入风口处，并排平铺，定距布置。设备四周采用封板和防护门围闭，仅留顶部出风口和底部入风口。当风机启动向上送风时，抽吸室内空气，令室外气流由底部入风口进入，经发热管加温，形成一定温度的热气流充满室内空间，上升流动的同时带走水果表面气化水分，由上出风口排出。

（4）水果入料和出料机构

设备除湿过程中，水果的入料和出料原理如图2-27所示。

由于吊篮相对独立，在连续运行中如何确保水果准确进入各个吊篮，然后在完成除湿处理后顺利翻倒吊篮卸出水果，这是一个关键的设计，涉及设备的正常顺利运转。

如图2-27所示，水果由入料槽1进入。水果输入前，一般经过辊筒输送机或滚刷设备处理，使水果形成单行排列状态，依次分排输入。

吊篮在输送链的带动下循环运行，在设备底部，吊篮自右向左运动。当空吊篮进入导料槽3范围，接触入料槽竖板，被引导向左稍微倾斜，方便承接物料。吊篮经过入料槽出口时，一排水果流入，被顺利装载并向上提升。紧接其后的空吊篮依次运行到位，一排一排地把输入的水果带走。

导料槽和入料槽的竖板形成一个围合空间，吊篮从其中通过。围合空间如漏斗一般使进入的水果只能流入吊篮，不会偏离漏走。装载水果的吊篮上下往复循环运动，其间接受自下而上的热气流作用，表面水分被气化消除。当吊篮运行至设备底部右下方位置时，吊篮进入翻篮导轨5的轨道运行，两端被翻篮导轨导向，使吊篮绕其销轴逆时针摆动，形成向左倾斜卸料的状态，篮内水果被翻倒卸出。在设备底部卸出位置安装一台输送机，就可把除湿后的水果连续输出。

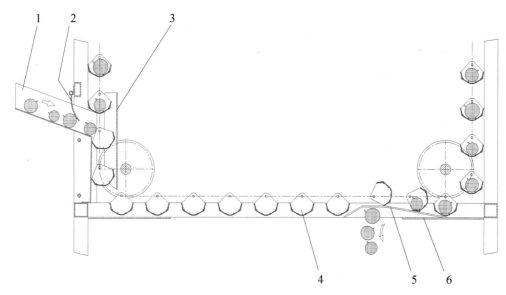

图 2 - 27　吊篮式除湿过程水果入出料原理图
1—入料槽；2—缓冲胶帘；3—导料槽；4—吊篮；5—翻篮导轨；6—底封板

（5）设备主要设计参数

图 2 - 23 所示的吊篮式热风除湿机主要设计参数如下：

①有效输送距离：20 000 mm

②吊篮长度：1000 mm

③工作输送速度：150～180 mm/s

④加热装置：发热管功率（1.5×15）kW

⑤风机：功率 0.55 kW，流量 2675～5000 m³/h，全压 150～98 Pa

⑥输送电机功率：1.5 kW

⑦除湿气流温度：35～45℃

⑧有效除湿时间：110～130 s

⑨除湿处理量：6000～7000 kg/h（甜橙）

吊篮式热风除湿机的特点是立式布置，结构紧凑，占地面积小；有效输送距离大，除湿时间可相对延长，因此除湿均匀，效果优于隧道式热风除湿机。其缺点是设备较复杂，吊篮装配要求高，配套生产线安装要求也较高。该设备常见故障是当运行时间较长而缺乏保养时，会出现吊篮摆动不灵活，易卡滞的现象，需定期检修；入料口装配不理想会出现夹果现象。

2.5.4　分行输送机

在水果自动化生产线中，根据加工工艺要求，有时候需要对输送中混乱的水果进行梳理、分行、排列，以方便特定的加工处理。例如，在对水果进行在线称重分级，或进行机器视觉识别分级时，由于需要对水果一个一个进行测量，因此必须要对待处理的水果进行排列，以形成一个或多个整齐的队列才能送进此类分级机。

以下介绍几种适用于类球状水果分行排列的设备，包括辊筒提升排列机、滚轮提升排列机、V形带式和V形辊筒式排列机。

2.5.4.1 辊筒提升排列机

（1）机器结构

图2-28所示是辊筒提升排列机总体结构图。机器前段为辊筒提升部分，后段为皮带输送部分，两者前后衔接，组合成一体。

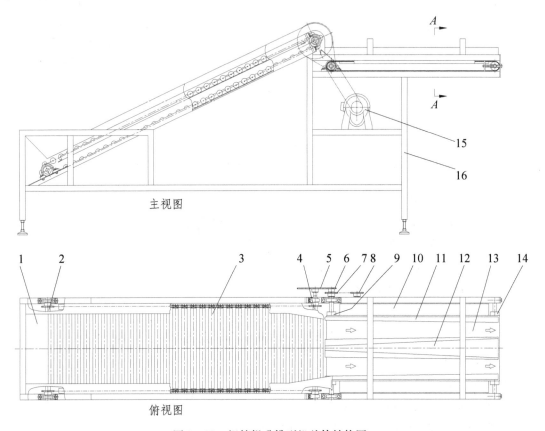

图2-28　辊筒提升排列机总体结构图

1—入料槽；2—被动轴部件；3—输送辊筒；4—主动轴部件；5—链轮；6—链轮；7—链轮；8—链轮；
9—主动辊；10—托板；11—侧挡板；12—中隔板；13—平皮带；14—被动辊；15—减速电机；16—机架

辊筒提升部分主要由入料槽1、被动轴部件2、输送辊筒3、主动轴部件4等组成。主动轴旋转时，可驱动两侧链条带动输送辊筒3平行运行。用于处理柑橘、苹果等水果时，辊筒提升角度一般设计为25～30°。

皮带输送部分主要由主动辊9、托板10、侧挡板11、中隔板12、平皮带13、被动辊14等组成。由图2-29可见，两边的侧挡板11和中隔板12把皮带输送平面分隔，形成两条V形通道。

V形通道的入口与辊筒提升部分的出口连接，通道由入口至出口（由左至右）逐渐收缩，即前宽后窄，见图 2-28 俯视图。

机器的动力源为减速电机 15。电机启动后，减速机输出链轮 8 通过链传动带动链轮 7，从而驱动主动辊 9，使皮带运行；与此同时，由于链轮 6 和链轮 7 组装一体，因此同步旋转，通过链条带动链轮 5，从而驱动主动轴部件 4，带动输送辊筒运行。

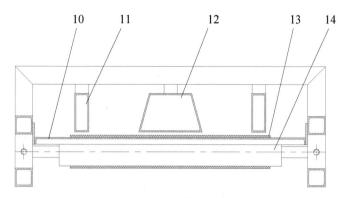

图 2-29　辊筒提升排列机 A-A 视图
10—托板；11—侧挡板；12—中隔板；13—平皮带；14—被动辊

（2）运行原理

待处理水果由入料槽进入，被输送辊筒提升上行。辊筒在两侧链条的拖动下运行，同时在其下托轨摩擦带的作用下滚动，使水果自转分排均匀提升。水果被辊筒提升到高位，经过渡槽落入衔接其后的输送皮带，被双通道 V 形槽导向，形成两行列队，在平皮带的带动下前进。

设计时，其中一个关键点：后部分皮带输送段和前部分提升段必须形成一定的差速，使水果由提升进入分行排列输送过程得到提速，拉开水果个体之间的间距，确保水果均匀列队。

2.5.4.2　滚轮提升排列机

滚轮提升排列机的传输方式与辊筒提升机类似。其总体结构如图 2-30 所示，图示设备采用双通道输送排列方式，主要由主动轴部件 1、被动轴部件 2、输送滚轮 6、减速电机 7 等组成。

辊筒提升机的输送载体是双链条带动的多排辊筒，而滚轮提升机的输送载体是采用双链条带动的多排滚轮。两者结构基本一样，区别在于前者是辊筒，后者是滚轮。单个滚轮为腰鼓形结构，橡胶材质。前后排两个滚轮之间形成一个腰形凹位，刚好能承托一个球形水果。

如图 2-31 所示，滚轮装配在芯轴中，芯轴的两端轴头分别装配在两侧滚子链上。图示每根芯轴中间位置定距装配有两个滚轮，滚轮可绕芯轴自转。固定安装的左右侧挡板 1 和中隔板 2 形成两条 V 形通道。

如图 2-30 所示，运行时，水果由入料槽 3 进入，被输送滚轮带动，在 V 形槽中上行。由于前后排滚轮之间只能承托一个水果，因此即使有重叠的水果，也会在提升过程在重力作用下自然滚落。最终，水果在提升行程中形成两行列队，整齐输送。

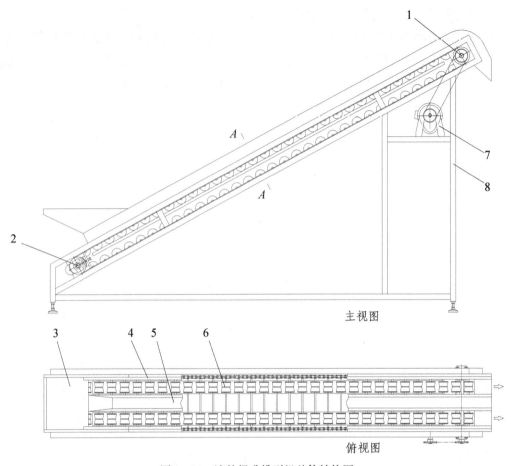

主视图

俯视图

图 2-30   滚轮提升排列机总体结构图

1—主动轴部件；2—被动轴部件；3—入料槽；4—侧挡板；5—中隔板；6—输送滚轮；7—减速电机；8—机架

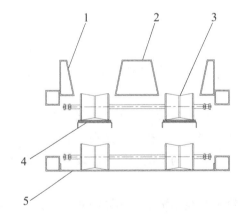

图 2-31   滚轮提升排列机 A—A 视图

1—侧挡板；2—中隔板；3—滚轮；4—上托板；5—下托板

2.5.4.3   V 形带式和 V 形辊筒式排列机

图 2-32 所示是 V 形带式排列机结构。此类机型实际是由两台平皮带输送机组成。如图所示，在一个 90°的刚性架体 3 上，安装有两条输送皮带，分别有独立的主动辊、被

动辊、平皮带，以及张紧机构。

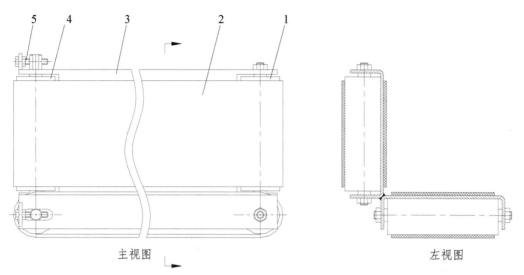

主视图

左视图

图 2-32 V 形带式排列机结构图
1—主动辊；2—平皮带；3—架体；4—被动辊；5—张紧机构

驱动两条输送带的动力形式有两种：其一，两个主动辊均为电动辊筒，通电启动后直接驱动各自的皮带运行。这种形式适用于短程轻载输送。其二，两个主动辊的轴端装配一对相互啮合的锥齿轮，采用同一台减速电机输入动力，同时带动两个主动辊，使两条皮带同步运行。这种形式较常使用，适用于长距离的输送。

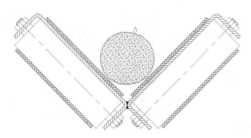

图 2-33 V 形带式排列机应用状态

实际应用中，V 形带式排列机如图 2-33 布置，一般与辊筒提升机配套使用，安装连接在辊筒提升机的出口端。水果经过提升机的出口落入 V 形带式排列机后，被两侧斜面的皮带带动前进，在输送过程中，从混乱堆叠的状态自然分散走正，形成整齐的单排列队。

图 2-34 所示是 V 形辊筒式排列机，该机由两列安装在机架上定距排列的辊筒组成，两列辊筒左右对称组成 V 形槽结构。两列辊筒统一由内部电机驱动，相邻辊筒之间通过链条或 O 形带交错连接传动。工作时，两列辊筒同向同步自转，致使落入其内的水果在运行中自然形成单行列队，一个一个依次向前输送。

当采用多套 V 形带式或辊筒式排列机并联布置时，可使水果形成多行列队输送。

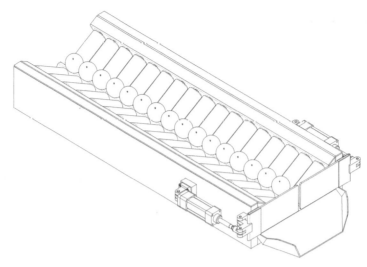

图 2 – 34　V形辊筒式排列机

2.5.5　滚筒孔径式分级机

孔径式的"孔"，是指分级筛孔；"径"，是指水果的外径。也就是说，孔径式分级设备，是以水果的外径为检测标准，通过不同尺寸规格的筛孔进行筛选，使水果实现大小等级的划分。

孔径式分级设备的关键点是筛选装置的设计，必须考虑如何合理设计带筛选孔的装置，既要使水果在连续输送的过程按级筛选，又要确保水果顺利经过多级筛选孔而不致出现机械损伤。这是有效实现分级的基本前提。

在实际生产中，最常用的孔径式分级设备是滚筒孔径式分级机，该类设备最先应用于柑橘分级，随后普及于圆球形而且表皮厚实的水果分级。

2.5.5.1　设备总体结构

图 2 – 35 所示是滚筒孔径式分级机的总体结构图。由图示可见，滚筒孔径式分级机主要由分级滚筒 1、滚筒驱动辊 2、过渡滚轴 3、过渡板 4、托辊 5 以及排果输送机、电机、链轮及传动链等部件装置组成。

如图 2 – 35 所示，滚筒孔径式分级机配置 6 个分级滚筒，如图由左至右排列，孔径由小到大，因而对应的水果级别也是由小到大。

机器工作时，分级滚筒作连续自转运动，6 个滚筒按顺时针同步转动。分级滚筒的动力来自主电机 11。主电机 11 安装在分级机右端下方，动力通过链轮 10 及传动链、双排链轮 9，带动滚筒驱动辊 2，从而使分级滚筒运转。

水果由左端入料槽 12 进入分级机，随即在自转分级滚筒的带动下，接连翻越滚筒由左至右运行。水果在翻越分级滚筒过程中，当其外径小于滚筒表面的孔径时，将会依靠重力穿越孔径掉落至滚筒内部的排果皮带上，被排果皮带输出。

分级机按滚筒个数对应装配了排果输送机 13。图示配置 6 台排果输送机，采用统一动力，由排果电机 7 驱动。排果输送机装配在分级滚筒中心线下方，平行于分级滚筒轴线并水平布置。由左视图可见，排果输送机沿分级滚筒轴线穿过，即分级滚筒完全套在排果输送机外，可确保掉落的水果均进入输送机的有效输送范围。

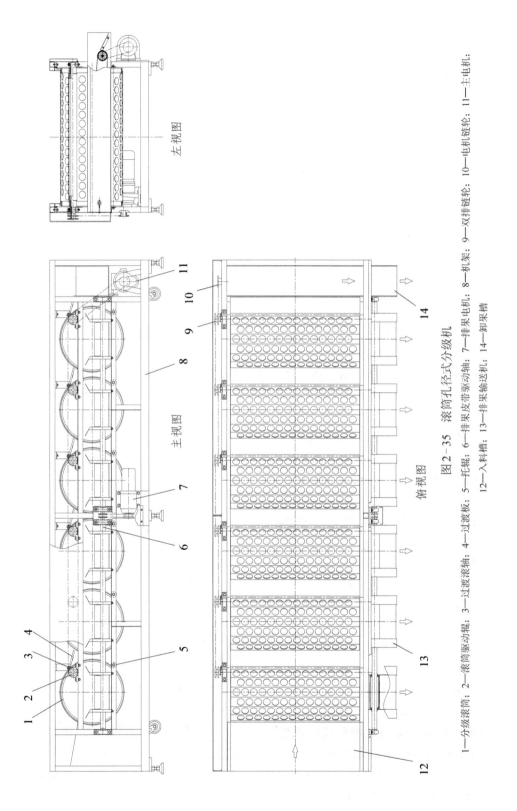

左视图

主视图

俯视图

图2-35 滚筒孔径式分级机

1—分级滚筒；2—滚筒驱动辊；3—过渡滚轴；4—过渡板；5—托辊；6—排果皮带驱动轴；7—排果电机；8—机架；9—双排链轮；10—电机链轮；11—主电机；12—入料槽；13—排果输送机；14—卸果槽

图示分级机有 6 个排果机出口，最末端配置一条卸果槽排出级外超大果，因此总共可分 7 个级别水果。水果由小至大排列，由左至右，分别是第 1 至第 7 级。

2.5.5.2　分级滚筒结构形式

分级滚筒具体结构如图 2－36 所示，主要由分级筒体 1 与支承圈 3 组成，分级筒体左右两端各套入一个支承圈，圆周用铆钉紧固连接。

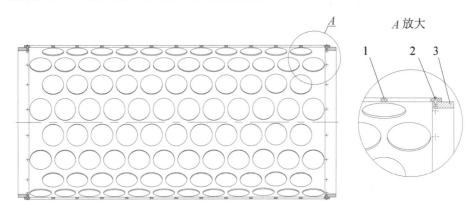

图 2－36　分级滚筒结构图

1—分级筒体；2—铆钉；3—支承圈

分级筒体一般采用 PVC 板制造，按设计直径弯卷成一个圆柱筒，接缝采取超声波焊合。分级筒体的圆周面密集加工圆孔，圆孔作为分级孔，其直径按同一规格加工，而且分级孔圆周边缘应倒圆角，以避免筛选水果时刮伤表皮。

在不影响分级筒体刚性结构的前提下，为了扩大筛选面积，提高筛选效率，应尽量增加分级孔的数量。

如图 2－37 所示，分级孔于筒体圆周面均匀排列，每一行分级孔的行距为等弧长，而且行与行之间的孔径圆心位置交错，以利于最大限度增加分级孔的数量，从而给予水果更多的筛选机会，进而有效减少串级率。

由图 2－37 可见，在已知分级筒体的结构尺寸包括筒体宽度（轴向长度）W 和内径 D 的情况下，在确定分级孔径 d 的尺寸后，可对分级孔的排布间距进行合理的计算，选取合适的孔距 l 值和中心角 α 值，以求得最佳的布置效果。

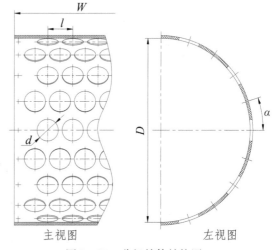

图 2－37　分级筒体结构图

应用于柑橘分级的常用分级孔规格为 $\phi 50 \sim 80$ mm，以 5 mm 级差递增。表 2－3 列出了具体机型中常用分级孔规格对应的各个间距参数。表中分级筒体采用厚度为 5 mm 的 PVC 板卷合加工。分级筒体内径 D 为 $\phi 470$ mm，宽度 W 为 985 mm。

表 2 – 3　常用分级孔规格对应的间距参数

($D = \phi470$ mm, $W = 985$ mm)

分级孔间距参数	分级孔规格 d/mm						
	$\phi50$	$\phi55$	$\phi60$	$\phi65$	$\phi70$	$\phi75$	$\phi80$
l/mm	65	65	70	80	80	90	90
α/(°)	18	18	18	20	20	22.5	24

2.5.5.3　分级滚筒的装配及运行原理

分级滚筒在设备上的装配如图 2 – 38 所示。由图示可见，分级滚筒主要由驱动辊 5 和托辊 7 支承并被定位。驱动辊 5 为动力轴，通过带座轴承 3 安装在机架上，辊轴体贯穿分级滚筒 6 的内部，驱动辊两端装配紧固有橡胶摩擦套 4，通过摩擦套 4 接触并承托分级滚筒的两侧支承圈。托辊 7 安装于分级滚筒外部、驱动辊 5 的下方。托辊 7 为无动力辊筒，筒体可绕心轴旋转，其心轴两端通过螺母紧固在支架 8 上。托辊 7 与驱动辊 5 一起形成对分级滚筒的定位支撑，驱动辊 5 的安装角 α 为 45°，托辊 7 的安装角 β 为 40 ~ 45°。

工作时，动力通过链条传动，由双排链轮 1 传入，使驱动辊 5 顺时针旋转。驱动辊 5 旋转时，其两端的橡胶摩擦套 4 通过摩擦力带动分级滚筒两侧的支承圈，驱动分级滚筒。由于分级滚筒的外部右下方有托辊 7 的支撑和限位作用，因此，可确保分级滚筒绕中心轴顺时针自转，如图 2 – 38 左视图所示。

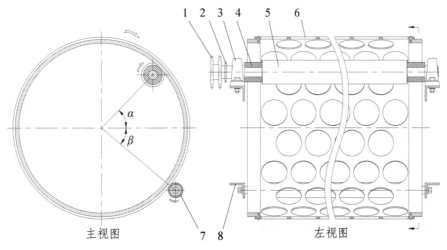

主视图　　　　　　　　　左视图

图 2 – 38　分级滚筒装配图

1—双排链轮；2—过渡轴驱动链轮；3—轴承；4—摩擦套；5—驱动辊；6—分级滚筒；7—托辊；8—支架

2.5.5.4　分级滚筒之间的过渡装置

由图 2 – 35 可见，一台分级机是由多个分级滚筒组成的，按要求的级别、数量配置相应的分级滚筒，并且其分级孔径由前往后按级递增。

分级机工作时，各个分级滚筒同步自转，相邻分级滚筒之间需要装配合适的过渡装置，才能使水果由第一级输送到最后一级。过渡装置的设计非常重要，需要确保水果顺利过渡并且避免出现机械损伤。

该机的过渡装置如图2-39所示。图示中相邻分级滚筒做同步顺时针自转，连接两者之间的过渡装置包括过渡板1和过渡轴2。

过渡装置中的过渡板1是平板式结构，倾斜15～20°固定安装。在过渡板的高位入料处，即前一级分级滚筒与过渡板相接的间隙位置，安装有过渡轴2。过渡轴2的长度与分级滚筒筒体长度相对应，其轴心线与滚筒中心线平行，过渡轴的外圆面与滚筒外表面间距为3～5 mm。

分级滚筒运转时，过渡轴作顺时针自转，其动力与分级滚筒一样均来自驱动辊4。图2-40所示是过渡轴传动装置图，由图示可见，过渡轴7两端通过轴承安装在支板6上，其端部小链轮5通过链条与过渡轴驱动链轮2相联。驱动辊4旋转时，一方面通过其两端的摩擦套驱动分级滚筒8运转；另一方面，通过过渡轴驱动链轮2传动小链轮5使过渡轴7进行自转，其转向与分级滚筒相同。

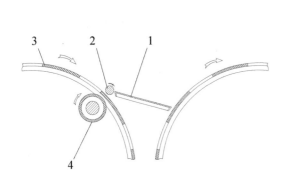

图2-39　分级滚筒过渡装置
1—过渡板；2—过渡轴；
3—分级滚筒；4—驱动辊

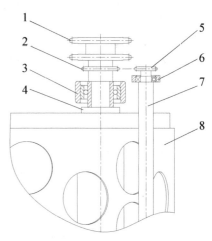

图2-40　过渡轴传动装置图
1—双排链轮；2—过渡轴驱动链轮；
3—轴承；4—驱动辊；5—小链轮；
6—支板；7—过渡轴；8—分级滚筒

2.5.5.5　水果分级原理

图2-41所示是滚筒分级原理图。工作时，各级的分级滚筒同步自转，水果由入料槽输入，当其接触第一级分级滚筒时，将被筒体表面密布的分级孔带动沿圆周面翻转，期间经过过渡轴和过渡板，依次由前一级向后一级运行。

图2-41　滚筒分级原理图

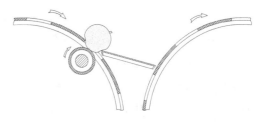

图2-42　无过渡轴的分级状态

在分级滚筒带动水果运行的过程中，如果水果外径小于滚筒中的分级孔径，它将直接穿越分级孔落入筒体内的排果输送机，被送出机外；如果水果外径大于分级孔径，则水果部分被卡入分级孔内，被带动翻越该级滚筒，向下一级滚筒前进。

当水果从前一级滚筒向后一级滚筒输送时，需经过过渡装置进行衔接。如图 2-41 所示，水果在前一级滚筒的带动下运行至驱动辊和过渡轴位置，将受到两个力的作用：其一，水果卡入分级孔内的果体部分接触驱动辊辊面，受到向上的推力，使水果被顶出分级孔；其二，分级孔外的果体部分接触过渡轴时，受过渡轴的转动力作用，水果出现逆时针转动的趋势，犹如受到一个轻柔的拨动力，帮助水果顺利脱离分级孔，并自然滚入过渡板。经过过渡板的水果将遭遇下一级分级滚筒，并被其分级孔带动继续翻转，进入下一个分级过程，直至最后一级。

在相邻滚筒间的过渡板前均要设置过渡轴，过渡轴的设计非常重要，不可或缺，它对避免水果机械损伤作用明显。假如滚筒之间仅配置过渡板，而不安装过渡轴，水果出现机械损伤的概率将大大增加。如图 2-42 所示，没有过渡轴时，水果卡入分级孔内的果体部分在过渡板前，非常容易出现挤夹现象。

2.5.5.6 主要参数的计算

（1）处理量的计算

分级机的处理量受水果品种的影响较大，只能针对特定品种，按平均果重和平均直径计算。处理量与分级滚筒输送线速和有效输送宽度成正比，可按以下经验公式计算：

$$Q = k \frac{3600vW}{d_g^2} m \qquad (2-2)$$

式中：Q——处理量，kg/h；

　　　v——分级滚筒输送速度，mm/s；

　　　W——分级滚筒有效宽度，mm；

　　　d_g——水果平均直径，mm；

　　　m——水果平均质量，kg；

　　　k——修正系数，一般取 0.1。

（2）串级率的测算

水果经分级处理后，某一级别中不符合该级别尺寸要求的水果称作"串级果"。统计所有级别中串级果的总质量，该数值占分级水果总质量的百分率称作"串级率"。

串级率是衡量分级机分级质量的重要参数。检测串级率时，采取如下方法：从分级机的级别出口取样，从样品中按分级级别分别拣出串级果，测量各级别串级果的总质量以及样品的总质量，串级率按下式测算：

$$C = \frac{m_i}{M} \times 100 \qquad (2-3)$$

式中：C——串级率，%；

　　　m_i——串级果的总质量，kg；

　　　M——样品的总质量，kg。

（3）损伤率的测算

损伤率是指经分级处理后损伤水果的质量占水果总质量的千分率，这是衡量分级机分级质量的另一个重要参数。

检测时，分级机级别出口取样，从样品中拣出损伤果，测量损伤果的总质量以及样品的总质量，损伤率按下式计算：

$$S = \frac{m_s}{M} \times 1000 \qquad (2-4)$$

式中：S——损伤率，‰；

   m_s——损伤果的总质量，kg；

   M——样品的总质量，kg。

2.5.5.7 设备主要设计参数

图 2 – 35 所示的滚筒孔径式分级机主要设计参数如表 2 – 4 所示。

表 2 – 4 滚筒孔径式分级机主要设计参数

序号	技术参数	参考值
1	分级输送速度 $v/(\text{mm} \cdot \text{s}^{-1})$	300～400
2	分级滚筒有效宽度 W/mm	985
3	分级滚筒内径 D/mm	$\phi470$
4	分级滚筒数量	6
5	分级级别数	7
6	分级孔常用规格 d/mm	50～90
7	相邻分级滚筒孔径级差 c/mm	标准 5 mm，可按需更换分级滚筒
8	分级电机功率 P_0/kW	0.75
9	排果输送带数量	6
10	排果输送带宽度 W_P/mm	250
11	排果输送速度 $v_P/(\text{mm} \cdot \text{s}^{-1})$	360
12	排果电机功率 P_P/kW	0.55
13	分级机处理量（柑橘）$Q/(\text{kg} \cdot \text{h}^{-1})$	3000～5000

滚筒孔径式分级机的处理对象主要以外形近球状、表皮厚实而有弹性的柑橘为主，此类水果滚动性较佳，在分级滚筒表面翻转自如，运行流畅。该机用于柑橘分级时，可有效控制损伤率≤2‰、串级率≤5%。

2.5.6 皮带孔径式分级机

上述滚筒孔径式分级机主要用于直径大于 $\phi50$ mm 的柑橘，对于个体较小的橘子，可采用皮带孔径式分级机。皮带孔径式分级原理与滚筒孔径式分级原理相近，均属于外径尺寸分级，但其分级机构做出改进，采用分级皮带取代了分级滚筒。

2.5.6.1 设备总体结构

图 2 – 43 所示是皮带孔径式分级机的总体结构图，为清晰显示内部结构，拆去了机器的外部封板。由图可见，机器的主要部件包括入料槽 1、分级皮带 2、高位辊 3、驱动辊

4、双排链轮5、出料槽6、机架7、主电机8、导果板9、排果带10、排果电机11、导果板12、皮带张紧机构13等。

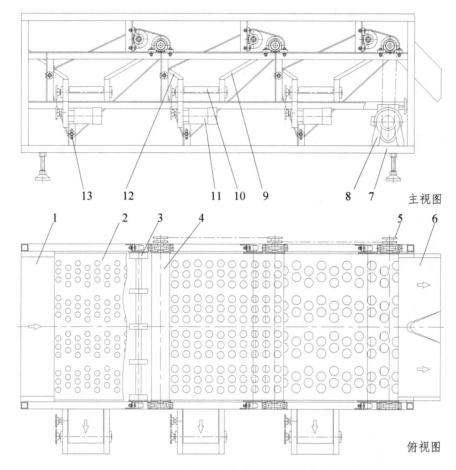

图2-43　皮带孔径式分级机总体结构图

1—入料槽；2—分级皮带；3—高位辊；4—驱动辊；5—双排链轮；6—出料槽；7—机架；8—主电机
9—导果板；10—排果带；11—排果电机；12—导果板；13—皮带张紧机构

分级皮带是实现分级筛选的关键装置，采用环形平皮带结构，皮带表面按级别规格加工布置分级孔，循环运行，在输送果品过程进行筛选分级。

一台分级机按所需级别设置多组分级皮带，图示机型设置了3组分级皮带，3个自动排果带出口加上末端的出料槽，总共可分4个级别。由左至右，按物料输送方向，由第1级到第4个级，规格尺寸从小到大。

机器启动时，主电机8运转，通过减速机输出链轮及链传动，带动各个双排链轮5，使各级驱动辊4顺时针旋转，从而驱动分级皮带2进行顺时针回转运行。分级皮带一级衔接一级，每一级的出口连接下一级的入口，没有过渡板装置，可确保果品在各级别分级皮带中的运行连续顺畅。

见主视图，分级皮带的上行提升段为果品输送分级段，果品经皮带分级孔筛选后，符合该级规格的果品可以穿透分级孔，落入下部的排果带10，被连续输出；大于该级别尺寸的果品，则被分级孔带动，翻越高位辊3，随后脱离本级皮带分级孔，进入下一级的分级皮带，继续下一级的输送和筛选。如此周而复始，完成多级别分选。

机器中各级别的排果带由排果电机 11 驱动。导果板 9 和 12 的作用是确保筛选落下的果品能集中导入排果带，并起到缓冲的作用。

2.5.6.2 皮带分级机构

皮带分级机构是实现水果有效分级的关键部件，机构安装状态如图 2-44 所示。由图可见，分级皮带 1 在高位辊 2、驱动辊 3、导辊 4 和张紧辊 5 的支撑下，形成一个四边坏回状态。分级皮带由驱动辊带动，经高位辊、导辊和张紧辊，做顺时针环回运行。

（1）导辊和张紧辊

导辊和张紧辊均为无动力辊筒结构。导辊可固定安装位置；张紧辊则可上下浮动，用于调节皮带的张紧度，调整适当后，其芯轴两端轴头由螺母紧固机架上。

（2）驱动辊和高位辊

驱动辊和高位辊的结构如图 2-45 所示。驱动辊与普通的皮带输送机的主动辊结构相近，其主体为中高两端低的微鼓形筒体，两端挡圈用于对分级皮带限位。筒体一般采用无缝管加工，筒体表面滚花，以加强对皮带的传动摩擦力。

高位辊安装在机构的最高点，其筒体部分对应驱动辊，长度与直径尺寸数值均一样。高位辊的筒体为分段式结构，由若干个直径相等的轮毂组成，轮毂等距布置并固定安装在心轴上，形成一个整体结构。

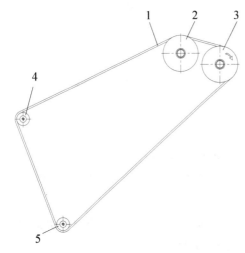

图 2-44　皮带分级机构安装状态

1—分级皮带；2—高位辊；3—驱动辊；
4—导辊；5—张紧辊

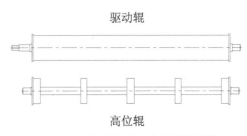

图 2-45　驱动辊和高位辊结构简图

（3）分级皮带

分级皮带可采用表面材质为 PVC 或 PE 的输送用平皮带加工。分级皮带的表面按一定的规格尺寸均布圆孔，作为分级筛选孔，如图 2-46 所示。

由图可见，分级皮带的宽度 W 与高位辊的两端挡圈间距离相适应，宽度余量一般为 2～3 mm。分级皮带上的圆孔布置时，应避开高位辊的轮毂位置，即图中点画线范围。分级皮带与高位辊的位置关系原则是：在皮带运行时，轮毂对分级皮带既起到导向和承托作用，同时又应该避免触碰嵌入皮带圆孔中的水果。

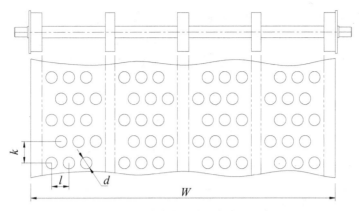

图 2-46 分级皮带结构及其与高位辊的位置关系

分级皮带按规格加工圆孔，圆孔的直径 d 有一定的取值范围，按不同的水果品种而不同。皮带分级机用于橘子分级时，d 的规格范围通常取 30～55 mm，以 5 mm 为级差。圆孔之间的邻间距 l 和孔行距 k 应合理设计，在不影响皮带的整体刚性结构的基础上，圆孔可尽量密布，以增加筛选面积。

2.5.6.3 皮带分级原理

皮带分级原理如图 2-47 所示。图示为分级机中第一个级别的皮带分级机构，水果由左至右被分级皮带带动前进。水果在运行过程经历 A、B、C、D 四个阶段：

（1）A 阶段，入料阶段。水果经过导槽，进入分级皮带范围。

（2）B 阶段，有效分级段，处于由导辊至高位辊的倾斜上升范围，倾斜角为 22°～25°。水果接触分级皮带后，被皮带的分级孔带动提升，在运行过程中，小于分级孔的水果可穿越皮带，跌落排果输送机，被送出；大于分级孔的水果被皮带带动继续上升。

（3）C 阶段，过渡段。水果翻越高位辊，由上升状态转变为下降趋势。

（4）D 阶段，出料段。水果卡入分级孔的部位接触驱动辊辊面，被向上顶起，松脱离开分级皮带，滚落至下一级分级皮带，开始第二个分级过程。

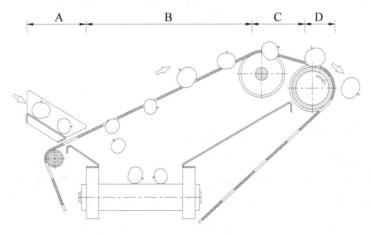

图 2-47 皮带分级原理图

高位辊的设置非常重要，假使没有此辊，当水果上升至高位处，马上被驱动辊顶出皮带分级孔，水果将有可能向后滚落，从而无法顺利翻越至下一级。这一个原理与前述滚筒分级原理相似，在滚筒分级过程中，水果必须翻越滚筒高位，在向下旋转的过程中才会接触驱动辊，并被顶出。

2.5.6.4 设备主要设计参数

图 2-43 所示的皮带孔径式分级机主要设计参数如表 2-5 所示。

表 2-5 皮带孔径式分级机主要设计参数

序号	技术参数	参考值
1	分级皮带输送速度 $v/(\mathrm{mm \cdot s^{-1}})$	300
2	分级皮带尺寸/mm	有效宽度800、厚度5、周长1815
3	分级皮带数量	3
4	分级级别数	4
5	分级孔常用规格 d/mm	30～55
6	相邻分级皮带孔径级差 c/mm	标准 5 mm，可按需更换分级皮带
7	分级电机功率 P_0/kW	0.55
8	排果输送带数量	3
9	排果输送带宽度 W_p/mm	200
10	排果输送速度 $v_\mathrm{p}/(\mathrm{mm \cdot s^{-1}})$	400
11	排果电机功率 P_p/kW	0.12
12	分级机处理量（橘子）$Q/(\mathrm{kg \cdot h^{-1}})$	2000

皮带孔径式分级机的处理对象主要针对圆形小水果，适用于橘子、青梅、李、枣等。由于皮带柔软易变形，因此不适宜个大及较重的水果。

皮带孔径式分级机的一些主要参数的计算可参照滚筒孔径式分级机，方法相类似。该机用于橘子分级时，可有效控制损伤率≤1‰，串级率约为 5%。

2.5.7 机器视觉识别分选机

机器视觉是通过光学装置和非接触传感器自动地接收和处理一个真实物体的图像，以获得所需信息或用于控制机器运动的装置，这是美国制造工程师协会机器视觉分会和美国机器人工业协会的自动化视觉分会对机器视觉的定义。

机器视觉系统是指通过图像采集装置将被采集的目标转换成图像信号，然后传送给专用的图像处理系统，根据像素分布和亮度、颜色等信息，转变成数字信号，图像系统对这些信号进行各种运算来抽取目标的特征，然后根据预设的容忍度和其他条件来进行尺寸、形状、颜色等的判别，进而根据判别的结果来控制现场的设备动作。

2.5.7.1 机器视觉技术在水果分选中的应用

机器视觉识别应用于水果分选是目前世界上最先进的水果采摘后商品化处理技术。由于采用机器视觉技术的分选设备具有高速、高效、精确、稳定的优点，因此已成为各国设备生产厂商重点发展的目标。通过机器视觉识别技术，可有效对水果进行外形、大小、颜色、含糖量和瑕疵等特性的有效检测分选。其中，水果直径、颜色分选是实际生产中应用最广泛的技术。

该类设备主要包括微机控制的高速电子分选机和配套的成像系统，采用全数字技术，通过数字摄像系统来捕捉高速运行的水果图像，配合电脑分析软件，进行计算分析并做出综合判断。

对水果进行在线检测分选，首先需要使水果形成单队列运行，实现每个水果在线动态成像，然后把图像数据传输进计算机进行比较分析，做出级别判断，发出指令，由驱动机构把水果送进合适级别出口。

该设备的关键技术包括分选果杯机构、成像系统等的设计，重点解决水果高速运行中数据检测的稳定性和系统分析的准确性，以及执行机构的可靠性等。

2.5.7.2 机器视觉识别分选机总体结构

图 2-48 所示是机器视觉识别分选机的总体结构图，图示是双通道 8 个出口机型。为方便表示，视图拆去所有封板。

整机主要组成部分包括灯箱 1、果杯链带 8、主动轴部件 11、被动轴部件 14、果杯差速自转装置 4、卸果机构 7、排果机 6、电机减速机 12 等，其中灯箱内装配有 CCD 摄像机 2 和日光管 3；另外，设备还配套微电脑控制系统。

果杯链带 8 承托水果运行，由进料槽开始把水果分成两行列队向前输送。果杯链带具备承载输送、定距分隔、自转及翻果卸料的功能，可确保每一个水果在输送过程中均能逐一被摄像，从而被逐一分配到对应的级别。

果杯链带 8 是由定间距排列的滚轮式装置组成的输送带，通过两侧链条带动运行，由主动轴部件 11 驱动。

由图可见，减速机输出链轮通过链传动驱动主动轴部件 11，通过主动轴上的两个大链轮带动果杯链带 8 两侧的输送链，使果杯链带环绕主动轴链轮和被动轴链轮循环运行（图示为顺时针方向）。被动轴部件 14 的两端轴头安装在滑动轴承 15 上，可通过螺杆调节左右移动，使果杯链带处于合适的张紧状态。

果杯链带 8 承托水果分两列由左至右运行，进入灯箱 1，在箱内运行过程中，被 CCD 摄像机 2 拍照成像，确保每个经过的水果均获得图像信号。每个水果的图像信号进入电脑后，经分析比对，确定合适的级别。其后，当水果到达对应的级别位置时，电脑发出指令卸果。

本机设置 8 个级别出口，共配置 8 台排果机。另外，机器末端配置一个级外品排出槽。在每台排果机安装位置的上方，均装配有卸果机构 7。水果运行至对应的级别时，卸果机构 7 动作，把果杯中的水果翻入导槽 5，顺势滚落下方的排果机输出。

对应双通道输送，每台排果机上方均并列安装两套卸果机构，分别负责本通道的卸料，按图像分析信号指令执行卸果动作。

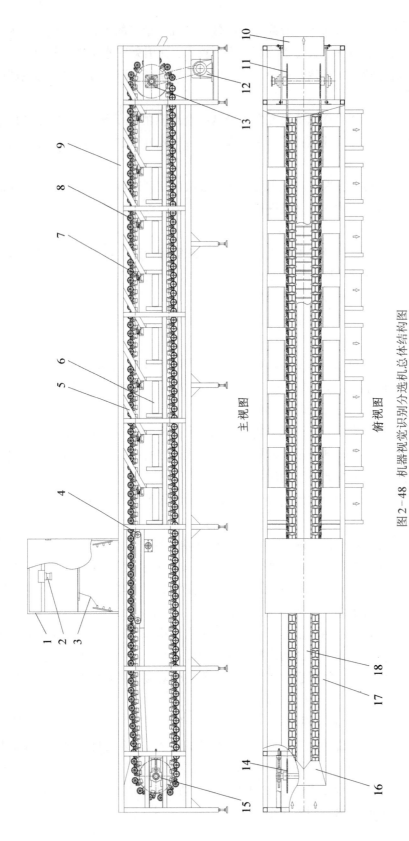

主视图

俯视图

图2-48 机器视觉识别分选机总体结构图

1—灯箱；2—CCD摄像机；3—日光管；4—果杯差速自转装置；5—导槽；6—排果机；7—卸果机构；8—果杯链带；9—机架；10—级外品排出槽；11—主动轴部件；12—电机减速机；13—轴承；14—被动轴部件；15—滑动轴承；16—进料槽；17—侧导板；18—中导板

2.5.7.3 分选果杯结构及果杯链带的装配

由于本机是双通道机型，因此设计了"并联式双果杯"结构，如图 2-49 所示。由图可见，本机的分选果杯并非"托盘式"，而是"滚轮式"。其主体是承托滚轮 2，连同连轴 1、翻果杆 3、销轴 4 和卡座 5 组成。分选果杯分为左右两部分，对称布置，由连轴联成一体。

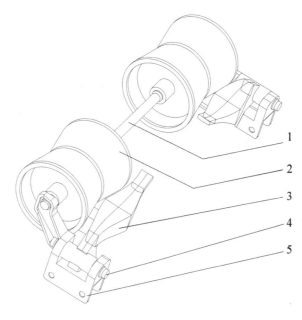

图 2-49　分选果杯结构
1—连轴；2—承托滚轮；3—翻果杆；4—销轴；5—卡座

承托滚轮 2 是橡胶材质，翻果杆 3 和卡座 5 是塑料材质。

承托滚轮 2 为腰鼓状结构，两端直径大，中部直径小。滚轮有中心轴孔，与连轴 1 互为间隙配合。

连轴 1 的两端，分别与左右卡座 5 的悬臂固定连接。承托滚轮定位装配于连轴上，并且靠近两侧卡座，可在连轴上灵活转动。

翻果杆 3 装嵌在卡座 5 上部中间的凹槽，由销轴 4 定位。翻果杆平衡静止时，其上表面与承托滚轮中心线平行。翻果杆可绕销轴向上摆动一定的角度。

卡座 5 的下部为倒 U 形结构，与输送链的链节配合，刚好能卡紧链板的外部，如图 2-50 所示，图示是分选果杯与输送链装配后的链带结构。分选果杯按固定的间距依次安装，紧密排列，两承托滚轮之间与翻果杆表面共同形成一个腰形凹位，犹如杯状容器，刚好能承托一个球形水果。

分选果杯综合了定位、承托、输送、自转和翻果卸料功能于一体。水果进入分选果杯后，在两侧输送链的带动下运行，可连续自动实现动态成像检测和按级别卸料等一系列动作。

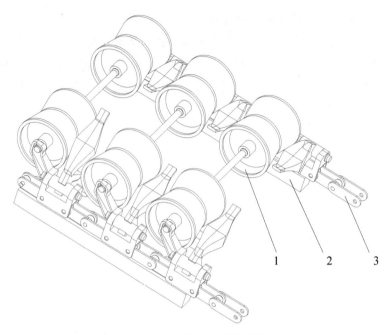

图 2 - 50 果杯链带装配图
1—分选果杯；2—导轨；3—输送链

2.5.7.4 机器视觉系统的设计

1）机器视觉系统的组成

典型的机器视觉系统的组成主要包括以下七部分：

（1）相机和镜头

相机和镜头主要负责对目标水果的图像进行采集，并实时将得到的图像数据通过图像采集卡传送到图像处理器。

机器视觉系统中采用的一般是 CCD 摄像机，通过镜头将被摄物体的图像聚焦在光电传感器上，使图像信号转变为光电信号，以利于计算机处理。

摄像机的类型按输出的颜色来分有彩色和黑白。彩色摄像机提供了更多的目标信息，在处理时也需要更大的空间和更多的时间。用于水果分选处理时，通常需要对水果的形状、直径、颜色，甚至表面瑕疵等特征进行分析，因此摄像机基本为彩色类型。

按扫描的类型分，有面扫描摄像机和线扫描摄像机。面扫描摄像机又可分为隔行扫描和逐行扫描。由于水果分选时处于高速运动状态，因此采用逐行扫描摄像机较理想。

镜头的种类较多，需配合摄像机和使用条件选用。在已知摄像机拍摄对象和取景范围后，可据此选择合适焦距的镜头。

（2）光源及照明

光源及所采用的照明方式为图像的采集提供亮度环境，使得所采集的图像具有更好的目标区别度，便于后续图像的处理。光源及照明方式选择的好坏直接关系到成像的质量以及整套机器视觉系统搭建的成败。

传统的常用光源类型是荧光灯，因其发热少，扩散性好、适合大面积均匀照射，而且较便宜。作为一种新型光源，LED 光源将会逐步取代传统的照明光源。LED 是一种长寿命、低功耗、无辐射的节能环保型光源，其发热少、波长可据用途而选择、制作形状方便、运行成本低、耗电小，因此应用越来越广泛。

（3）传感器

传感器用以检测目标是否到达检测区域，以通知摄像机及时成像。常用的传感器有光电开关、接近开关等。

（4）图像采集卡

图像采集卡是摄像机和图像处理器的接口，通常以插入卡的形式连接在图像处理器的 PCI 插槽中。其主要作用是将从摄像机传送来的模拟或数字的数据流转换成特定格式的图像数据传送给图像处理器，并接收从图像处理器传送的摄像机设置信号来对摄像机进行控制，如触发信号、曝光时间等。

除完成常规的 A/D 转换外，应用于机器视觉系统的图像采集卡还应具备以下功能：

① 接受来自数字摄像机的高速数据流，并通过 PC 总线高速传输至机器视觉系统的存储器。

② 为了提高数据率，许多摄像机具有多个输出通道，使几个像素可以并行输出。因此需要图像采集卡对多通道输出的信号进行重新构造，恢复原始图像。

③ 对摄像机及机器视觉系统中的其他模块进行功能控制。

（5）图像处理器

图像处理器有两种类型，其一是工业级电脑，通过插入 PCI 插槽的图像采集卡采集图像数据，并经自主开发的图像处理程序对图像数据进行分析处理；其二是特定的集成图像处理器，集成图像采集、图像处理、I/O 接口、通信接口等，并利用特定的图像处理软件进行程序开发。

（6）图像处理软件

可通过算法编程完全自主开发，也可利用一些图像处理算法库如 OpenCV 进行开发，还可以通过一些图像处理软件平台进行后续开发，如 Sherlock、HALCON、CkVision 等。

（7）控制系统

主要负责接收图像处理系统传送的检测结果信息并进行分析处理，控制相应执行器（如卸料机构）的动作，对整个检测过程进行监控。

2）机器视觉系统的设计

应用于水果分选的机器视觉系统设计，包括水果图像采集和图像信息处理两方面内容。本机的机器视觉系统，利用单台异步复位摄像机实现双通道水果的定位触发采集图像，每帧相片包含 6 个水果图像，且每个水果被连续采集 3 个不同表面的信息。

基于果径大小和表面颜色的水果图像快速处理分选技术，建立由 PC、PLC、CCD 摄像机、图像采集卡、光电开关等组成的上下位机结构的视觉分选自动化系统，并针对特定水果编写分析控制软件。视觉识别和分析控制系统如图 2 – 51 所示。

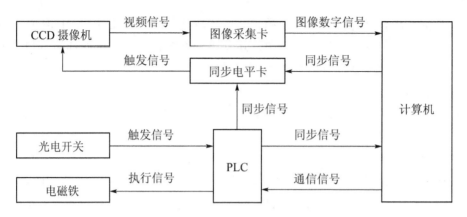

图 2 - 51　视觉识别和分析控制系统框图

2.5.7.5　水果成像原理

（1）水果成像过程的运动控制

承载水果的果杯进入灯箱区域，在箱内行进过程被拍摄成像。对于绝大多数类球形的水果，其形状、外径甚至颜色在不同的角度观察会有所差异，因此仅靠某一个角度的单一的图像照片不能准确地分析水果的实际形状、外径、颜色等特征。

正确的做法是采取不同的角度，对目标水果进行拍摄，然后根据多张图片进行综合分析，通过合理的算法最终确定其外观特征数据。

理论上拍摄的角度和图片数量越多，分析的数据越详细，获得的目标水果外观特性的描述越具体。但采集图像的数量及其数据越多，要求系统的配置越高，运算越复杂。因此在实际设计中，应考虑系统的配置和运算能力，控制每个水果拍摄的合适数量。

由图 2 - 48 可见，摄像机安装在箱体上部，固定不动，由上而下拍摄经过的水果图像。为了实现多角度拍摄，在摄像机不动的情况下，水果必须要不断翻转，以更换拍摄面。为此，通过一套果杯差速装置，可控制水果在摄像区域运行过程进行合适的翻转，该装置结构如图 2 - 52 所示。

果杯差速装置是一套带有独立动力的皮带输送机。由于本设备采用双通道并联滚轮输送，因此对应的果杯差速装置配置有 2 条差速皮带。如图示，装置的动力来自变频调速的减速电机 5，其输出链轮 10 通过链条带动链轮 8，从而驱动主动轴 9；主动轴 9 带动左右两侧主动带轮 6 旋转，使左右皮带绕主动带轮 6 和被动带轮 14 循环运行。

由图 2 - 52 主视图可见，果杯差速装置安装在滚轮 3 的下方。皮带底下有托板 1 承托，而皮带上表面则紧贴滚轮 3。当滚轮被输送链带动自左向右运行经过皮带时，滚轮与皮带表面摩擦形成连续滚动的状态，其上承载的水果被带动同步自转。皮带的输送长度与灯箱的宽度相等，确保水果在摄像机拍摄范围内均处于自转状态。水果自转过程被摄像机连续拍摄，可获得 360°范围内多角度的图像。

滚轮的自转速度受制于皮带的输送速度，只要调整皮带运行的线速度，就可以控制滚轮的转速。当皮带线速与滚轮运行的线速相等时，滚轮自转的速度为 0。在实际应用中，应控制滚轮自转速度，使滚轮经过图像采集区域范围刚好旋转 1 圈，即可实现水果 360°旋转拍摄。

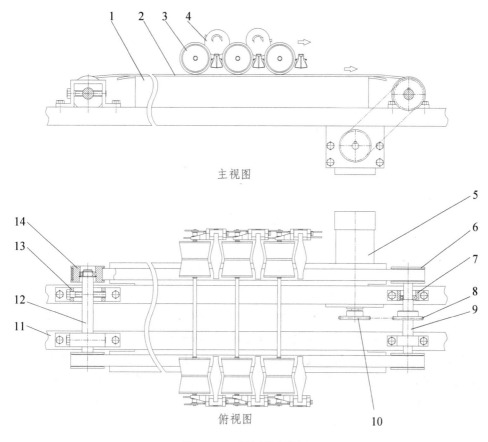

主视图

俯视图

图 2 - 52　果杯差速装置

1—托板；2—皮带；3—滚轮；4—水果；5—减速电机；6—主动带轮；7—轴承；8—链轮；9—主动轴；

10—链轮；11—架体；12—被动轴；13—调节座；14—被动带轮

（2）图像采集

本设备采用的摄像机为逐行扫描彩色摄像机，可在外触发模式下工作。当果杯链带移动一个果杯的距离时，光电开关产生一个脉冲信号，脉冲信号经过 PLC 调理后触发摄像机立即进行异步复位，开始一帧图像的曝光和扫描，确保每个水果的图像在整帧图像中的位置基本保持不变。

由上述可知，为了尽可能多地采集到水果整个表面的信息，需要通过果杯差速装置控制水果在运行过程作自转运动。

摄像机安装并调好焦距后，有一个固定的有效的摄像区域，即图像采集区域。

设定图像采集区域在沿果杯链带运动方向上的宽度为果杯间距的 3 倍，这样每个水果在经过采集区域的过程中将会被连续地采集到 3 个不同表面的完整图像，相应的每帧图像中包含 2 个通道一共 6 个果杯上的水果图像。

如图 2 - 53 所示，是双通道果杯链带的连续 3 帧图像。水果在双通道链带带动下由左至右运行，水果（A_1A_2）、（B_1B_2）、（C_1C_2）、（D_1D_2）、（E_1E_2）依次经过图像采集区域，被连续拍摄 3 帧图像，其中水果 C_1、C_2 被采集了 3 次图像。

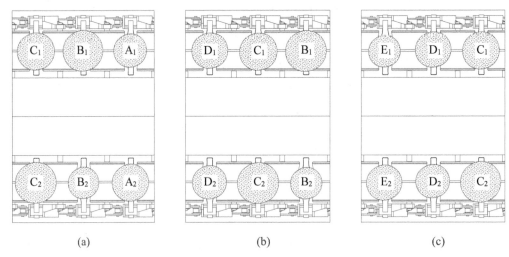

(a)   (b)   (c)

图 2-53 图像采集过程 3 帧连续图像

2.5.7.6 卸料机构的结构原理

水果经过摄像区域获得多个图像数据，经电脑分析判断确定其级别。当承载此水果的果杯运行至对应的级别位置时，通过卸料机构把水果卸出。

如图 2-54 所示是卸料机构装配图，机构主要由打杆和电磁铁组成，整体安装在支座 7 上，并固定在导轨 8 下方。电磁铁 4 和铰支杆 5 固定装配在角座 6 上；打杆 3 为曲柄形，通过弯角位的轴孔套入铰支杆 5 定位，并可绕铰支杆 5 转动；电磁铁的拉杆头部与打杆 3 端部销轴连接。

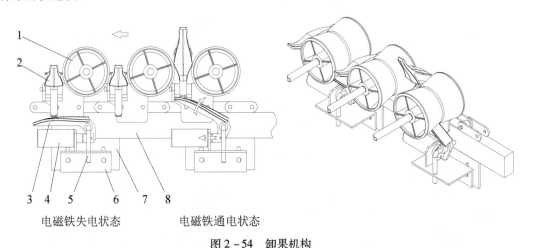

电磁铁失电状态   电磁铁通电状态

图 2-54 卸果机构

1—滚轮；2—翻果杆；3—打杆；4—电磁铁；5—铰支杆；6—角座；7—支座；8—导轨

为了方便讨论，图中把两个卸料机构就近放在一起表示，其中一个是电磁铁失电状态，另一个是电磁铁通电状态。当水果被摄像，并经电脑分析确定级别后，继续向前运行，期间将经过多个级别位置，出现如下情况：

（1）水果经过其他不对应的级别位置时，无信号指令，电磁铁处于失电状态，打杆 3 处于水平位置，果杯无干涉，正常通行；

（2）水果到达对应级别位置时，电磁铁获得信号通电，吸合拉杆使打杆3向上摆动，打击经过其上的翻果杆2，把其上的水果抛出，实现卸果。

图2-55是分选果杯翻果动作视图，可更形象地表示卸料机构的动作。水果被抛出后落入导槽，并滚落至下方的排果机输出。

卸料机构安装在各个级别出口位置。由于一个输送通道有多个级别出口，因此在每一个级别出口位置均设置一套卸料机构。本机为双通道输送，则每一个级别出口位置需并联设置两套卸料机构，分别负责本通道的卸料。

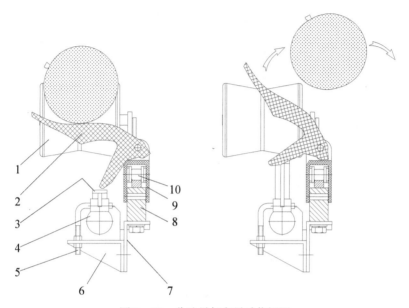

图2-55　分选果杯翻果动作视图

1—滚轮；2—翻果杆；3—打杆；4—电磁铁；5—铰支杆；6—角座；7—支座；8—导轨；9—卡座；10—输送链

2.5.7.7　视觉识别分选工作流程及原理

机器视觉识别分选的工作流程如图2-56所示。

图2-57所示是机器视觉识别分选工作原理示意图。图示中，果杯链带承载水果自左向右运动。在摄像区域上方，箱体内设置CCD摄像机1，并布置照明日光管2；在摄像区域下方，安装果杯差速装置4。在果杯链带输送方向的相应位置，按级别依次设置卸果机构7，并在果杯回程位置设置光电开关5。

CCD摄像机1通过传输线与计算机10对应的输入端口连接，光电开关5与PLC输入端口连接。卸果机构7对应各个分级出料口安装，连接继电器8的输出端口。继电器与PLC输出端口连接。PLC与计算机通信连接。

本机的机器视觉识别分选工作过程简述如下：

①水果经分行输送依次落入果杯，首先经过灯箱区域。在箱体内部运行过程中，果杯差速装置带动水果自转，被摄像机拍摄多幅不同角度的图像，图像信号通过传输线输入计算机。

②来自摄像机的信号输入计算机后，首先通过图像采集卡进行图像处理，提取水果轮廓及表面特征数据。其后计算机对数据信号进行运算，计算水果面积、轮廓直径，识别颜

色特征，经分析判断确定水果特征数值，将该数值与预先设定的参数进行比较，判定该数值所属级别，并作一个标号，确定在第几个级别出口排出。

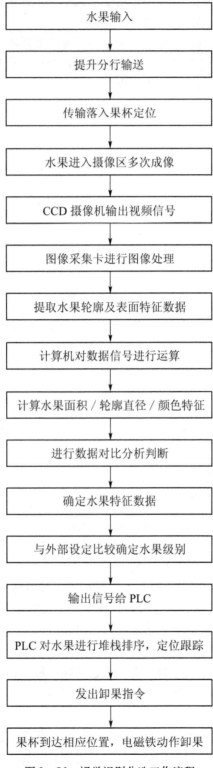

图 2-56　视觉识别分选工作流程

③计算机输出信号给 PLC，PLC 对水果进行堆栈排序，定位跟踪。光电开关对经过的果杯数脉冲，并输入 PLC 进行统计，当脉冲数达到计算机计算值时，对应的果杯刚好到达指定的级别出口，PLC 发出卸果执行信号，控制该级别出口的卸果机构动作，排出水果，完成一个分选。

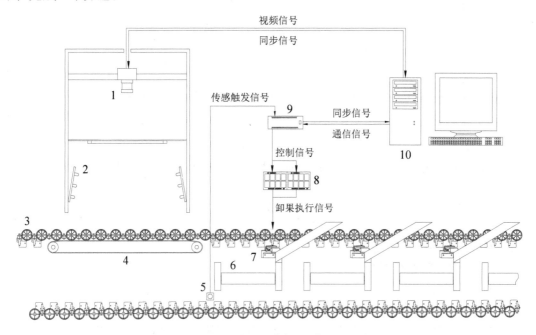

图 2-57　机器视觉识别分选工作原理示意图

1—CCD 摄像机；2—日光管；3—果杯链带；4—果杯差速装置；5—光电开关；6—排果机；7—卸果机构；
8—继电器；9—PLC；10—计算机

2.5.7.8　设备主要设计参数

应用机器视觉识别技术，配合软件分析系统，可按需进行不同种类水果的形状、果径、颜色等特性的综合分选处理。其适用范围广，特别是类球形的果蔬如苹果、柑橘、梨、水蜜桃、猕猴桃、番茄等。

机器视觉识别分选的最大特点是，可以按分选要求灵活设定不同特征（如形状、颜色等）的级别参数，而且调整方便。在所有分级设备中，采用机器视觉的机型分选精确率最高，效果最好，而且水果的机械损伤率最低。

机器视觉识别分选机型有多种形式，主要区别在于果杯的不同设计，以及机器视觉系统的不同配置等。以图 2-48 所示机型为例，整机主要设计参数如表 2-6 所示。

表 2-6　机器视觉识别分选机主要设计参数

序号	技术参数	参考值
1	分选类型	大小、颜色
2	分选通道数	2
3	分选级别数量	有效 8（按大小分选最大为 8 级、按颜色分选为 2 级），级外 1

续上表

序号	技术参数	参考值
4	果杯输送速度 $v/(\text{mm} \cdot \text{s}^{-1})$	$380 \sim 570$
5	直径识别误差/mm	± 1
6	输送链节距 p/mm	31.75
7	果杯间距 P/mm	95.25
8	电机总功率 P_0/kW	2.9
9	分选速率（橘）$Q/(\text{个} \cdot \text{h}^{-1})$	$30\,000 \sim 40\,000$

2.5.7.9 设备主要参数的计算及检测

（1）分选速率的计算

在有效成像和计算机分析可控范围内，水果的分选速率与分选果杯的输送线速度成正比：

$$Q = \frac{3600vk}{P} \times N \qquad (2-5)$$

式中：Q——分选速率，个/h；

v——果杯输送线速，mm/s；

P——果杯间距，mm；

N——分选通道数，本机为 2；

k——水果于分选果杯间的填充率，%；生产应用一般为 70%～80%。

（2）串级率的测算

串级率分为按大小分选串级率 C_1 和按颜色分选串级率 C_2。设备正常工作时，设定按大小分选分 4 级，每个级别按颜色分 2 级，共 8 个出口，分别同时取样。

①按大小分选时，分别计量每个级别出口的样品数量 M_j，拣出最大尺寸偏离该级别设置值 ± 1 mm 的样品个数 m_i，串级率 C_1 按下式计算：

$$C_1 = \frac{\sum\limits_{i=1}^{8} m_i}{\sum\limits_{j=1}^{8} M_j} \times 100 \qquad (2-6)$$

式中：C_1——按大小分选时串级率，%；

m_i——按大小分选时，各出口最大尺寸偏离该级别设置值 ± 1 mm 的样品数量，个；

M_j——分选时，各出口的样品数量，个。

②按颜色分选时，分别拣出各出口中混入的另一颜色级别的样品个数 S_i。串级率 C_2 按下式计算：

$$C_2 = \frac{\sum\limits_{i=1}^{8} s_i}{\sum\limits_{j=1}^{8} M_j} \times 100 \qquad (2-7)$$

式中：C_2——按颜色分选时串级率，%；

s_i——按颜色分选时，各出口中混入另一颜色级别的样品个数，个；

M_j——分选时，各出口的样品数量，个。

（3）损伤率的测算

$$S = \frac{G_i}{G_j} \times 100 \qquad (2-8)$$

式中：S——损伤率，%；

G_i——分选后所有出口损伤水果数量，个；

G_j——分选后所有出口水果总数，个。

2.5.8　在线电子称重式分级机

图2-3所示生产线采用机器视觉识别分选机，作为设计选择，可以另配在线电子称重式分级机。在线称重也是一种精确高效的分级形式。

由于在同一产区，同品种的水果的密度是一样的，如果水果体积相等，则其重量也相等。因此，采用称重进行分级时，同一重量级别的水果，其外形体积非常接近，产品外观更均匀。另外，由于在线称重方式的设定、控制、调整很方便，因而可实现高速高效、高精度、少误差的分级效果。

2.5.8.1　在线电子称重式分级机总体结构

该类分级机在运行过程中，要求待分级物料排列整齐，形成单列或多列队伍，定间距依次输送。只有这样，才能确保每一个物料在输送过程中均能逐一称重，从而被逐一分配到对应的级别。因此，物料输送装置的结构和形式设计非常重要，它需要具备承载物料、连续输送、定距分隔、动态秤盘、翻转卸料的功能。

图2-58所示是其中一种在线电子称重式分级机的总体结构图。为方便表示，视图拆去所有封板。整机主要组成部分包括主动轴部件1、上链轨3、分级链带4、卸料机构5、称重装置6、被动轴部件7、入料槽9、托轨10、排果机12、下链轨13、电机减速机14等，以及微电脑控制系统。

图示是双通道式称重分级机。分级链带4承托水果运行，由入料口开始可把水果分成两行列队向前输送。

分级链带4是一套由双链条驱动的杯托式装置，其输送动力来源于主动轴部件1。减速机输出链轮通过链传动驱动主动轴部件1，主动轴部件1通过其两侧链轮带动分级链带4，使分级链带4沿上链轨3、主动轴部件1链轮、下链轨13、被动轴部件7链轮环绕运行。

分级链带4承托水果由左至右运行时，首先经过称重装置6，在运行过程中接受重量检测，确保每个经过称重装置的水果均有一个重量信号。本机由于是双通道机型，因此并列安装两套称重装置，可同时对两个并排经过的水果进行称重。

本机设置6个级别，共配置6台排果机，分别对应1至6级别的出口。在每台排果机安装位置的上方，均装配有卸料机构5。水果经称重装置检测获得一个重量值，经电脑比较分析确定级别，当它运行至对应的级别时，卸料机构5动作，使承载该水果的杯托翻转，令水果落入下方的排果机输出。

对应双通道输送，每台排果机上方均并列安装两套卸料机构，分别负责本通道的卸料，按重量检测信号指令执行卸料动作。

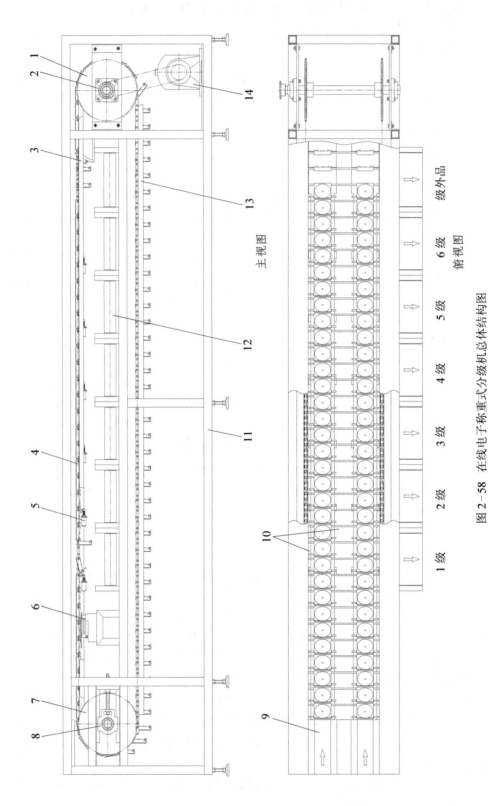

主视图

俯视图

1级　2级　3级　4级　5级　6级　级外品

图2-58　在线电子称重式分级机总体结构图

1—主动轴部件；2—轴承；3—上链轨；4—分级链带；5—卸料机构；6—称重装置；7—被动轴部件；8—滑动轴承；9—入料槽；10—托轨；11—机架；12—排果机；13—下链轨；14—电机减速机

本机运作时，需另外配备一台分行输送机，与入料槽9连接，使供给的水果自动排列，形成两行列队，依次进入分级链带的果杯中。

2.5.8.2 分级链带及其果杯结构

在在线电子称重式分级机中，分级链带是一个关键的装置，具备承载、分隔、输送的功能，并充当活动秤盘的作用，因此其设计非常重要。

图2-59所示是本机分级链带的装配图，主要由输送链1、挡圈2、果杯3和支轴4组成。输送链1为套筒滚子链，两侧平行布置，两链条之间定间距装配支轴4，每根支轴的两端轴头穿入链节销孔。在每根支轴中，套入果杯3，左右布置各一个，每个果杯的两侧由挡圈2定位。果杯可绕支轴转动。

当输送链1运行时，可通过支轴4带动果杯3运行。

图2-60是果杯结构图。果杯整体注塑成型，主体矩形结构。果杯中间椭圆杯腔用于承载单个水果；两个长孔对称布置并直线连通，用于插入支轴；圆柱状滑杆左右对称伸出，用于果杯运行过程的支承及导向；果杯矩形框架底部有4个支脚，包括2个前支脚和2个后支脚，在动态称重时作为支承点，使果杯置于平面上。

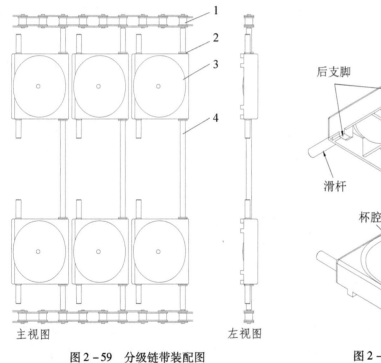

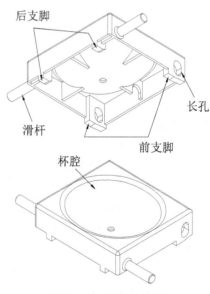

主视图　　　　　　　　　　　　　　　左视图

图2-59　分级链带装配图　　　　　　　　　图2-60　果杯结构图

1—输送链；2—挡圈；3—果杯；4—支轴

2.5.8.3 称重装置结构及在线称重原理

（1）称重装置结构

本机的分级形式是对承载水果的果杯逐一进行重量检测，检测元件采用压力传感器，在果杯运行中完成测量。

称重装置如图2-61所示，主要由前称重轨道1、压力传送板2、后称重轨道3、压力传感器 5 及其支承座 6 组成。称重装置前后均与托轨 4 衔接。

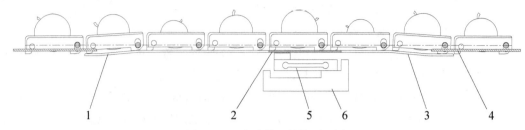

图 2-61　称重装置结构原理图

1—前称重轨道；2—压力传送板；3—后称重轨道；4—托轨；5—压力传感器；6—支承座

图中，果杯承载水果在输送链带动下由左至右运动，拖动果杯的动力来自穿过其长孔的支轴。果杯的运行历程如下过程：

①果杯进入称重装置前。果杯的左右滑杆架在托轨 4 表面滑行，确保承载水果的果杯保持水平状态；

②果杯过渡到前称重轨道 1。果杯左右滑杆离开托轨 4，前后 4 个支脚与前称重轨道 1接触，沿其斜面向上滑行至水平面，果杯整体上浮一个高度（果杯长孔由上部靠近支轴变为底部靠近支轴）；

③果杯进入称重位置。果杯滑行进入压力传送板 2 区域。由于此时果杯已经整体上浮，支轴在其长孔中只有一个水平牵引力，果杯的全部重量均压在压力传送板 2 上，并施加在压力传感器 5 上，被检测并获得一个重力信号；

④果杯过渡到后称重轨道 3。果杯离开压力传送板 2，进入后称重轨道 3，沿其斜面向下滑行，果杯整体下沉一个高度（果杯长孔由底部靠近支轴变为上部靠近支轴）；

⑤果杯离开称重装置。果杯离开后称重轨道 3，其左右滑杆过渡到托轨 4 表面，架在托轨表面滑行。

（2）在线称重原理

承载水果的果杯一个接着一个进入称重位置，在连续运行过程中完成重量检测。为确保每个果杯依次准确检测，而且不会出现互相干涉的现象，需要对压力传送板与前后称重轨道的设置进行合理设计。

图 2-62 所示是压力传送板与前后称重轨道配合安装的平面布置图。压力传送板与前后称重轨道分为左右两部分，对称布置。

如图压力传送板形状呈 Z 形，靠中心线内侧为矩形窄平板，外侧为矩形宽平板，在宽平板底下通过螺钉连接压力传感器。前后称重轨道与压力传送板外形相互配合，衔接紧密，安装间隙为 $\delta = 1 \sim 1.5$ mm。

图中用方形网格斑和方形黑斑分别标示了两个果杯的支脚位置。第一个果杯 4 个支脚用 m_1、m_2、n_1、n_2 表示，其中 m_1、m_2 为前支脚，n_1、n_2 为后支脚；第二个果杯 4 个支脚用 M_1、M_2、N_1、N_2 表示，其中 M_1、M_2 为前支脚，N_1、N_2 为后支脚。两个果杯一前一后安装在输送链的支轴上，相互间距为 P。

果杯依次准确称重必须满足两个条件：其一，确保每个果杯的 4 个支脚同时进入压力传送板，然后同时离开压力传送板；其二，确保前一果杯的 4 个支脚离开压力传送板后，后一果杯的4个支脚才能进入压力传送板。

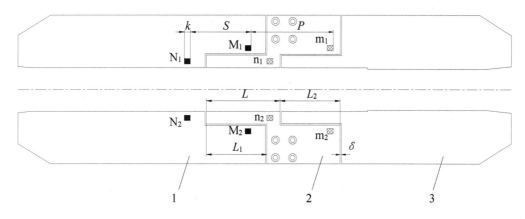

图2-62　果杯在线称重原理图

1—前称重轨道；2—压力传送板；3—后称重轨道

为满足以上条件，图示各参数应按下式设计：

$$L_1 = L_2 = S \tag{2-9}$$

$$S < L \leqslant P - k \tag{2-10}$$

式中：S——果杯前后支脚距离，mm；

k——果杯支脚宽度，mm；

P——果杯安装间距（链节距的倍数），mm；

L_1——矩形窄平板长度，mm；

L_2——矩形宽平板长度，mm；

L——果杯支脚在压力传送板上运行的总长度，mm。

由图可见，第一个果杯的运行路径：前支脚 m_1、m_2 进入压力传送板时，后支脚 n_1、n_2 同时进入压力传送板；当 m_1、m_2 离开压力传送板时，n_1、n_2 也同时离开压力传送板。

只有当第一个果杯的支脚 m_1、m_2、n_1、n_2 离开压力传送板后，第二个果杯的支脚 M_1、M_2、N_1、N_2 才进入压力传送板。如此，可确保果杯依次准确称重，而且不会互相干涉。

2.5.8.4　卸料机构的结构原理

承载水果的果杯经过称重装置测量，获得一个重量信号，经电脑分析判断，确定水果级别。当此果杯运行至对应的级别位置，应即时把水果卸出。实现这一动作需要一个卸料机构。

如图2-63所示是卸料机构结构原理图。机构主要由一个活动桥板和电磁铁组成。活动桥板4以铰支5为支点，装配在托轨3的缺口位置，整体可绕铰支5摆动。活动桥板4的上部作为过渡桥板前后连接托轨3，其下部开口长孔卡入拉杆6的圆销。拉杆6是电磁铁8的衔铁，电磁铁8由支座7固定。

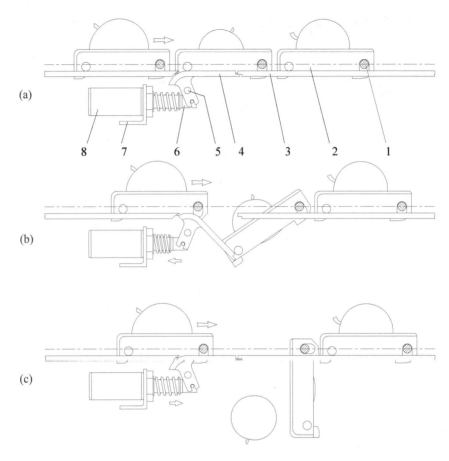

图 2-63　卸料机构结构原理图

1—支轴；2—果杯；3—托轨；4—活动桥板；5—铰支；6—拉杆；7—支座；8—电磁铁

承载水果的果杯由左至右运行，卸料过程如下：

①当被电脑确定级别的果杯到达对应的活动桥板位置时，此时果杯滑杆进入桥板范围，如图 2-63a 所示；

②电磁铁 8 获得指令通电吸合，拉杆 6 向左运动，驱动活动桥板 4 绕铰支 5 顺时针摆动，致使桥板倾斜，果杯随滑杆顺势而下，倾倒卸出水果，如图 2-63b 所示；

③电磁铁 8 失电，拉杆 6 在弹簧力作用下向右运动，驱动活动桥板 4 逆时针摆动复位，重新衔接托轨 3，确保后来的果杯能正常通行，如图 2-63c 所示。

2.5.8.5　称重分级分析控制系统

（1）称重分级工作原理

如图 2-64 所示是称重分级工作原理示意图。图中，称重装置的压力传感器 1、光电开关 2 和卸料控制机构 3 按分级链带传送方向，依次设置在相应的位置。压力传感器 1 和光电开关 2 分别通过传输线与微电脑处理器对应的输入端口连接；卸料控制机构 3 对应各个分级出料口安装，并且通过传输线与微电脑处理器对应的输出端口连接。

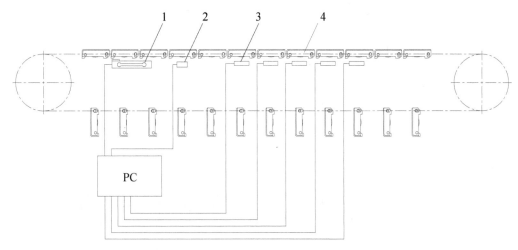

图 2 - 64　称重分级工作原理示意图
1—压力传感器；2—光电开关；3—卸料控制机构；4—果杯

微电脑处理器的组成如图 2 - 65 所示，包括用于将模拟信号转换为数字信号的模拟量转换模块、用于输入数据的输入继电器、用于存储数据的临时寄存器、用于对数据进行比较处理的数据处理模块、用于计算光电开关脉冲数的计数器、用于向卸料机构发出指令的输出继电器。

称重分级工作过程如下：

①果杯承载水果通过称重装置的瞬间，压力传感器将测得一个电压信号，并通过传输线输入微电脑处理器。

②来自压力传感器的电压信号输入到微电脑处理器后，首先会进入模拟量转换模块，转化为重量数值，通过输入继电器将数据输入临时寄存器中。然后通过数据处理模块将该数值与预先设定的参数进行比较，判定该数值所属等级，并作一个标号以确定在第几个出料口排出。

③光电开关对经过的果杯数脉冲，并输入微电脑处理器进行统计。通过计数器数到事前计算好的脉冲数时，对应的果杯刚好到达指定的出料口，微电脑处理器输出一个脉冲指令给该出料口的卸料控制机构，使其产生动作卸出水果。

（2）在线称重分级分析控制流程

图 2 - 66 所示是在线称重分级分析控制流程框图，具体流程如下：

①水果通过分行输送，依次进入分级链带的果杯，每个果杯装载一个水果。

②果杯运行到达称重位置时，压力传感器输出一个电压信号。

③电压信号输入到微电脑处理器，首先进入模拟量转换模块，电压信号转化为重量数值 D10，然后通过输入继电器进入临时寄存器中。

④微电脑处理器首先进行初始化，将重量设定为 6 个等级，对应重量参数分别为 D200、D201、D202、D203、D204、D205；对应的标号参数分别为 D11、D12、D13、D14、D15、D16；对应的输出分别为 Y1、Y2、Y3、Y4、Y5、Y6。

⑤通过数据处理模块，重量数值 D10 首先与 D200 和 D205 进行比较，判定 D10 是否处于设定的称重范围内。如果重量大于或者小于该称重范围（即为级外品），微电脑处理器没有指令输出，果杯运行至机器末端，可采用一个执行机构将水果强制排出。

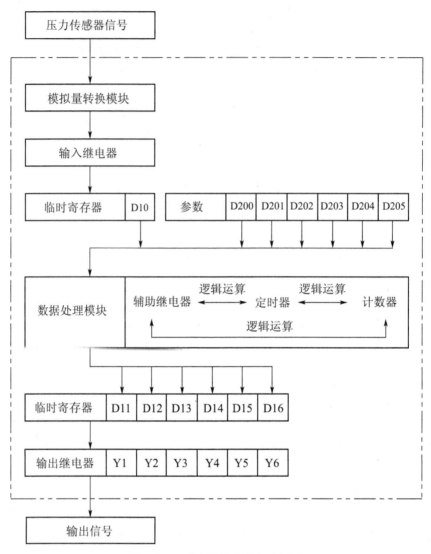

图 2-65　微电脑处理器组成框图

如果重量数值 D10 处在设定的称重范围内，则与其他参数进行比较，确定这个重量数值的水果属于哪个等级。判断各级别如下：

a. D200≤D10＜D201，标号 D11，对应输出 Y1，应在第 1 个出料口排出；

b. D201≤D10＜D202，标号 D12，对应输出 Y2，应在第 2 个出料口排出；

c. D202≤D10＜D203，标号 D13，对应输出 Y3，应在第 3 个出料口排出；

d. D203≤D10＜D204，标号 D14，对应输出 Y4，应在第 4 个出料口排出；

e. D204≤D10＜D205，标号 D15，对应输出 Y5，应在第 5 个出料口排出；

f. D10＝D205，标号 D16，对应输出 Y6，应在第 6 个出料口排出；

g. D10＜D200 或 D10＞D205，属于级外品，应在机器最后出料口强制排出。

⑥果杯被标号并判定出料口的同时，微处理器计算好到达该出料口所要经过的果杯的个数。该果杯继续向前运行，光电开关对经过的果杯数脉冲，并输入微电脑处理器做一个统计，当数到事前计算好的脉冲数的时候，对应的果杯刚好到达指定的出料口，此时微电

脑处理器输出一个脉冲指令给予该出料口对应的电磁铁，驱动果杯倾倒卸料，实现分级。

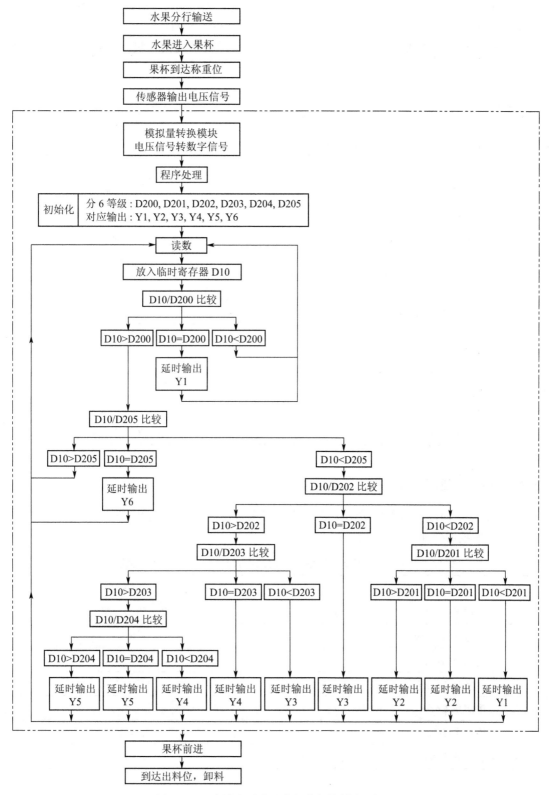

图 2-66 在线电子称重分级分析控制流程框图

2.5.8.6 设备主要设计参数

称重分级适用范围广，对象包括柑橘、苹果、梨、水蜜桃、猕猴桃、洋葱、番茄等各类果蔬。在线称重分级机的机型有多种形式，主要区别在于果杯的不同设计，常用的果杯结构有托盘式（如本机）、滚轮式等。以图2-58所示机型为例，整机主要设计参数如表2-7所示。

表2-7 在线电子称重式分级机主要设计参数

序号	技术参数	参考值
1	分级通道数	2
2	分级级别数	6
3	分级范围/g	20～1000
4	分级精度/g	±2
5	分级链带运行速度 $v/(mm \cdot s^{-1})$	0～600（变频调速）
6	输送链节距 p/mm	31.75
7	果杯间距 P/mm	95.25
8	主电机（分级电机）功率 P_0/kW	0.75
9	排果机数量	7
10	排果输送带宽度 W_P/mm	500
11	排果输送速度 $v_P/(mm \cdot s^{-1})$	300
12	排果电机功率 P_P/kW	0.25
13	分级速率（橘）$Q/(个 \cdot h^{-1})$	24 000～36 000

2.6 生产线技术参数

按图2-2所示柑橘保鲜分级生产线进行设备配套，采用滚筒孔径式分级机，全线的主要技术参数指标如表2-8所示。

表2-8 柑橘保鲜分级生产线（滚筒孔径式分级）主要技术参数和指标

序号	技术参数	参考指标
1	生产率 $Q/(kg \cdot h^{-1})$	3000～5000（柑、橘）
2	耗电量 $W/(kW \cdot h/t)$	6.5
3	耗水量 $H/(t \cdot t^{-1})$	0.4～0.5
4	耗蜡量 $L/(kg \cdot t^{-1})$	1.2～1.5
5	串级率 $C/\%$	5
6	损伤率 $S/‰$	≤2
7	总功率 P/kW	28

按图 2 − 3 所示柑橘保鲜分级生产线进行设备配套，采用机器视觉识别分选机，全线的主要技术参数指标如表 2 − 9 所示。

表 2 − 9　柑橘保鲜分级生产线（机器视觉识别分选）主要技术参数和指标

序号	技术参数	参考指标
1	生产率 Q/（个·h^{-1}）	20 000～30 000（橘）
2	耗电量 W/（kW·h/10 000 个）	7.7
3	耗水量 H/（t/10 000 个）	0.49
4	耗蜡量 L/（kg/10 000 个）	1.46
5	按大小分选串级率 C_1/%	4.8
6	按颜色分选串级率 C_2/%	4.5
7	损伤率 S/‰	≤1
8	总功率 P/kW	30

问题与思考

1. 柑橘清洗常用什么方法？

2. 如何确保柑橘的保鲜效果良好？

3. 写出柑橘常用的除湿方式和分级形式。

4. 滚刷式清洗保鲜机具备什么功能？

5. 温控除湿机有什么类型？安装在生产线哪个位置？

6. 分行输送机有什么作用？

7. 辊筒输送机运行时，如何设定辊筒相对芯轴静止和自转？

8. 采用辊筒输送机输送球状水果有什么特点？

9. 简述滚刷式清洗机中毛刷辊同步自转的原理。

10. 滚刷式清洗机中相邻毛刷辊的间隙太大和太小分别会出现什么问题？

11. 简述滚刷式清洗机中排果装置的作用和原理。

12. 喷雾和喷淋保鲜技术有什么不同？分别在什么条件下采用？

13. 喷雾和喷淋保鲜处理分别采用什么设备进行？是如何实现的？

14. 水果打蜡抛光后，在热风隧道内可否通过自转运动加速除湿效果？为什么？

15. 若要提高物料的处理量，设计隧道式热风除湿机时可采取什么方案？

16. 为确保吊篮内每个水果都能全面接受热气流作用，应该如何设计吊篮？

17. 简述吊篮式热风除湿机水果卸出的原理？

18. 简述滚筒孔径式分级机中分级滚筒运转的动力来源。

19. 分级滚筒是如何实现同步自转的？

20. 分级滚筒过渡装置中的过渡轴有什么作用？

21. 已知如图 2 − 35 所示的滚筒孔径式分级机设计参数：分级滚筒外径 D_y = 480、支承圈内径 D_z = 450（参看图 2 − 36）；驱动辊上的摩擦套外径 D_t = 52（参看图 2 − 38）；驱动辊的双排链轮和电机链轮齿数相同。

要求：分级输送速度（即分级滚筒外径的圆周线速度）$v_y = 400$ mm/s

计算电机链轮的转速 n_j（r/min）？

22. 在什么条件下可采用皮带孔径式分级机？

23. 简述机器视觉系统的工作过程。

24. 采用机器视觉识别技术可检测水果的什么特征？

25. 简述采用机器视觉进行水果在线检测分选的原理。

26. 简述机器视觉识别分选机的主要组成部分。

27. 果杯链带有什么作用？果杯由什么零件组成？

28. 机器视觉识别分选机的灯箱有什么作用？

29. 机器视觉系统由哪几部分组成？

30. 机器视觉识别分选机的相机和镜头的作用是什么？水果分选采用哪一类型的摄像机？

31. 机器视觉识别分选机的图像采集卡有什么作用？

32. 如何对水果进行正确的拍摄成像？如何实现对水果的多角度拍摄？

33. 在果杯差速装置中，如何控制滚轮的自转速度？

34. 要确保每个水果被连续拍摄 3 个图像信息，应如何设置图像采集区域？

35. 简述机器视觉识别分选机中卸料机构的动作过程。

36. 计算机如何控制卸果机构动作？

37. 简述在线电子称重式分级机的主要组成部分。

38. 图 2-58 机型需要安装多少套称重装置？需要安装多少套卸料机构？

39. 在线电子称重式分级机的分级链带具备什么功能？

40. 简述在线电子称重式分级机的称重装置的结构组成。

41. 果杯运行至称重位置时，其左右滑杆是否架在托轨上？

42. 要实现果杯准确称重，必须满足哪些条件？

43. 简述在线电子称重式分级机的卸料机构的结构组成。

44. 在卸料前和卸料时，果杯滑杆在什么零件上滑行？

45. 简述在线称重分级微电脑处理器的组成。

46. 在线电子称重分级分析控制流程中，设定 6 个重量等级：D200 = 200g、D201 = 220g、D202 = 240g、D203 = 260g、D204 = 280g、D205 = 300g，对应的级别输出分别为 Y1、Y2、Y3、Y4、Y5、Y6。其中一个水果运行至称重位置时，检测到重量数值 D10 = 259g。

①这个水果是否处于设定的称重范围？分析控制流程是如何判断的？

②这个水果会在哪个级别输出？依据什么条件来判定？

47. 方案设计：

传统的一种水果保鲜方法：把装满水果的塑料周转箱，通过人工搬抬成箱浸入保鲜药液池中几分钟，再提起，自然沥水。

请设计一条自动浸泡保鲜液的生产线，使成箱水果实现自动输送：连续输入、连续浸泡药液、连续沥水输出。画出方案示意图，附加简要文字说明。

3 荔枝自动化加工生产线

【关键技术】

- 荔枝清洗和保鲜处理技术
- 振动沥水和分行输送技术
- 荔枝连续自动剥壳技术

【重点知识和设计要点】

- 荔枝保鲜分级工艺流程
- 荔枝保鲜分级生产线总体设计及其设备的形式与功能
- 弧面纵置式滚刷清洗机的结构、原理、特点
- 浸药保鲜机的结构、原理、特点
- 浮辊式分级机的结构、原理和性能特点
- 变间距辊式分级机的结构、原理和性能特点
- V形带式分级机的结构、原理和性能特点
- 荔枝自动剥壳工艺流程
- 荔枝自动剥壳生产线总体设计及其设备的形式与功能
- 振动沥水设备和分行供料机的结构、原理、特点
- 荔枝自动剥壳机的结构、原理和性能特点

3.1 项目背景

荔枝是最具岭南特色的水果之一，其上市的时间是炎热的夏天，不耐储藏，大部分以鲜销为主，少量制成干制品。随着荔枝种植面积和产量的不断扩张，鲜销市场已经难以容纳庞大的产量，因此大量的鲜果进入深加工，被制成果汁或果酒，从而有效提高了鲜果的附加值。

随着市场流通的扩大，特别是为了满足出口条件，鲜销荔枝必须要经过洁净加工、保鲜处理、分级包装等现代商品化处理工序。对于大中型水果经销和出口企业，必须配备具备相应工艺要求的自动生产线，才能适应大规模生产处理。该类型的自动生产线主要采用毛刷清洗、浸药保鲜和间隙式机械分级等加工技术。

对于荔枝的深加工，其最终产品主要是果汁饮料，以及利用果汁酿造的果酒。无论是生产果汁或果酒，其前提条件是进行荔枝制汁，而荔枝制汁必须要配备自动剥壳和除核打浆生产线。荔枝制汁制酒的前提条件是剥壳去核，提取果肉。其中剥壳是最难处理的工序，若采用传统手工作业，效率低，卫生难以保障。因此，要使制汁制酒生产线实现高效运作，自动化的剥壳设备必不可少。至于剥壳后的带核果肉，如果需要去核取肉制汁，可采用打浆机完成。

本项目主要针对荔枝保鲜分级生产线和荔枝自动剥壳生产线进行讨论。

3.2　荔枝保鲜分级生产线

3.2.1　技术方案

荔枝是最难保鲜的水果之一，其保鲜技术及工艺各种各样，除了冷冻处理外，还利用各种保鲜剂。传统的荔枝出口贮运技术主要有两种，一是防腐剂结合气调包装的常规冷藏技术；二是浸药保鲜或熏硫浸酸技术。熏硫属于前处理工序（以 0.6% 的二氧化硫熏蒸 15 min，果肉残留硫不高于 0.006‰），在荔枝进入自动化生产线前完成。荔枝经二氧化硫熏蒸处理后，再进行浸酸复色，能有效防止荔枝表皮褐变，保持果皮红色。

以浸药保鲜技术为例，设定荔枝保鲜分级工艺流程（如图 3−1 所示）。

经熏硫处理后的荔枝进入生产线后，按图 3−1 的工艺流程先后经过以下工序处理：

①分拣输送：由操作工检验进入生产线的荔枝，剔除残次及腐败果实。

②清洗：采用喷淋加毛刷清洗的方式，可有效清除荔枝表皮的污迹。

③浸药保鲜：经过清洗后的荔枝，需要进行保鲜处理，采用合适的保鲜剂进行浸泡，通过一定时间的浸泡使其表皮附着药物，以达到保鲜的目的。

④沥水除湿：荔枝经浸药后，果皮带有大量的水分，因此需要采用气流干燥的方式除去其表面水分，以利于后一道工序的分级包装和储运。

⑤自动分级及装箱：荔枝的分级以机械式分级设备为主，一般按大小来划分商品等级。分级后需进行相应的装箱等包装处理。

图 3−1　荔枝保鲜分级工艺流程图

3.2.2　总体设计

根据图 3−1 荔枝保鲜分级工艺流程，配置合适的处理设备，设计自动化生产线如图 3−2 所示。全线主要由 5 台主机组成，分别为分拣输送机 1、毛刷清洗机 3、浸药保鲜机 4、沥水除湿机 5、浮辊式分级机 6。各设备的结构形式及功能分述如下。

（1）分拣输送机

和前述的柑橘分拣输送机一样，同样是采用链条带动的辊筒式输送结构。设备前段是料筐提升段，后段为水平分拣段。荔枝于输送过程中，在辊筒间排列、自转，接受操作工的检验，以剔除残次、腐败的果实。

（2）毛刷清洗机

荔枝表皮布满鳞刺，最理想的清洗方式是采用旋转滚刷配合水力喷淋，清洗快速且效率高。图示生产线采用弧面纵置式毛刷清洗机，荔枝连续进料，连续出料，在运行过程接受喷淋刷洗。

（3）浸药保鲜机

浸药保鲜机的结构：药液槽中配置全程运行的不锈钢刮板网带。刮板网带在药液槽中循环运行，于前段水平输送，至末端则提升输出。

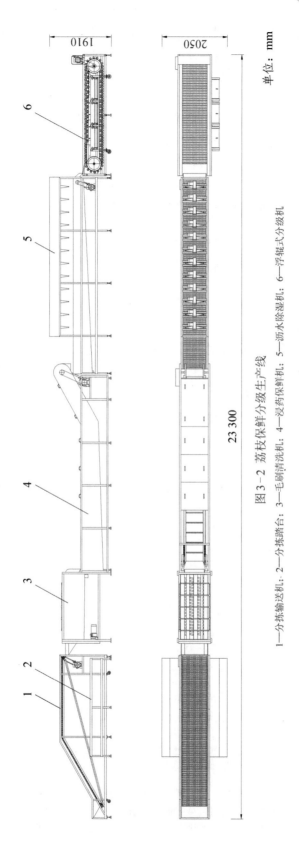

1910

2050

单位：mm

23 300

图3-2 荔枝保鲜分级生产线

1—分拣输送机；2—分拣踏台；3—毛刷清洗机；4—浸药保鲜机；5—沥水除湿机；6—浮辊式分级机

荔枝经清洗进入药液槽，被刮板网带连续输送，浸泡在药液中运行，使表皮充分吸收药液，以达到保鲜目的。调整刮板网带的输送速度，可改变荔枝在药液中的浸泡时间，从而满足保鲜工艺要求。

（4）沥水除湿机

生产线采用气幕式沥水除湿机，整体结构为：一台辊筒输送机，辊面上方沿输送行程定距配置若干套气幕发生器（图中为 12 套）。

荔枝被提升离开药液槽后，进入沥水除湿机，被辊筒带动前进，在辊筒滚动的作用下形成分排并有规律地不断自转。荔枝在输送过程中经过一个个风幕，接受高强度、大气流的吹击，使表面黏附的水分快速去除，最后实现表皮沥干。

（5）自动分级机

对于荔枝等小果品，可采用简易而高效的间隙式分级形式。因此，生产线配套了一台浮辊式分级机，按大小分 3 个级别。

3.2.3 关键设备的设计

3.2.3.1 弧面纵置式滚刷清洗机

图 3-3 所示是一台弧面纵置式滚刷清洗机的结构总图。该机的毛刷辊布置方向与平面横排式滚刷清洗机完全不一样，以物料的输送方向为纵向基准，按圆弧等距纵向装置多支毛刷辊，并且毛刷辊的轴线处于一个弧面。

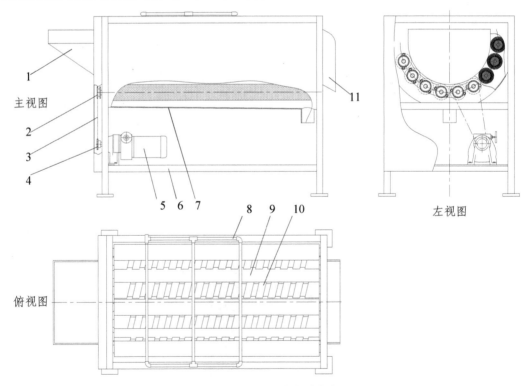

图 3-3　弧面纵置式滚刷清洗机

1—入料槽；2—双排链轮；3—驱动链；4—减速机输出链轮；5—减速电机；6—机架；7—集水槽；
8—喷淋装置；9—圆柱毛刷辊；10—螺旋毛刷辊；11—出料槽

整机主要由圆柱毛刷辊 9 和螺旋毛刷辊 10、喷淋装置 8、集水槽 7，以及减速电机 5 和入料槽 1、出料槽 11 等组成。机器清洗段长度等于毛刷辊的植毛范围有效轴向长度。

用于连续清洗的弧面纵置式滚刷清洗机配置的毛刷辊有两种，分别为圆柱毛刷辊和螺旋毛刷辊，且二者相间排列。由图 3-3 左视图可见，毛刷辊按圆弧等距排列，以圆弧中心线为界，两侧数量不对称，左侧 4 支，右侧 5 支。毛刷辊两端轴头通过轴承安装在机架的入料端板和出料端板。毛刷辊的入料端轴头装配有双排链轮 2，相邻刷辊链轮通过传动链交错连接。减速机输出链轮 4 通过驱动链 3 同时带动中心线右侧两个双排链轮 2 顺时针旋转，再通过各段传动链带动全部双排链轮，驱动所有毛刷辊做顺时针自转运动。

该类设备的毛刷辊数量均为单数，常用数量为 7 支、9 支、11 支，排列时，以圆弧中心线为界，在毛刷辊运动方向的一侧多排布 1 支，因为物料随毛刷辊运动，会集中在毛刷辊运动方向一侧。

水果由入料槽输入清洗槽中，接触毛刷辊后，在连续旋转的毛刷辊作用下，首先做两个运动：其一是在相邻两毛刷辊之间做逆时针自转运动；其二是在毛刷辊同向转动的作用下不断翻越毛刷辊，在毛刷辊表面做逆时针公转运动。但由于毛刷辊是弧面布置，所以当水果逆时针公转运行到毛刷辊高位时，受重力作用翻落弧面低位，然后受毛刷辊作用又重新沿毛刷辊表面作自转和公转运动，如此周而复始。

在上述过程中，喷淋装置不断进行水力喷射，水果在毛刷辊中运行并接受刷洗，达到洁净表皮的目的，清洗后的污水汇集于集水槽并经底部排水管流走。

水果在进行自转和公转的运动过程中，由于相互之间会连续碰撞，因此会不断改变运动轨迹，使运动出现混乱和不规则的现象。物料运动的混乱和不规则对于实现高效清洗有好处，可增加物料表面各个方向摩擦和刷洗的机会，从而提高清洗效率。

弧面纵置式滚刷清洗机可实现物料批量清洗和连续清洗，而且以批量清洗应用较多。

用于批量清洗的弧面纵置式滚刷清洗机配置的毛刷辊均为圆柱毛刷，并在出料槽位置设置闸门。每次批量入料后，按物料特性设定清洗时间，清洗结束后打开闸门放出物料。作为批量清洗机，毛刷辊的布置须有一定的斜度，由入料端到出料端倾斜 2~5°，以便于物料由入料端向出料端运行，并且在打开闸门后能顺利卸出。

如图 3-3 所示，螺旋毛刷辊的数量少于圆柱毛刷辊的数量，最少可以配置 2 支即可，分别装配在弧面低位中心线左侧第一支和右侧第二支的位置。螺旋毛刷辊起到轴向推动的作用，使水果在清洗过程中不断做轴向移动，由入料端向出料端前进，直至清洗结束由出料槽卸出。

由于弧面纵置式滚刷清洗机的清洗长度等于毛刷辊的长度，因此不适宜设计太长，一般有效清洗长度以 1500~3000 mm 为宜。若毛刷辊过长，则对其刚性及结构都要求较高，而且装配相对也较困难，且不易更换。

该类设备主要适用于胡萝卜、芋头、马铃薯等果蔬，清洗效率高。但由于存在物料相互连续碰撞和不规则的混乱运动，因此也易造成果皮的擦损，对于表皮嫩薄的果蔬应慎用。

3.2.3.2 浸药保鲜机

水果浸浴保鲜处理，是将保鲜剂按一定比例调配成浸泡液，注入药槽中，然后直接把水果置于保鲜液中浸润，经后道工序风干除湿后，使水果外表附着药膜从而达到保鲜的目的。

这种保鲜处理方法应用非常普遍，在没有机械化设备的时候，传统的方法就是采用人工把箩筐装载的水果浸入药池，湿透，然后再整筐提起，晾干，实现保鲜处理。

机械化的浸浴保鲜设备可实现水果的连续浸泡药液和自动输送，处理量大，效率高。该类设备主要由药液槽和输送系统组成，结构形式多样，需根据处理物料和工艺要求具体设计。

图3-4所示是一种辊筒提升式浸药保鲜机，主要由药液槽、提升辊筒及减速电机等组成。机器前部为具有一定容积的药液槽，保鲜药液按一定配比注入，药槽保持一定的液面高度。水果被输送进入药液槽，浸泡于其中。随着水果不断输入，推动槽中物料向前，接近辊筒处，被提升离开液面，输送过程水滴沥落回流于槽体，直至出口处卸出。

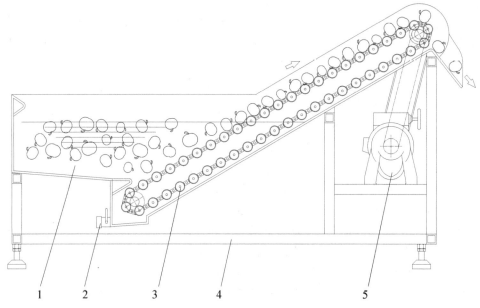

图3-4　辊筒提升式浸药保鲜机
1—药液槽；2—阀门；3—提升辊筒；4—机架；5—减速电机

图3-5所示是一种网带刮板式浸药保鲜机，主要由药液槽和输送网带刮板组成，基本结构与前述的水汽浴清洗机相似。药液槽中注满一定容量的保鲜药液，水果在刮板网带的带动下向前运行，同时浸泡药液。通过调节减速电机，可调整网带刮板的运行速度，从而调节水果的浸药时间。由图可见，输送网带刮板在入料处位置较低，向前输送形成倾斜向上的状态。这样的设计，主要是为了确保入料处刮板浸入液体中，以缓冲水果跌落时与刮板的碰撞力，避免水果损伤。

上述两种浸药保鲜机均可实现水果连续浸泡，让表皮充分吸收保鲜液，温和而无损，浸药时间可根据工艺要求设计调控。

辊筒提升式浸药保鲜机主要适用于比重较小易漂浮的水果，例如，带叶的橘子可采用该类设备以同时达到保鲜果实和叶子的目的；而网带刮板式浸药保鲜机主要适用于比重较大或能半浮沉的水果，如荔枝、龙眼等。

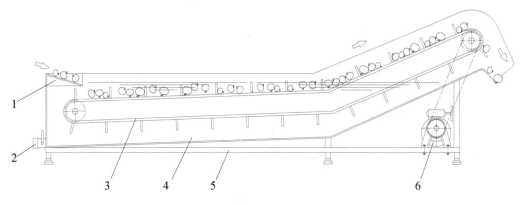

图 3-5　网带刮板式浸药保鲜机
1—入料槽；2—阀门；3—网带刮板；4—药液槽；5—机架；6—减速电机

3.2.3.3　浮辊式分级机

浮辊式分级机属于间隙式分级设备。所谓"间隙式分级"，顾名思义，是通过一定尺寸范围的缝隙进行物料筛选。分级机构在工作过程中产生缝隙，并在一定范围内进行开合变化，以缝隙的大小尺寸作为标准实现水果物料的分级。

间隙式分级与孔径式分级一样，都是针对物料的外径尺寸进行分级，其区别在于：前者是一维尺寸分级，后者是二维尺寸分级。因此，间隙式分级属于一种更简易的分级形式，其工作效率更高。但是，由于间隙式分级只是检测一维方向的尺寸，因此只适用于较匀称的球形水果物料，或者按要求以横截面直径作为分级标准的椭球形或橄榄形水果。

（1）总体结构

如图 3-6 所示是浮辊式分级机总体结构图，为便于显示内部结构，主视图拆去侧封板，俯视图拆去电机与减速机。

机器的整体结构犹如辊筒输送机一样，但与辊筒输送机的根本区别在于：在普通的辊筒输送机中，辊筒相对于输送链条的位置固定不变；而在浮辊式分级机中，在输送链条上相间装配有"定辊"和"浮辊"，其中浮辊可相对输送链条在一定范围内作上下浮动。

定辊 1 和浮辊 2 装配在输送链 3 上，三者组成输送辊链，同时也是分级机构。因此，该输送辊链既起到输送物料的作用，又起到关键的分级作用。

机器主动力来源于机架右上部的电机与减速机 6，通过链传动，由链轮 9 带动主动轴 8，再通过驱动链轮 11 带动两侧输送链 3，从而使装配其上的定辊与浮辊随之由左至右平行运动。

由于定辊和浮辊按一定的节距相间安装在输送链上，因此辊与辊之间形成一定尺寸的间隙。当定辊与浮辊处于同一水平线状态时，辊与辊之间的间隙尺寸固定不变。

浮辊可以在一定范围内上下浮动，其相对于输送链的垂直位置受导轨 4 的影响。导轨沿输送链运动方向左右对称布置，安装在设备两侧。如主视图所示，导轨为长条板状式结构，上边缘作为轨道，承托浮辊两轴端的滚轮。导轨分若干段进行加工及安装，由左至右，各段间依次形成一个个落差，通过斜坡过渡，形成相应的分级级差（图中导轨设置了 3 个级差，对应可分 3 个级别）。

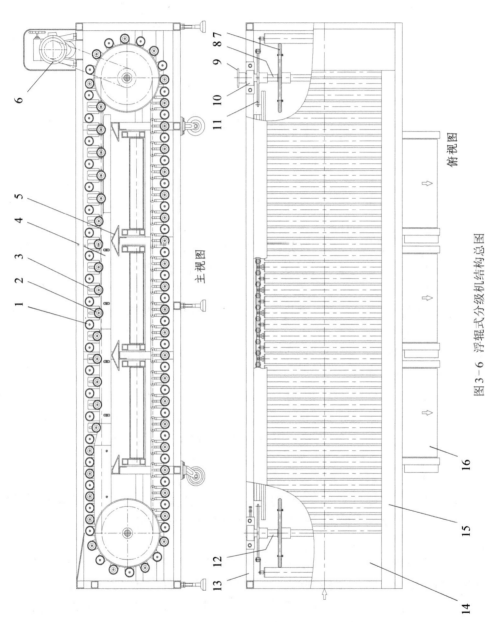

主视图

俯视图

图 3-6 浮辊式分级机结构总图

1—定辊；2—浮辊；3—输送链；4—导轨；5—导板；6—电机及减速机；7—复位轮；8—主动轴；9—链轮；10—轴承；11—驱动链轮；
12—被动轴；13—机架；14—入料槽；15—侧挡板；16—排果机

浮辊在自左至右运行时，两端滚轮沿导轨滚动，经过各段导轨间的落差时，一级级向下移动，从而造成浮辊与定辊之间的间隙增大，也就改变了筛选间隙的尺寸，从而实现按级别分选。

在主动轴 8 和被动轴 12 上各装配一对复位轮 7，与驱动链轮 11 同步旋转，其作用是在入料阶段和分级结束后段托起浮辊，使其恢复至原始位置状态，即回复至与定辊处于同一水平线的位置。

水果进行分级时，由设备左端入料槽 14 输入，均匀平铺于输送辊的表面，落入定辊与浮辊之间的间隙，形成一排排队列依次输送。在入料段，浮辊与定辊处于同一水平线位置，辊与辊之间的间隙最小，而且固定不变。随着输送辊链向前运行，浮辊沿导轨一级级下降，不断改变浮辊的垂直位置，使浮辊与定辊之间的间隙逐渐扩大。在这一过程中，水果先小后大，穿过辊间的间隙落下相应级别的料槽。

穿过辊间间隙落下的水果，被底下安装的排果机 16 输出。图示机型设置 3 个级别，配置 3 台排果机，分别由独立电机驱动。

（2）输送辊链结构

由前述可知，输送辊链是浮辊式分级机的关键装置。如图 3－7 所示，输送辊链由定辊 1、浮辊 2 和输送链 3 组成。

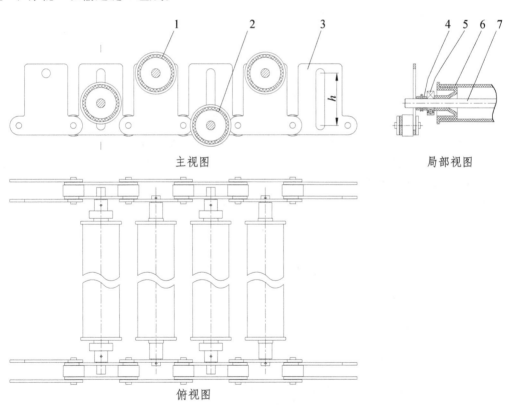

主视图　　　　　　　　　　　　局部视图

俯视图

图 3－7　输送辊链结构图

1—定辊；2—浮辊；3—输送链；4—轴套；5—滚轮；6—筒体；7—芯轴

输送链属于特殊结构的套筒滚子链，其中一侧的内外链板是专用附件，链板向上延伸形成矩形立板。由主视图可见，输送链的外链板中心线上部有一个圆孔，内链板中心线有一条长孔。

浮辊结构主要由筒体6和芯轴7组成，芯轴两端装配有滚轮5，由轴套4定位。输送辊链运行时，浮辊的滚轮沿导轨滚动。定辊的结构与浮辊相似，但芯轴两端没有滚轮。

定辊与浮辊相间安装在输送链上。定辊装配在外链板上，其芯轴两端的轴头插入外链板圆孔，位置固定。浮辊装配在内链板上，其芯轴两端的轴头插入内链板长孔，可在长孔长度 h 范围内上下浮动。当浮辊上升至最高位时，与定辊处于同一水平线位置。

（3）输送辊链分级原理

输送辊链承担物料输送及筛选分级的作用。输送辊链在承载物料运行的过程中，通过浮辊的下降改变辊间的间隙尺寸，达到分级的目的。以下分3个阶段讨论。

①入料阶段。

如图3-8所示是辊链输送入料阶段。辊链运行到这一位置，由于有复位轮5的限位作用，使浮辊沿复位轮圆周面运行，并保持在最高位置。辊链运行至入料段后，浮辊与定辊处于同一水平线，相邻两辊之间定间距进行输送。

水果由入料槽6输入，均匀散布在辊筒表面，在各辊之间的间隙自然排列，形成依次排列输送的状态。

水果只有在辊间排列均匀，才能在后段分级时效果良好。因此，必须确保入料均匀，避免水果在辊间堆叠。通常情况下，在入料槽之前，需要配置一台辊筒输送机，甚至加配振动输送装置，以使水果均匀进入分级机。

②间隙变化分级阶段。

输送辊链向前运行，进入有效分级段。如图3-9所示，在分级段，导轨依次按级别出现落差。由于浮辊两端滚轮沿轨道滚动，遇到落差时，会依靠重力自然下沉。浮辊筒体下降时，将导致其与定辊之间的间隙增大，当水果外径小于间隙尺寸时，则可穿透间隙向下跌落。随着辊链继续前行，浮辊遭遇落差一级级依次继续下降，间隙越来越大，从而使水果由小到大落入相应级别，实现筛选分级。

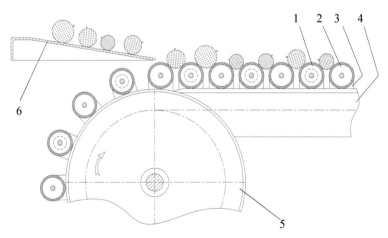

图3-8 辊链输送入料阶段

1—浮辊；2—定辊；3—输送链；4—导轨；5—复位轮；6—入料槽

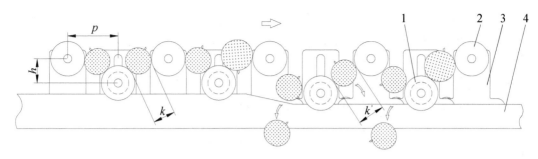

图 3 - 9　间隙变化分级阶段

1—浮辊；2—定辊；3—输送链；4—导轨

如图所示，k 为分级间隙，受 p 和 h 影响，其中 p 是输送链节距，为固定值；h 是浮辊下降高度，即导轨的落差高度，随级别的增加而增大。k 由下式计算：

$$k = \sqrt{p^2 + h^2} - d \tag{3-1}$$

式中：k——分级间隙，mm；

　　　p——输送链节距，mm；

　　　h——浮辊下降高度，即导轨落差高度，mm；

　　　d——辊筒直径，mm。

由式（3-1）可见，由于 p 和 d 为固定值，只要改变 h 即可使 k 相应变化。因此，在设备中，可设计调节结构，以改变导轨的落差高度，即可实现分级间隙的调整，以适应不同的尺寸级别。

③浮辊复位阶段。

输送辊链运行到最后一个级别时，浮辊下降至最低位置，分级间隙达到最大值，超过分级水果的最大外径，从而释放辊筒之间的全部水果。

最大级别的水果输出后，输送辊链已运行至导轨末端，进入复位轮位置，如图 3-10 所示。图中，浮辊离开导轨，即接触旋转的复位轮，在复位轮带动下，沿其圆周面运行，逐渐上升至最高位置，与定辊轴心线相平。

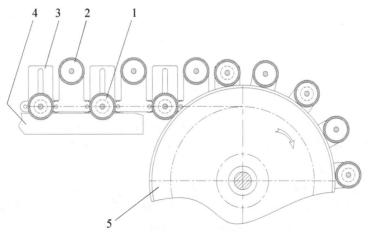

图 3 - 10　浮辊复位阶段

1—浮辊；2—定辊；3—输送链；4—导轨；5—复位轮

其后，浮辊与定辊在输送链上保持轴心线相平，回程运行，开始下一个分级周期。

在浮辊的复位阶段，必须要确保所有水果已释放排出。否则，如果辊筒间残留水果，当浮辊上升复位时，将有可能导致夹果现象。

（4）设备主要设计参数

图3-6所示的浮辊式分级机的主要设计参数如表3-1所示。

表3-1　浮辊式分级机主要设计参数

序号	技术参数	参考值
1	输送辊链有效宽度 B/mm	800
2	输送辊链运行速度 v/(mm·s^{-1})	150～250
3	输送链节距 p/mm	75
4	辊筒外径 d/mm	ϕ50
5	分级级别数	3
6	分级间隙尺寸范围 k/mm	25～63
7	主电机（分级电机）功率 P_0/kW	1.1
8	排果机数量	3
9	排果输送带宽度 W_p/mm	700
10	排果输送速度 v_p/(mm·s^{-1})	300
11	排果电机功率 P_p/kW	0.25
12	分级机处理量（荔枝或杏子）Q/(kg·h^{-1})	2000～3000

浮辊式分级机的处理对象主要为较匀称的球形或椭球形果蔬，并且较常用于小果品的分级，例如荔枝、龙眼、杏子、李子、橄榄、枣及番茄等。

3.2.3.4　变间距辊式分级机

变间距辊式分级机同样采用间隙式分级原理，是作为浮辊式分级机的改进机型而出现，其生产应用也非常广泛。

（1）总体结构

变间距辊式分级机总体结构如图3-11所示，图3-12是总装图的 A 向视图。为便于显示内部结构，该视图拆去所有外封板和进料槽等。

其最大特点：分级辊链 2 在机器上部水平输送过程中，相邻两辊筒之间的中心距会逐渐由小变大，犹如其间的链节距发生变化，从而使辊筒的间隙随之增大。当辊筒上承载物料时，由于物料均自然排布于辊筒之间，随着间隙逐渐增大至与其外径相符时，物料在自重作用下穿过辊筒间隙下落至对应区域，实现分级。

变间距辊式分级机由以下六大部分组成：

①物料承载和输送装置，即分级辊链 2。由双侧链条和定距排列的辊筒组成一个循环输送系统，在输送物料过程中通过辊筒之间的间隙实现分级作用。

分级辊链与前述的辊筒输送机的辊筒链条组合结构无异，辊筒之间按一定的链节距排列，由两侧输送链条带动平行运行，相邻辊筒的链节距即中心距是固定不变的。

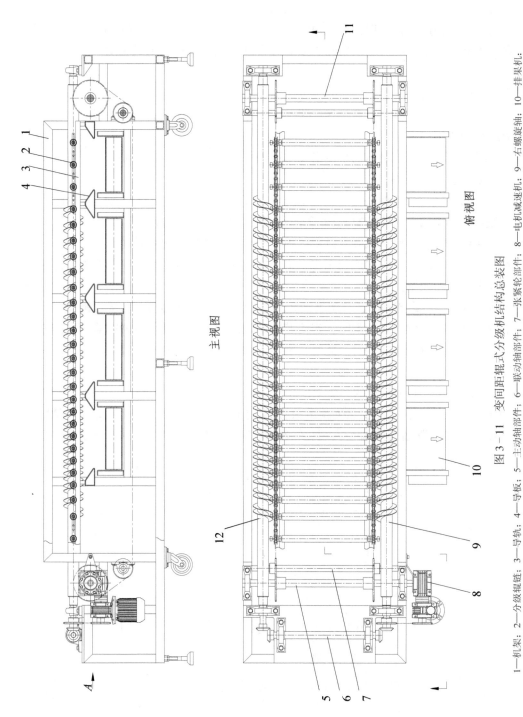

主视图

俯视图

图3-11 变间距辊式分级机结构总装图

1—机架；2—分级辊链；3—导轨；4—导板；5—主动轴部件；6—联动轴部件；7—张紧轮部件；8—电机减速机；9—右螺旋轴；10—排果机；11—板动轴部件；12—左螺旋轴

②辊筒变间距结构，主要包括右螺旋轴 9 和左螺旋轴 12。左右螺旋轴对称布置，分别带动右螺旋槽和左螺旋槽，螺距相同。工作时，两螺旋轴同步自转，转向相反。

左右螺旋轴对辊筒在输送过程中实现变间距起到决定性的作用。

③物料按级输出装置，即排果机 10，图示机型设置有 4 台，分别对应输出 4 个级别，排出穿过辊筒间隙落下的对应级别的水果。各台排果机均由独立电机驱动。

④动力及传动机构，主要包括电机减速机 8、主动轴部件 5、被动轴部件 11、张紧轮部件 7 以及联动轴部件 6 等。

机器的主动力源为电机减速机 8，其中的减速机为双级蜗轮减速机，有两个输出轴。两级减速箱的作用如下。

第二级减速箱的蜗轮输出孔直接带动主动轴部件 5，通过被动轴部件 11、张紧轮部件 7 驱动分级辊链 2 按顺时针方向循环运行。

第一级减速箱的输出轴通过链轮链条传动，带动右螺旋轴 9 旋转，通过联动轴部件 6 两侧的锥齿轮副传动，驱使左螺旋轴 12 同步旋转。左右螺旋轴旋转方向相反。

⑤机体部分，主要包括机架 1 以及封板、护板、进料槽、过渡板等。

⑥控制系统，通过变频调速控制主电机，实现输送速度即分级速度的调整；排果机的电机一般采取定速控制。

机器启动后，分级辊链 2、右螺旋轴 9、左螺旋轴 12 同时运行。分级辊链 2 运行至上部水平段，处于螺旋轴输送范围时，辊筒芯轴两端的滚轮进入螺旋轴的螺旋槽，被左右螺旋槽带动，按螺距行程直线前进。此时，辊筒的前进动力仅受左右螺旋槽控制，两侧链条已经处于放松状态，不起牵引作用。

在上述过程中，相邻辊筒的间距对应螺旋槽的螺距，当螺距变化时，将导致相邻辊筒的间距随之变化。由此可见，只要对应分级辊链，如图所示配套设计一套由始至终螺距分段变化的螺旋轴，通过螺距变化即可实现相邻辊筒间隙的变化，从而实现对输送物料的分级。

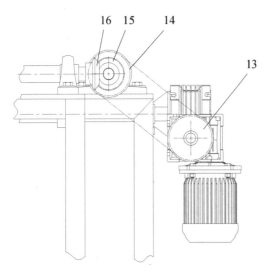

图 3-12　变间距辊式分级机结构总装图
A 向视图（零部件编号顺延图 3-11）
13—减速机输出链轮；14—右螺旋轴输入链轮；
15—右螺旋轴锥齿轮；16—联动轴锥齿轮

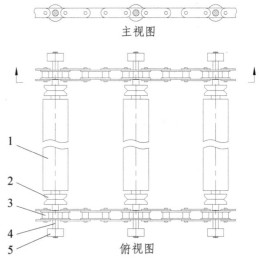

图 3-13　分级辊链结构图
1—辊筒；2—导向轮；3—链条；
4—芯轴；5—滚轮

（2）分级辊链结构

分级辊链结构如图 3 – 13 所示，主要由辊筒 1、导向轮 2、链条 3、芯轴 4 和滚轮 5 等组成。

链条 3 一般采用双节距的套筒滚子链。辊筒 1 按一定的间距（图中为 4 个链节距）排布在两侧链条的中间，其芯轴端部穿过链板中心孔，在链条内外两侧的芯轴上分别装配有导向轮 2 和滚轮 5。

芯轴 4 随两侧链条 3 平行移动，从而带动辊筒运行。辊筒 1、导向轮 2、滚轮 5 均可绕芯轴 4 自转。

（3）螺旋轴结构及其与分级辊链的配合

螺旋轴结构如图 3 – 14 所示，在管轴主体上按设定的螺距焊接连续的螺旋叶片。螺旋叶片为双重并联平行式结构，形成一条自始至终的"螺旋槽"，螺旋槽宽度与分级辊链的滚轮直径相配合。

螺旋轴分为右螺旋轴和左螺旋轴，右螺旋轴的螺旋槽为右螺旋方向，左螺旋轴的螺旋槽为左螺旋方向。

左右螺旋轴的螺距相同，安装时平行布置在分级辊链两侧。分级辊链运行时，其两侧的滚轮自动被导入螺旋槽。

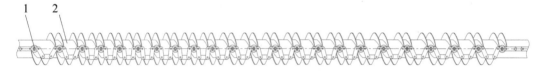

图 3 – 14　螺旋轴与分级辊链的配合
1—分级辊链；2—螺旋轴

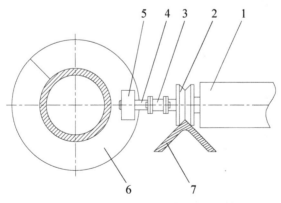

图 3 – 15　螺旋轴与分级辊链配合截面图
1—辊筒；2—导向轮；3—链条；4—芯轴；5—滚轮；6—螺旋轴；7—导轨

图 3 – 15 所示是螺旋轴与分级辊链配合的截面图，可更清晰地展示分级辊链与螺旋轴、导轨的相互配合关系。

如图 3 – 15 所示，当分级辊链运行到螺旋轴范围时，两端滚轮 5 分别被导入左右螺旋轴的螺旋槽（图中仅显示左侧部分）。螺旋轴旋转时，其螺旋槽可驱动滚轮 5 沿其轴向直线运动，从而带动辊筒 1 同步平行移动，移动速度受螺旋轴转速及其螺距限制。

由于螺旋槽的螺距小于正常状态的辊筒间距（即相邻辊筒的链节距），因此在螺旋轴范围内，辊筒只能对应螺距排列，致使其两侧链条均处于放松状态。由此可见，辊筒的运动不受链条影响，仅受左右螺旋轴控制。

辊筒被左右螺旋轴驱动运行过程中，两侧导向轮 2 沿导轨 7 滚动。导轨 7 的作用是确保辊筒处于平面状态并且稳定平行移动。

（4）辊筒变间距分级原理

图 3 - 16 所示是分级辊链运行至螺旋轴范围的状态。由图可见，螺旋轴设计可划分为几个区间，分别为 H_{04}、H_0、H_1、H_2、H_3、H_4，各区间功能如下：

①H_{04} 和 H_4 不带螺旋，分别是螺旋轴的输入和输出段；

②H_0 是过渡段，螺旋槽的螺距由大变小，从 s_{01} 渐变至 s_{02}，衔接 H_{04} 和 H_1 段；

③H_1、H_2、H_3 是分级段，三段螺旋槽的螺距分别为 s_1、s_2、s_3，由小变大。

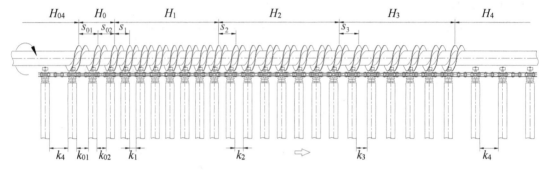

图 3 - 16　辊筒变间距分级原理图

图 3 - 17 是螺旋槽螺距与行程关系曲线图。螺旋轴的螺旋槽及其螺距设计直接影响分级的规格和质量，需要根据待分级物料的外径范围和所需分级级别等参数进行具体设计。

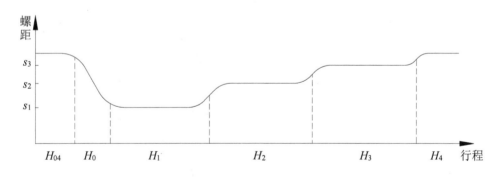

图 3 - 17　螺距与行程关系曲线示意图

参看图 3 - 16，当辊筒被链条牵引进入螺旋轴范围时，其端部滚轮被导入螺旋槽，受螺旋槽影响，辊筒运行状态将依次出现如下变化：

①在 H_{04} 段，滚轮尚未进入螺旋槽，辊筒受链条牵引，按正常链节距倍数排列，相邻两辊的间距等于 4 个链节距，间隙值为 k_4；

②在 H_0 段，滚轮被导入螺旋槽，此时链条开始收缩处于放松状态，自转的螺旋轴驱动滚轮沿螺旋槽直线运行。随着螺旋槽的螺距由 s_{01} 变小至 s_{02}，相邻辊筒的间距也相应缩

小，导致辊筒间隙值逐渐变小，由初始的 k_4 过渡至 k_{01}、k_{02}；

③H_1 是第一级分级段，螺旋槽的螺距由 H_0 段的 s_{02} 进一步缩小至 s_1，相邻辊筒间隙值相应变为 k_1。在 H_1 的行程内，辊筒间隙值保持为 k_1，只要物料的外径 d 满足条件：$d < k_1$，就可穿过间隙落到第一级别；

④H_2 是第二级分级段，螺旋槽的螺距由前段的 s_1 增大至 s_2，相邻辊筒间隙值相应变为 k_2。在 H_2 的行程内，辊筒间隙值保持为 k_2，只要物料满足条件 $k_1 < d < k_2$，就可穿过间隙落到第二级别；

⑤H_3 是第三级分级段，螺旋槽的螺距增大至 s_3，相邻辊筒间隙值相应变为 k_3。在 H_3 的行程内，辊筒间隙值保持为 k_3，只要物料满足条件 $k_2 < d < k_3$，就可穿过间隙落到第三级别；

⑥在 H_4 段，滚轮离开螺旋槽，摆脱螺旋轴的控制，辊筒重新受到链条的牵引，分级辊链张紧，辊筒间距恢复正常状态（即 4 个链节距），辊筒间隙值恢复为最大值 k_4。此段一般作为级外品的分级段，外径超过 k_3 的物料全部落入这一级别。

（5）传动系统

图 3 - 18 所示是变间距辊轴式分级机的传动系统图。它的主动力来自电机驱动的两级蜗轮减速器，一级蜗轮减速器输出转速为 n_1，二级蜗轮减速器输出转速为 n_2。

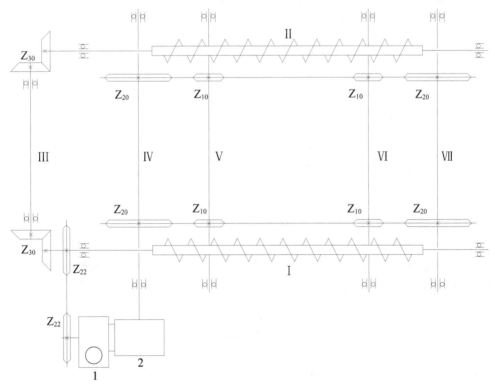

图 3 - 18　变间距辊轴式分级机传动系统

1——级蜗轮减速器；2—二级蜗轮减速器；Ⅰ - 右螺旋轴；Ⅱ - 左螺旋轴

动力由两级减速器输出后，分成二路传动，分别驱动螺旋轴旋转和分级辊链运行。二路传动如下。

①一级蜗轮减速器的输出是通过链轮 Z_{22} 及其链传动，带动右螺旋轴 I 旋转。右螺旋轴 I 经过端部一对锥齿轮 Z_{30} 驱动轴 III 旋转，而轴 III 经过另一对锥齿轮 Z_{30} 把动力传至左螺旋轴 II，致使左螺旋轴 II 与右螺旋轴 I 实现同步旋转。

由图 3-18 可见，右螺旋轴 I 和左螺旋轴 II 转速相同转向相反，转速等于一级蜗轮减速器输出转速 n_1。

由上述可知，当辊筒被链条牵引进入螺旋轴范围时，其端部滚轮被导入螺旋槽，按螺距行程直线前进，而两侧链条则处于放松状态。此时，辊筒的移动速度受螺旋轴转速及其螺距影响。

由于螺旋轴的螺距按分级段而不断变化，因此辊筒在螺旋轴范围内的移动速度也随之不断改变。但在螺旋槽的进入端和离开端，辊筒的运行线速度是相同的，即螺旋轴每转 1 圈，螺旋槽导入 1 支辊筒并同时导出 1 支辊筒。

由上述分析可得出辊筒于螺旋槽进入端和离开端的线速度：

$$v_{G} = \frac{n_1 x p}{60} \tag{3-2}$$

式中：v_{G}——螺旋槽进入端和离开端辊筒运行的线速度，mm/s；

n_1——一级蜗轮减速器输出转速，即螺旋轴转速，r/min；

x——相邻辊筒之间的链节数，个；

p——链节距，mm。

②二级蜗轮减速器的输出直接驱动轴 IV 旋转，从而带动分级辊链两侧的链条绕轴 IV 上的链轮 Z_{20}、轴 VII 上的链轮 Z_{20}，以及轴 VI 和轴 V 上的链轮 Z_{10} 循环回转。

分级辊链的链条运行速度由下式计算：

$$v_{L} = \frac{n_2 Z_{20} p}{60} \tag{3-3}$$

式中：v_{L}——分级辊链的链条运行线速度，mm/s；

n_2——二级蜗轮减速器输出转速，即轴 IV 转速，r/min；

z_{20}——链轮 Z_{20} 齿数，个；

p——链节距，mm。

分级机正常运行需要确保的条件：分级辊链的链条运行速度，与螺旋轴驱动的辊筒运行线速度应相匹配，即 $v_{G} = v_{L}$。

由式 (3-2)、式 (3-3) 可得：

$$\frac{n_1}{n_2} = \frac{z_{20}}{x} \tag{3-4}$$

该式表示，一级、二级蜗轮减速器输出的转速比，与分级辊链的驱动链轮齿数，以及相邻辊筒间的链节数有关。以本机设计为例，相邻辊筒链节数为 4，驱动链轮齿数为 20，因此配套的两级蜗轮减速器转速比为 $n_1 : n_2 = 5:1$。

（6）设备主要设计参数

以图 3-11 所示的变间距辊式分级机为例，其主要的设计参考值如表 3-2 所示。

表 3 - 2　变间距辊式分级机主要设计参数

序号	技术参数	参考值
1	输送辊链有效宽度 B/mm	800
2	辊筒外径 d/mm	$\phi 40$
3	输送链节距 p/mm	31.75
4	相邻辊筒链节数 x	4
5	分级级别数	4
6	分级间隙尺寸范围 k/mm	30～87
7	一级蜗轮减速器传动比 i_1	50
8	一级蜗轮减速器输出转速 n_1/(r·min^{-1})	28
9	二级蜗轮减速器传动比 i_2	5
10	二级蜗轮减速器输出转速 n_2/(r·min^{-1})	5.6
11	主电机（分级电机）功率 P_0/kW	1.5
12	排果机数量	4
13	排果输送带宽度 W_p/mm	700
14	排果输送速度 v_p/(mm·s^{-1})	300
15	排果电机功率 P_p/kW	0.25
16	分级机处理量（砂糖橘）Q/(kg·h^{-1})	3000

　　变间距辊式分级机与浮辊式分级机相比具有更大的优势：辊筒间隙水平移动变化，与辊筒运动方向一致，物料可以自然穿越间隙垂直下落，分级均匀，窜级率低。因落差可设计更小，因此伤果率也更低。

　　其处理对象同样适于球形或椭球形果蔬，常用于橘子、番茄、荔枝、龙眼、杏子、李子等的分级。

3.2.3.5　V形带式分级机

　　对于荔枝、杏子等小水果，不要求太多的商品级别，一般有三至四级已足够。因此，在生产量不大的情况下，可考虑采用一种简单的间隙式分级设备：V形带式分级机。

　　（1）总体结构

　　V形带式分级机的分级形式比较简单，分级装置采用多列直线运行的输送带排布组成，利用相邻带之间的间隙进行分级，其总体结构如图 3 - 19 所示。

　　机器的总体主要由主动轮部件 1、分级带 2、被动轮部件 3、张紧轮部件 5 以及进料槽 4、出料槽 10 和电机减速机 9 等组成。

　　由图可见，分级装置由若干条（图为 7 条）分级带组成，分级带按一定间距并排布置。每条分级带均环绕主动轮部件 1、被动轮部件 3、张紧轮部件 5 和张紧轮部件 8 安装并张紧。当电机减速机9启动后，通过链轮链条传动，可驱动主动轮部件1旋转，从而带动分级带顺时针循环运行。

分级带的安装并非平行布置，而是装配成放射状形式。由于相邻分级带均具有一定的夹角，从而形成由始至终逐渐变大的间隙。

进行水果分级时，原料自左端进料槽4输入，均匀散布落入分级带之间的间隙，被运行的分级带承托，形成多排队列向前输送。水果在运行过程中随着分级带间隙的增大（当果径小于间隙时）自然落入底下的分级出料槽6，并流出机外。由于分级带间隙由左至右逐渐变大，因此可实现水果由小到大的分级。

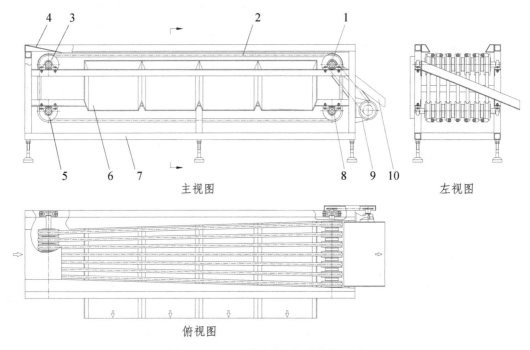

图3-19　V形带式分级机总体结构图

1—主动轮部件；2—分级带；3—被动轮部件；4—进料槽；5—张紧轮部件；6—分级出料槽；7—机架；
8—张紧轮部件；9—电机减速机；10—级外品出料槽

（2）分级带结构组成及分级原理

分级带采用专用的橡胶或塑料输送带，材料一般为聚酯和PVC，截面为O形或V形。O形带结构简单，而V形带传动效果和导向性能好。

图3-20是V形分级带安装截面图，由图示可见，分级带沿导轨运行，水果被相邻两条分级带承托输送。在运行过程中，分级带之间的间隙b不断增大，当间隙b大于水果外径时，水果将穿越间隙落入下部对应的分级出料槽。

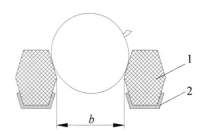

图3-20　V形分级带截面图
1—分级带；2—导轨

如图 3 – 21 所示是相邻分级带的平面布置图。两条相邻的分级带的夹角为 θ，自左至右形成 V 形布置。设分级带输送段全长为 L，划分了 4 个分级段，各段长度分别为 F_1、F_2、F_3、F_4，每段下方可以装配一个分级出料槽。另设输入端间隙宽度为 b_0，各分级段的终端间隙宽度分别为 b_1、b_2、b_3、b_4。

以 F_1 段为例，只要水果外径 d 满足条件：$b_0 < d \leqslant b_1$，则可以穿透间隙，跌落至第一级分级出料槽。依此类推，$b_1 < d \leqslant b_2$，水果跌落至第二级分级出料槽。

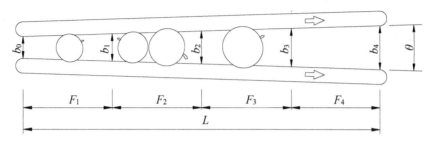

图 3 – 21   相邻分级带布置图

只要确定了输入端间隙宽度 b_0，则可按下式计算各分级段的终端间隙宽度：

$$b_i = 2F_i \tan \frac{\theta}{2} + b_{i-1} \qquad (3 - 5)$$

式中：b_i——分级段的终端间隙宽度，mm，$i = 1$，2，$\cdots$，n；

F_i——分级段长度，mm，$i = 1$，2，$\cdots$，n；

θ——相邻分级带夹角。

（3）设备主要设计参数

V 形带式分级机结构简单，调整方便，适用于球形或椭球形的小水果。在实际生产中，设计应用的机型一般属于小规格，针对小批量的水果进行分级处理。以图 3 – 19 所示的 V 形带式分级机为例，以荔枝、杏子为分级对象，设备的主要设计参数如表 3 – 3 所示。

表 3 – 3   V 形带式分级机主要设计参数

序号	技术参数	参考值
1	分级通道数	6
2	有效分级长度 L/mm	2400
3	相邻分级带夹角 θ/(°)	0.5
4	各分级段长度 F/mm	600
5	级别范围 b/mm	30 ~ 35，35 ~ 40，40 ~ 45，45 ~ 50（4 级）
6	分级带线速度 v/(mm · s^{-1})	200 ~ 250
7	电机功率 P/kW	0.55
8	分级机处理量（荔枝、杏子）Q/(kg · h^{-1})	1000 ~ 1200

3.2.4 生产线主要技术参数和指标

图 3 – 2 所示荔枝保鲜分级生产线的主要技术参数指标如表 3 – 4 所示。

表 3 – 4 荔枝保鲜分级生产线主要技术参数和指标

序号	技术参数	参考指标
1	生产率 $Q/(\text{kg} \cdot \text{h}^{-1})$	2000
2	耗电量 $W/(\text{kW} \cdot \text{h} \cdot \text{t}^{-1})$	2
3	耗水量 $H/(\text{t/t})$	0.4～0.5
4	串级率 $C/\%$	≤8
5	损伤率 $S/‰$	≤1
6	总功率 P/kW	8.6

3.3 荔枝自动剥壳生产线

3.3.1 技术方案

荔枝深加工过程中，剥壳是技术难度最高的工序，只有具备自动剥壳技术，才能设计合理的自动生产线。图 3 – 22 所示是荔枝自动剥壳工艺流程图。

荔枝进入生产线后，按图 3 – 22 的工艺流程，先后经历以下工序：

①分拣输送：由操作工检验进入生产线的荔枝，剔除残次及腐败果实。

②清洗：采用喷淋加毛刷清洗方式，有效清除荔枝表皮的污迹，避免剥壳时产生的污水混入果肉。

③沥水：采用气流或振动等方式除去荔枝清洗后表皮带有的水分。

④分行供料：使荔枝在输送过程形成多行列队，一一对应进入剥壳机的轮环间隙。

⑤自动剥壳：连续进料，自动剥壳，实现果肉与果壳分离。

⑥果肉、皮渣输送：荔枝剥壳后，分离的果肉和果壳分别由输送机输出至相应的目的地。

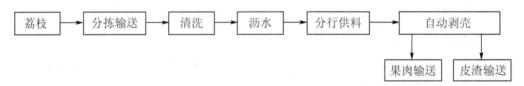

图 3 – 22 荔枝自动剥壳工艺流程图

3.3.2 总体设计

根据图 3 – 22 荔枝自动剥壳工艺流程，配置合适的处理设备，设计的自动化生产线如

图 3-23 所示。全线主要由 7 台主机组成，分别为分拣输送机 1、毛刷清洗机 3、振动沥水机 4、分行供料机 5、自动剥壳机 6、果肉输送机 7、皮渣输送机 8。各设备的结构形式及功能分述如下：

①分拣输送机：采用链条带动的辊筒式输送结构，具备料筐提升段和水平分拣段。荔枝在输送过程中，在辊筒间排列、自转，接受操作工的检验，以剔除残次、腐败的果实。

②毛刷式清洗机：采用旋转滚刷配合水力喷淋的清洗模式。图 3-23 所示生产线配备弧面纵置式毛刷清洗机，荔枝连续进料，连续出料，在运行过程中接受喷淋刷洗，清洗快速且效率高。

③振动沥水机：荔枝进入剥壳机前，需要尽可能地清除其表面的水分，否则剥壳时大量水分混入果肉，会影响质量。生产线采用振动式沥水机，其振动输送槽由上层筛板和下层导水槽组成。清洗后的荔枝落入沥水机，在振动中前进，并使表皮水分离解流入底下导水槽。

④分行供料机：分行供料机采用振动输送模式，振动输送槽的槽面加工为多排（图示为 7 排）并列的 V 形导槽结构，一一对应剥壳机的轮环间隙。输送槽振动时，荔枝自然形成 7 行队列，被连续送入剥壳轮环间隙。

⑤自动剥壳机：这是生产线的核心设备。图示配备的自动剥壳机为 7 通道剥壳机型，可实现自动进料、连续剥壳，后壳肉分离输出。

⑥果肉、皮渣输送机：可采用平皮带输送机，机体结构为在不锈钢长槽中配置输送带。平皮带在槽中运行，把剥壳机分离出的果肉输送至打浆机，把皮渣排出生产线外。

3.3.3 关键设备设计

3.3.3.1 振动沥水设备

振动沥水设备的主体属于一种直线振动输送机，其输送载体为振动输送槽，槽内装配筛板。水果物料进入振动槽，受振动力作用在筛板表面做直线运动，在向前输送过程中，黏附于水果表面的水滴被振动脱落，经筛板流走，从而实现有效沥水。

应用于水果处理的振动沥水设备，按驱动方式划分为两种，其一是由普通电机驱动的通过偏心轴机构传动的振动沥水机，其二是由振动电机直接驱动的振动沥水机。

无论采用哪一种驱动方式，都应该使输送槽按一定频率和振幅做纵向往复振动，这样才能确保其内的水果在激振力作用下向前直线移动，从而达到输送和沥水的目的。

（1）通过偏心轴机构传动的振动沥水机

由普通电机驱动，通过偏心轴机构传动的振动沥水机结构如图 3-24 所示。

整机的主要部件包括输送槽 8、支臂 7、机架 6、电机 1 及皮带传动机构，以及由传动轴 10、连杆 12、支轴 13 等组成的偏心轴机构。

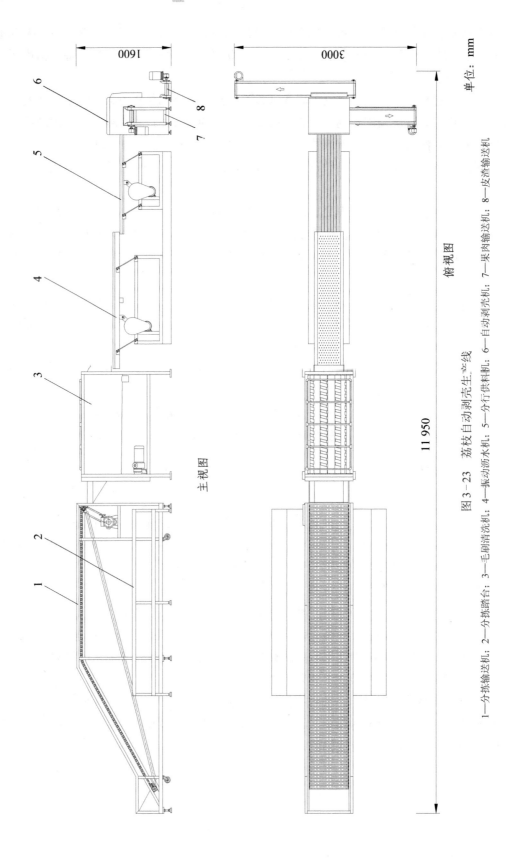

主视图

俯视图

图 3-23 荔枝自动剥壳生产线

1—分拣输送机；2—分拣踏台；3—毛刷清洗机；4—振动沥水机；5—分行供料机；6—自动剥壳机；7—果肉输送机；8—皮渣输送机

单位：mm

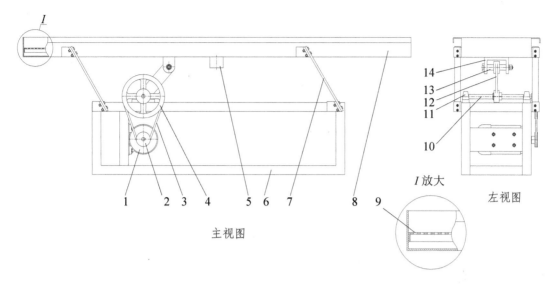

图 3 - 24　通过偏心轴机构传动的振动沥水机
1—电机；2—小皮带轮；3—三角皮带；4—大皮带轮；5—排水口；6—机架；7—支臂；
8—输送槽；9—筛板；10—传动轴；11—轴承；12—连杆；13—支轴；14—支架

输送槽 8 为不锈钢板矩形槽体结构，图示左边是入口、右边是出口。输送槽内分两层，由筛板 9 隔开，如图中 I 部位放大所示。筛板可采用在平板上均匀冲孔的形式，也可采用不锈钢圆钢按一定间距排列成平面栅格的形式，圆钢排列时的长度方向应与输送槽长度方向一致，同样与物料的运动方向相符。

筛板把输送槽分为上下两层，上层承载物料输送，下层作为集水槽收集物料输送过程中沥下的水滴，使水滴从排水口 5 排走。

物料进入输送槽后，在筛板上表面运行，由左至右移动。筛板上表面一定要保持光滑，以减少与水果的摩擦力，以尽量避免损伤水果表皮。

支臂 7 分布在输送槽两侧，左右对称各两支。支臂为条形平板式结构，要求具有良好的韧性和弹性等机械性能，可采用 10 ～15 mm 厚度的环氧树脂胶合板加工。

支臂上端通过螺钉与输送槽连接座紧固，下端通过螺钉与机架连接座紧固。支臂安装时，倾斜 60 ～75°，与输送槽和机架形成平行四边形结构。支臂的作用是均衡支撑输送槽，并形成弹力振摆。

偏心轴机构如图 3 - 25 所示，主要由连杆 1、传动轴 3、偏心套 4、支轴 7 等组成。偏心套 4 由螺钉 5 紧固在传动轴 3 中间位置，与传动轴轴心的偏心距为 e。连杆 1 下部通过挡圈 2 装配在偏心套上，其上部通过轴承 8 装配在支轴 7 上。支轴 7 安装在支架 10 上，由螺母紧固。支架 10 与输送槽连接一体。

在图 3 - 25 中，传动轴 3 转动时，偏心套 4 同步旋转，通过轴承 6 使连杆 1 下部以偏心距 e 绕传动轴 3 的轴心回转。经过连杆的力传递作用，频繁推拉支轴 7，从而驱动支架连同输送槽做往复摆动。

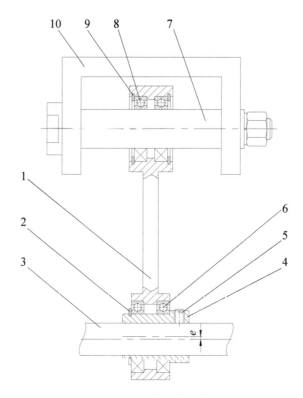

图 3 - 25 偏心轴机构

1—连杆；2—挡圈；3—传动轴；4—偏心套；5—螺钉；6—轴承；7—支轴；8—轴承；9—挡圈；10—支架

沥水机工作时，电机启动，通过皮带轮传动，驱动偏心轴传动机构，带动输送槽做纵向往复振动，振动频率与传动轴转速相同，振幅与偏心距 e 相关。

由于支轴如图 3 - 24 所示倾斜装配，在支撑输送槽的同时，起到振摆的作用，使输送槽的振动形成一个自左向右斜线向上的轨迹。当水果进入输送槽内，其受到输送槽振动力的作用，不断进行向前抛出微小运动，表面观察就像连续直线移动。在这一过程中，水果表面的水分被振落，流过筛板，进入集水槽，如图 3 - 26 所示。

最终，在实现水果向前振动输送的同时，达到沥水除湿的目的。

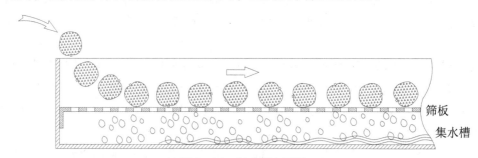

图 3 - 26 振动沥水原理

（2）振动电机驱动的振动沥水机

水果振动沥水设备的另一种形式，是采用振动电机驱动的振动沥水机，其结构相对简单，无需传动机构和偏心轴机构，仅依靠振动电机作为动力源，直接驱动输送槽做往复振动。振动沥水机的结构如图 3−27 所示，主要由弹性支座 1、振动电机 2、输送槽 4 和机架 5 组成。

由图 3−27 可见，输送槽 4 由前后左右 4 个弹性支座支撑，并安装在机架 5 上。弹性支座可选择金属圆柱螺旋弹簧或橡胶圆柱弹簧。橡胶弹簧材料为天然橡胶，是一种高弹性体，弹性模量小，受载后有较大的弹性变形，借以吸收冲击和振动。它能同时受多向载荷，但耐高温性和耐油性比钢弹簧差。

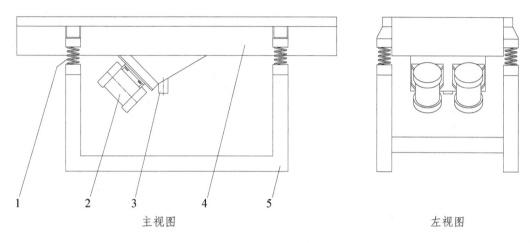

主视图　　　　　　　　　　　　　　　左视图

图 3−27　振动电机驱动的振动沥水机
1—弹性支座；2—振动电机；3—出水口；4—输送槽；5—机架

输送槽底部安装有两台振动电机，用螺钉紧固在槽底安装板。振动电机以输送槽中线对称倾斜装配，倾斜角度与水平面成 60~75° 为宜。

振动电机是动力源与振动源结合为一体的激振源，为全封闭结构。振动电机的转子轴两端各安装有一组可调偏心块，利用偏心块高速旋转产生的离心力得到激振力。只需调整偏心块的夹角，就可无级调整激振力。另外，可根据振动电机的安装方式改变激振力的方向。

单台振动电机安装在设备上所产生的振动形态一般是没有方向性的圆振动，而两台以上振动电机的组合使用可产生多种样式的振动形态。如图 3−27 所示的两台振动电机由于采用对称槽中心线的方式安装，当两台振动电机做同步、反向旋转时，其偏心块所产生的激振力在平行于电机轴线的方向的合力相互抵消，而在垂直于电机轴的方向的合力在偏心块同向时达到最大，因此槽体的振动轨迹是由左下向右上做直线往复运动。

两台振动电机的电机轴相对槽体有一倾角，在激振力和水果自重力的合力作用下，水果在输送槽筛板面上被抛起，跳跃式地向前做直线运动，在输送过程中实现沥水。

采用振动电机具有诸多优点，首先可以简化设备，同时振动电机具有激振力利用率高、能耗小、噪声低、寿命长，激振力可以无级调节，使用方便等优点。

表 3−5 为两种规格的水果振动沥水机参数列表。

表 3 - 5　水果振动沥水机规格参数

输送槽规格 $(l/mm) \times (b/mm)$	振动频率 f/Hz	振幅 a/mm	筛面倾角 $\beta/(°)$	电机功率 P/kW
2000×500	$16 \sim 24$	$2 \sim 4$	$1 \sim 5$	$2 \times (0.18 \sim 0.37)$
2000×800	$16 \sim 24$	$2 \sim 4$	$1 \sim 5$	$2 \times (0.37 \sim 0.55)$

3.3.3.2　分行供料机

荔枝经清洗及沥水后，在进入剥壳机前，需形成多行列队输送，以对应剥壳机的输送轮环。分行供料机可采用上述的振动输送模式，振动输送槽的槽面加工为多排并列的 V 形导槽结构，如图 3 - 28 所示，图示为 7 个排槽。荔枝进入输送槽后，随槽体振动运行，落入 V 形槽自然走正，形成 7 行队列，连续被送入剥壳机。

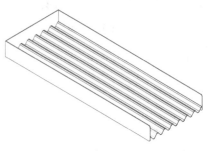

图 3 - 28　分行供料机的 V 形导槽

3.3.3.3　荔枝自动剥壳机

（1）设计原理

荔枝具有鳞斑状外壳、透明凝脂状带核果肉，外壳与果肉不粘连，可彻底分离。人手剥壳时，可用指甲嵌入外壳，划出一条裂缝，然后手指捏紧果体，把果肉往裂缝方向挤压，内部球状果肉受压会挣破裂缝，滑脱外壳而出。以上是人手剥壳的基本原理。设计自动化的剥壳机，目的是代替人工，从而提高生产能力，当然其前提是需要保证加工质量，而且剥壳效果要与人工相近。

设计本设备时，正是模仿了以上人工动作以实现同样的效果。参照人手剥壳动作，可以想象，设计两指机械手，逐个捏紧荔枝，经过切刀划口，然后机械手指加压挤出果肉。这是一个理想化的设计方案，只考虑了机器可实现的功能，但没有考虑生产能力。

实际设计的设备需要兼顾功能和生产能力，因此要思考解决以下难题：①如何实现荔枝连续进料、连续剥壳和连续出料；②机构如何准确夹持每个荔枝，并连续运行；③荔枝被夹持运行过程中，如何实现快速划口；④荔枝被划口后，机构如何实现挤压剥壳；⑤荔枝被剥壳后，如何实现果肉与外壳分离输送。

只有解决以上难题，才能设计出一台理想的自动化剥壳机。

（2）设备总体结构

如图 3 - 29 所示是荔枝剥壳机的总体结构图，为方便表示，主视图拆去所有外封板。由图 3 - 29 可见，设备主体部分为轮环 7。图中设备有 8 个独立的轮环，等距整齐排列，相邻轮环之间保持一定的间距，形成 7 条环形间隙。工作过程中，轮环连续旋转，7 条环形间隙充当 7 条输送通道，可夹持荔枝连续输送。

轮环 7 在设备中没有连接机构和固定装置，其定位和承托依靠 3 支沿圆周均布的驱动辊，分别为上驱动辊 17 和下驱动辊 5、27。8 个独立轮环被 3 支驱动辊在圆周方向定心，在轴向定距。

轮环旋转的动力来自 3 支驱动辊，设备运行时，3 支驱动辊分别被各自轴端的链轮 Z_0、Z_1、Z_2 带动同步旋转，从而驱动轮环连续回转。

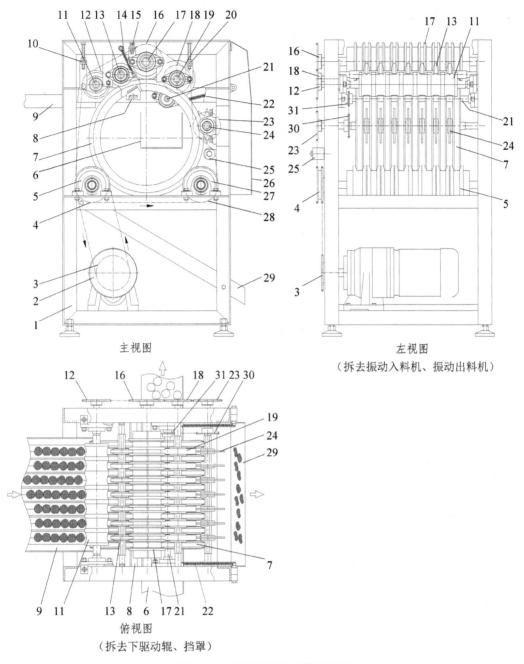

图 3 – 29 荔枝剥壳机总体结构图

1—机架；2—减速电机；3—链轮 Z_j；4—链轮 Z_0；5—下驱动辊；6—振动出料机；7—轮环；8—切刀；
9—振动入料机；10—调节杆；11—导果辊；12—链轮 Z_d；13—压果辊；14—弹簧；15—调节杆；16—链轮 Z_1；
17—上驱动辊；18—链轮 Z_y；19—挤压辊；20—调节杆；21—挡果轴；22—弹簧；23—链轮 Z_t；24—剔皮辊；
25—导轮 D_L；26—挡罩；27—下驱动辊；28—链轮 Z_2；29—排皮槽；30—链轮 Z_p；31—链轮 Z_g

观察主视图，轮环 7 上半部分，沿外圆周依次装配有导果辊 11、压果辊 13、挤压辊 19、剔皮辊 24；沿内圆周装配有切刀 8、挡果轴 21。其中压果辊 13 和切刀 8 的安装位置上下对应；挤压辊 19 和挡果轴 21 的安装位置上下对应。

导果辊 11 的旋转动力来自其轴端链轮 Z_d，通过调整调节杆 10 可使其上下摆动，微调导果辊与轮环外圆周的距离。

压果辊 13 无动力输入，在弹簧 14 的作用下紧贴轮环外圆周，可弹性浮动。

挤压辊 19 的旋转动力来自其轴端链轮 Z_y，通过调整调节杆 20 可微调其与轮环外圆周的距离。

挡果轴 21 的主体是圆柱光轴，旋转动力来自其轴上链轮 Z_g，在弹簧 22 的作用下，轴面弹性压合轮环内圆周。

调节杆 15 的作用是微调上驱动辊 17 的位置，确保轮环 7 在 3 支驱动辊之间的精确定位，同时，留有合适的径向间隙，以实现轮环的灵活回转。

物料在设备中的流动方向如俯视图所示。待剥壳的荔枝由振动入料机 9 输入，脱壳后的球形果肉由振动出料机 6 输出，果壳残皮掉落排皮槽 29 排出机外。

振动入料机 9 采用独立动力，输送槽面加工为多排 V 形波纹结构，对应轮环数量配置 7 条 V 形波纹。输送槽振动时，荔枝自然形成 7 行列队，连续送入轮环间隙。

振动出料机 6 也是采用独立动力源，输送槽轴向穿越轮环中心，装置在挡果轴 21 下方，承接脱壳后的球形果肉，并输出机外。

设备主动力源为减速电机 2，通过链传动装置带动整机运转。

（3）轮环与驱动辊结构及安装方式

图 3 – 30 所示是轮环与驱动辊结构，及二者相互的安装关系。

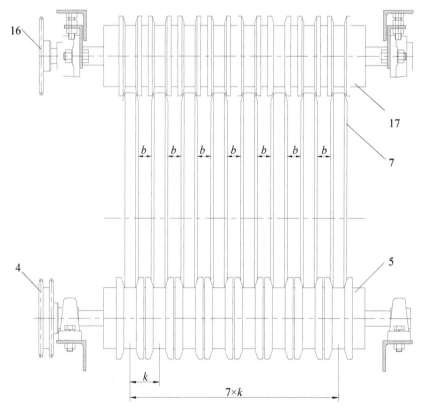

图 3 – 30　轮环与驱动辊安装图（零部件编号按图 3 – 29）

4—链轮 Z_0；5—下驱动辊；7—轮环；16—链轮 Z_1；17—上驱动辊

轮环是剥壳机的重要部件，荔枝输送和剥壳的全过程都需要在轮环的夹持中完成。轮环是一个空心圆环结构，采取钢环骨架外圈包胶形式制造，如图 3-31 所示。外圈的橡胶材质，一般采用食品级橡胶注压成型。轮环的截面形状为梯形，包胶层表面密布凹凸纹路，具有摩擦力大且高弹性的特点。

结合图 3-29 和图 3-30 主视图可见，8 个轮环被 3 支驱动辊沿径向和轴向定位。

驱动辊结构如图 3-30 所示，两端轴头安装在轴承上，中间为圆柱筒体，其上装配有若干个挡圈，挡圈可在筒体上轴向滑动，通过径向螺钉固定。挡圈的作用有两个：

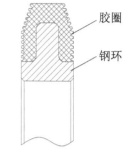

胶圈

钢环

图 3-31 轮环截面图

其一，作为分隔环，定距隔开轮环。通过调整 3 支驱动辊上的各个挡圈位置，并逐一固定，使 8 个轮环平行排列且相互间距为 k 值，从而形成 7 个宽度等于 b 的环隙。由图示可见，相邻的轮环之间，在圆周方向形成 V 形槽间隙。轮环回转时，荔枝连续嵌入环隙的 V 形槽中被夹持输送。

其二，作为摩擦轮，驱动轮环回转。挡圈外圆周为锥面状，与轮环梯形面配合。挡圈外圆面嵌入轮环之间，与轮环表面贴合。当驱动辊旋转时，挡圈通过其外侧面与轮环发生摩擦作用，带动 8 个轮环同步回转。

（4）主要机构的装配

剥壳机的主要机构均围绕轮环安装，包括导果辊、压果辊、切刀、挤压辊、挡果轴、剔皮辊等。

①导果辊。

导果辊如图 3-32 所示，导果辊两端轴头安装在轴承上，由链轮 Z_d 输入旋转动力（参看图 3-29）。

导果辊的筒体为钢结构，表面包胶，以增强弹性和摩擦力。辊面加工有弧形凹槽，图示为 7 条凹槽，间距为 k，分别对应轮环 7 个环隙。辊旋转时，经过凹槽连续把荔枝导入对应的轮环的环隙。

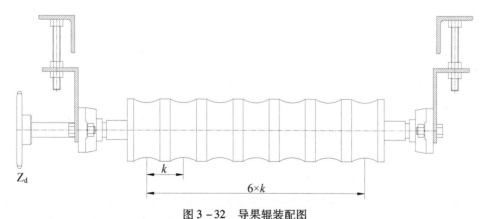

Z_d

k

$6 \times k$

图 3-32 导果辊装配图

②压果辊。

压果辊如图 3-33 所示，由芯轴和压果轮组成。

图示在芯轴上装配有 7 个压果轮，按间距 k 安装，通过径向紧定螺钉固定。压果辊为无动力辊，安装在轮环外圆周后，弹性压合轮环。其上7个压果轮准确对应轮环的7个环隙，并嵌入其中。

压果辊的作用是对经过的荔枝施加一个压力，把荔枝压向其下的切刀刃口。

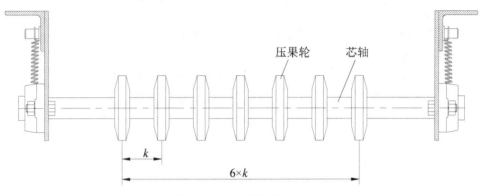

图 3 – 33　压果辊装配图

③切刀。

切刀机构安装在压果辊下方，轮环的内圆周。切刀装配如图 3 – 34 所示，由刀架 1、刀座 2 和刀片 3 等组成。刀架两端通过螺钉固定在机架上，刀架上定间距 k 装配 7 个刀座，依靠螺钉 4 紧固。每个刀座均镶嵌有刀片，刀口倾斜一定角度布置。

安装定位后，7 把刀片分别对正轮环 7 个环隙的中心线，即每把刀片负责一个通道的切割划口工作，可使连续经过的荔枝逐一划口。

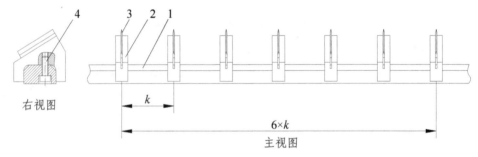

图 3 – 34　切刀装配图
1—刀架；2—刀座；3—刀片；4—螺钉

④挤压辊。

挤压辊的装配如图 3 – 35 所示，由转轴和挤压轮组成。挤压辊两端轴头安装在轴承上，由链轮 18Z_y 输入旋转动力（参看图 3 – 29）。

转轴上装配有 7 个挤压轮，按间距 k 安装，通过径向紧定螺钉固定。7 个挤压轮对应轮环的 7 个环隙，并嵌入其中。

挤压辊与其下方安装的挡果轴配合（参看图 3 – 29），对被轮环夹持运行并经过其中的荔枝逐一进行挤压，使球状果肉挣破划口缝隙破壳而出，从而分离果肉与果壳。

⑤剔皮辊与挡果轴。

剔皮辊与挡果轴的装配如图 3 – 36 所示。剔皮辊由转轴和剔皮轮组成。剔皮辊两端轴头安装在轴承上，由链轮 23Z_t 输入旋转动力（参看图 3 – 29）。

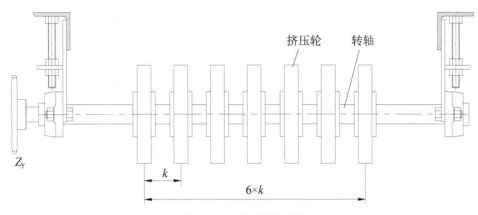

图 3 - 35 挤压辊装配图

剔皮轮为星状结构，如图 3 - 37 所示，共 7 个，按间距 k 安装在转轴上，通过径向紧定螺钉固定。7 个剔皮轮对应轮环的 7 个环隙，并嵌入其中。剔皮轮旋转时，可把环隙内夹持的皮壳连续挑出并排走。

剔皮辊上的链轮 Z_p30 的作用是通过链条传动链轮 Z_g31 带动挡果轴 21 旋转。

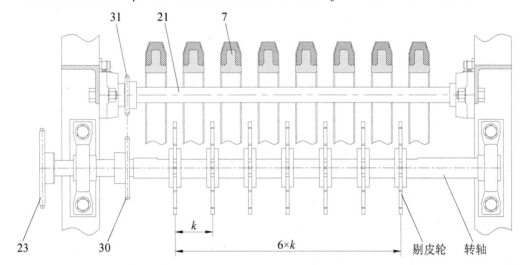

图 3 - 36 剔皮辊与挡果轴装配图（零部件编号按图 3 - 29）
7—轮环；21—挡果轴；23—链轮 Z_t；30—链轮 Z_p；31—链轮 Z_g

（5）传动系统

设备传动系统如图 3 - 38 所示，采用链传动形式。Z_j 为减速机输出链轮，逆时针旋转，通过链条带动链轮 Z_0。

Z_0 为双排链轮，与下驱动辊轴端连接。Z_0 旋转时，通过环回形传动链条依次带动链轮 Z_d（导果辊）、Z_1（上驱动辊）、Z_y（挤压辊）、Z_t（剔皮辊）、Z_2（下驱动辊）。

链轮 Z_p 与链轮 Z_t 均安装在剔皮辊上，即链轮 Z_p 与

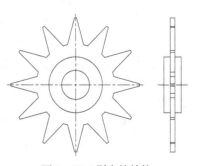

图 3 - 37 剔皮轮结构

Z_t 同步旋转，并且通过独立的链传动带动链轮 Z_g，从而驱动挡果轴旋转。

传动系统的链条运行方向和各链轮的旋转方向如图 3 – 38 所示。

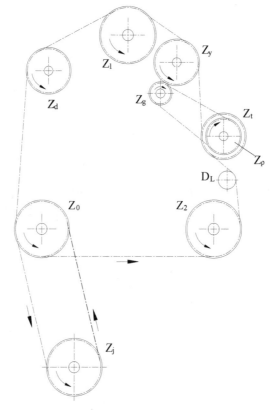

图 3 – 38　传动系统

（6）自动剥壳原理

图 3 – 39 是荔枝自动剥壳原理图，图 3 – 40 是剥壳过程示意图。为便于理解，图中机构部件的标注图号与图 3 – 29 总体结构图一致。

如图 3 – 39 所示，在传动系统的作用下，3 支驱动辊 5、17、27 同步逆时针旋转，带动轮环 7 顺时针回转。与此同时，导果辊 11、压果辊 13、挤压辊 19、挡果轴 21、剔皮辊 24 均连续旋转，转向如图所示。

荔枝自动剥壳过程如下：

①进料阶段。荔枝原料通过振动入料机 9 输入，形成分行列队，依次被导果辊 11 导入轮环的 V 形环隙，被轮环夹持输送。

②压果切割阶段。荔枝被轮环夹持运行，经过压果辊 13 下方时，受到向下推压力，果体被压向底下切刀 8，被刃口划过表皮，形成一条有一定深度和长度的割裂痕，参看图 3 – 40a。

③挤压脱壳阶段。划口后的荔枝被轮环夹持继续运行，到达挤压辊 19 和挡果轴 21 的位置时，荔枝受到挤压轮的进一步推压，果体被推进 V 形槽底部，并受到挡果轴的夹压，导致其内的球状果肉破壳而出，掉落至底下振动出料机 6；皮壳受到挤压轮和挡果轴的对滚输送，穿越其中间隙，卡在轮环的环隙中继续往前，参看图 3 – 40b。

④剔除皮壳阶段。皮壳卡在轮环环隙中回转到剔皮辊位置时，被旋转的剔皮轮挑离环隙，排出机外，参看图3-40c。

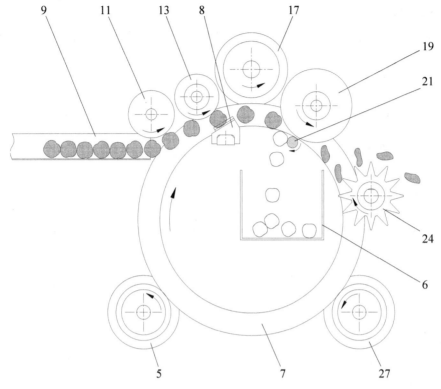

图3-39 自动剥壳原理图（零部件编号按图3-29）

5—下驱动辊；6—振动出料机；7—轮环；8—切刀；9—振动入料机；11—导果辊
13—压果辊；17—上驱动辊；19—挤压辊；21—挡果轴；24—剔皮辊；27—下驱动辊

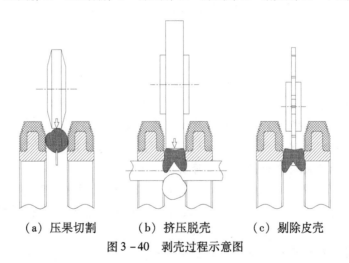

（a）压果切割　　　（b）挤压脱壳　　　（c）剔除皮壳

图3-40 剥壳过程示意图

（7）设备主要设计参数

以图3-29所示荔枝剥壳机机型为例，其主要的设计参数如表3-6所示。

表 3-6 荔枝自动剥壳机主要设计参数

序号	技术参数	参考值
1	剥壳通道数	7
2	轮环外径 D/mm	ϕ410
3	轮环环隙值 b/mm	22
4	轮环转速 n/$(\text{r} \cdot \text{min}^{-1})$	36.6
5	主电机功率 P_0/kW	0.75
6	荔枝处理量 Q/$(\text{kg} \cdot \text{h}^{-1})$	2000

3.3.4 生产线主要技术参数和指标

图 3-23 所示荔枝自动剥壳生产线的主要技术参数指标如表 3-7 所示。

表 3-7 荔枝自动剥壳生产线主要技术参数和指标

序号	技术参数	参考指标
1	生产率 Q/$(\text{kg} \cdot \text{h}^{-1})$	2000
2	耗电量 W/$(\text{kW} \cdot \text{h} \cdot \text{t}^{-1})$	1.2
3	耗水量 H/(t/t)	0.4~0.5
4	剥壳率 B/%	96.7
5	果肉损失率 S/%	2.2
6	总功率 P/kW	4.1

🔍 问题与思考

1. 荔枝有什么保鲜技术？一般采取什么分级形式？

2. 用于连续清洗的弧面纵置式滚刷清洗机，如何配置毛刷辊？

3. 简述浮辊式分级机的输送辊链的结构组成。输送辊链起到什么作用？

4. 浮辊式分级机的浮辊和定辊的结构有何不同？在输送链上如何安装？

5. 浮辊式分级机的输送辊链在分级阶段是如何实现间隙变化的？

6. 参看图 3-7 和图 3-9。已知：浮辊式分级机的输送链节距为 75 mm，辊筒外径 ϕ50 mm，待分级水果最大外径 ϕ60 mm。试确定输送链内链板长孔的尺寸 h，其最小值是多少？

7. 简述辊筒变间距机构的组成及其结构特点。

8. 变间距辊式分级机的主动力采用双级蜗轮减速机，有两个输出轴，有什么作用？

9. 简述变间距辊式分级机运行中实现辊筒间距变化的基本原理。

10. 已知：变间距辊式分级机主动力的一级蜗轮减速器输出转速为 30 r/min，二级蜗轮减速器输出转速为 5 r/min；驱动分级辊链的链轮齿数为 24 齿。请计算分级辊链相邻辊筒之间的链节数。

11. 振动沥水设备有什么驱动形式？如何确保水果在振动槽内向前直线移动？

12. 简述水果在振动槽内的运动原理。

13. 如何保证荔枝排成队列依次进入剥壳机的轮环间隙？

14. 荔枝剥壳机运行时，荔枝是如何被夹持输送的？

15. 荔枝剥壳机的轮环与驱动辊是如何安装的？

16. 简述导果辊、挤压辊、剔皮辊的动力来源。

17. 简述荔枝自动剥壳过程。

4　番茄自动去皮生产线

【关键技术】
- 螺旋推进式热烫技术
- 贮罐内旋式热烫技术
- 对滚刮刷式水果连续去皮技术

【重点知识和设计要点】
- 番茄自动去皮工艺流程
- 番茄自动去皮生产线总体设计及其设备的形式与功能
- 螺旋推进式热烫设备的结构、原理和性能特点
- 贮罐内旋式热烫设备的结构、原理和性能特点
- 番茄连续搓皮机的结构、原理和性能特点
- 番茄表皮连续撕脱清除机的结构、原理和性能特点

4.1　项目背景

番茄的深加工产品有各类酱、汁，以及整果罐头和丁块罐头。在番茄的整果罐头和丁块罐头的生产过程中，需要彻底去除表皮，得到一个无皮的果体。要实现番茄表皮的自动化去除，需要经过一系列加工工序，包括清洗、分拣、热处理等，然后才能彻底地撕脱和清除表皮。

因此，去皮是番茄加工中的关键工序，也是瓶颈工序，只有设计科学合理的去皮工艺和配备自动化去皮生产线，才能实现番茄产品的工厂化大规模生产。

4.2　技术概况

在果蔬的初加工中，一些产品要求实施去皮工序，例如水果打浆制汁前的去皮，或根茎类蔬菜分切包装前的去皮等。果蔬表皮的去除是一个关键的工序，其加工效果的好坏，将直接影响到产品的最终质量。

传统的机械式果蔬去皮设备主要有两种形式：

其一，筒壁摩擦式去皮设备。包括立式转盘式磨皮机和卧式滚筒式磨皮机。这两种设备均有一个圆筒体作为磨皮筒，筒体内壁镶嵌刺板或采用金刚砂磨板结构，当蔬果在筒体内受外力作用翻滚时，不断与筒壁摩擦达到去皮目的。

其二，旋转滚刷去皮式设备。该类设备装配多排毛刷辊，刷毛采用钢丝材质或较粗的尼龙材质。毛刷连续自转，当果蔬落到毛刷表面时，随毛刷运动并翻滚，被刷毛不断擦扫表皮，从而达到去皮的目的。

以上两类设备在工作时需要喷淋水，不断地把擦出的果蔬皮冲洗掉。该两类设备可满足一般的生产要求，但均存在一定的缺陷：前一类设备在磨皮过程不可避免会损伤果肉，而且损伤程度难以控制，造成加工原料的损耗较严重；后一类设备同样难以控制损伤果肉，而且刷毛容易脱落并混入果蔬，需要进行清理。

上述设备不适用于番茄去皮。工艺试验表明，番茄经过热烫处理后，再进行表皮撕脱，可达到理想的去皮效果。因此，番茄去皮前，首先要经过热烫处理，令其表皮松软，

便于下一道工序轻易及彻底地除去表皮。可见，热烫是番茄去皮的一个关键工序，其加工效果将直接影响到后道工序的实施，及其产品最终的加工质量。

传统的果蔬热烫设备，按处理方式分类，主要有热水漂烫和常压蒸汽热烫两种。按设备结构分类，主要有网带输送式和螺旋滚筒式两种。

网带输送式设备，其结构是一套连续循环输送的网带在半封闭箱槽中运行，箱槽中可以充满热水，或者直接通入常压蒸汽。果蔬在网带带动下进入箱槽运行，接受热水的漂烫，或蒸汽的热烫。

螺旋滚筒式设备，以卧式滚筒为输送体，滚筒筒壁布满筛孔，内部带螺旋，物料在其内翻滚着向前运动。输送滚筒外部套有圆筒槽体，圆筒槽体分上下两半槽，盖合封闭。设备可充入热水进行漂烫，或通入常压蒸汽实现热烫。

以上两类传统的设备，虽然能满足一般的生产要求，但在实际运行中加工质量并不高，而且存在明显的缺陷：①热水漂烫的温度受限，加热时间过长，热透果肉组织，易造成皮肉粘连；②蒸汽热烫的压力不恒定，温度难以控制，物料加热不均匀；③均为敞开式的入料和出料口，散热量大，耗能严重；④加工过程易损伤果肉，破坏果蔬外形完整性，影响加工质量。

有鉴于此，针对番茄大规模生产中的热烫处理和去皮加工，需要进行工艺方案的优化和专用设备的设计。

4.3　方案分析

新鲜的番茄，表皮与果肉粘连紧密，要完整撕脱非常困难。但是，当番茄受热烫处理时，其表皮会出现松软状态，与内部果肉组织离解，此时则较易撕脱表皮。

传统的番茄去皮工艺，主要是通过热水漂烫和蒸汽热烫两种方式实现。热水温度介于 $85 \sim 98℃$ 之间，漂烫时间一般为 $10 \sim 40\ s$，最多 $60\ s$；蒸汽压力 $0.3 \sim 0.6\ bar$，热烫时间 $10 \sim 20\ s$。实现该工艺的传统设备加工质量并不高，而且耗能且低效。

针对传统技术的不足，采用新型的工艺技术和设备设计科学合理的番茄自动去皮工艺流程如图 4 - 1 所示。

番茄进入生产线后，按图示工艺流程先后经过以下工序处理：

①清洗输送。为避免番茄去皮时果皮污迹污染内部果肉，需要对番茄进行彻底的洁净处理。番茄表皮光滑，较易清洗，可采用水中漂流和汽浴清洗模式。

②分拣。由操作工检验进入生产线的番茄，剔除残次及腐败果实。

③提升供料。采用提升机把清洗分拣后的番茄按一定的速度和流量输送至热烫设备。

④热烫及真空处理。番茄进入热烫设备后，在设定的蒸汽压力下热处理一段时间。随即，经过真空处理，使表皮与果肉组织之间全面离解。

⑤自动去皮。番茄在连续输送过程中，接受搓擦、撕脱表皮，使果皮与果肉彻底分离，并被清除。

⑥果体、皮渣输送。番茄去皮后，分离的果体和果皮分别被输送至相应的目的地。

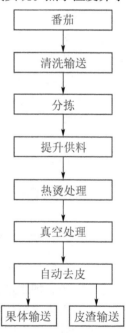

图 4 - 1　番茄自动去皮工艺流程图

4.4　总体设计

根据图4-1所示的番茄自动去皮工艺流程，配置合适的处理设备，设计自动化生产线（如图4-2所示）。组成全线的主要设备有漂洗槽1、分拣机2、刮板提升机3、螺旋推进式热烫设备4、连续搓皮机6、表皮连续撕脱清除机7。其中，螺旋推进式热烫设备4安装在高架平台5上。各设备的结构形式及功能分述如下。

①漂洗槽。漂洗槽具备输送和清洗功能。漂洗槽中的水在循环水泵的作用下，自左向右流动。漂洗槽分段配置旋涡气泵，以产生水汽浴。番茄由加工车间外进入漂洗槽，被水流连续输送和漂洗，并在水汽浴的作用下被彻底清除表皮污迹。

②分拣机。分拣机采用辊筒输送机形式，前段提升，后段水平输送分拣。提升段伸入漂洗槽，没入水中。番茄在漂洗槽中被流送至末端，被提升分拣机的辊筒提升，离开水面进入水平段输送，在辊筒间排列、自转，接受操作工的检验，以剔除残次、腐败的果实。

③刮板提升机。番茄清洗后需要送至热烫设备。由于热烫设备安装在高架平台，有一定的高度，所以需要配套一台提升机。图4-2所示生产线配备的是一台刮板提升机，其输送载体为不锈钢刮板网带，可在一定范围内进行无级调速，使番茄均匀定量进入热烫设备。

④螺旋推进式热烫设备。该设备集热烫、真空处理等工序于一体，加工过程可维持蒸汽压力、加热温度、真空度等工艺参数的可调可控，适应番茄热烫处理的规模化生产。从螺旋推进式热烫设备出来的番茄，虽然外观还是一个整体，但其表皮已经软化、起皱并与内部果肉离解。

⑤连续搓皮机。番茄从热烫设备输出后直接落入其下的连续搓皮机，被搓皮辊带动前进，并受搓皮辊筒面直纹连续不间断的搓擦，使表皮撕裂并与果肉分解。

⑥表皮连续撕脱清除机。番茄经过搓皮机处理后，表皮基本与果肉分解，但还不能完全分离，大多数果皮还混合粘连在果体上，因此，还需要经过一台表皮连续撕脱清除机处理。番茄由搓皮机输出，进入表皮连续撕脱清除机，在连续运行过程中，受到机上的星形胶辊连续的对滚刮擦作用，表皮不断被撕扯并脱离果体，达到彻底去皮的目的。去皮后的果体被输送至切粒或整果灌装工序。

⑦螺旋输送机。从搓皮机和表皮连续撕脱清除机分离出的皮渣，以及番茄汁液，分别流落至下方的螺旋输送机，汇集后被输送到其他处理工序（一般是送至酱汁加工生产线的打浆机中）。

4.5　关键设备的设计

4.5.1　番茄热烫设备

针对传统热烫技术的不足，设计专用于番茄规模化生产的设备，集热烫、真空处理等工序于一体，加工过程可维持蒸汽压力、加热温度、真空度等工艺参数的可调可控。

番茄表皮热烫处理最理想的状态是：在热力未能渗透果肉组织前，表皮能获得迅速、均匀的加热而与果肉组织发生离解。与此同时，为保证连续加工处理，物料必须流畅输送并经历相应工序，在此过程中应避免机械损伤。为此，专门设计了一套螺旋推进式热烫设备以满足要求。作为方案选择，另外还设计了一套贮罐内旋式热烫设备，效果更理想。

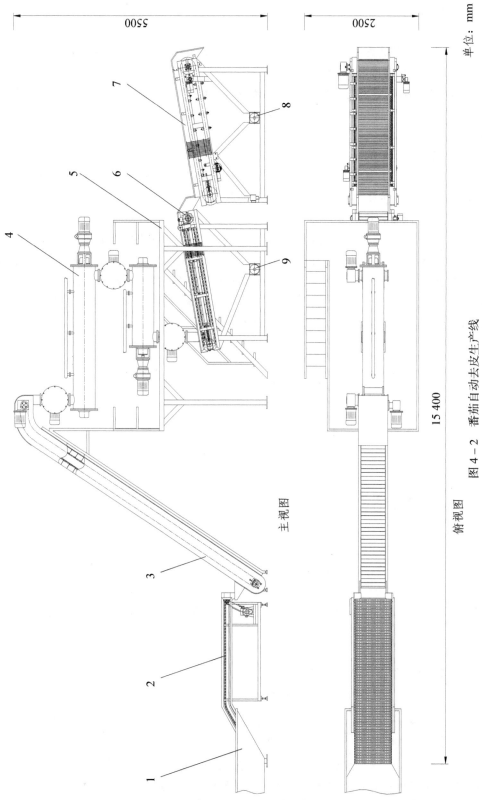

主视图

俯视图

单位：mm

图4－2 番茄自动去皮生产线

1—漂洗槽；2—分拣机；3—刮板提升机；4—螺旋推进式热烫设备；5—高架平台；6—连续煺皮机；7—表皮连线撕脱清除机；8—螺旋输送机；9—螺旋输送机

4.5.1.1 螺旋推进式热烫设备

（1）设备总体结构

螺旋推进式热烫设备可实现果蔬恒压热烫和真空处理。其工艺流程：自动入料→蒸汽（恒压）热烫→真空处理→自动出料。

如图4-3所示，本设备主体由蒸汽处理器4、真空处理器5和进料转阀1、过渡转阀2、出料转阀3组成。进料转阀1和出料转阀3之间形成一个与外部隔绝的密封体系。

由主视图可见，蒸汽处理器4和真空处理器5上下平行布置。进料转阀1通过法兰连接安装在蒸汽处理器4的入口端（左端）；过渡转阀2的上部通过法兰与蒸汽处理器4的出口端（右端）连接，其下部通过法兰与真空处理器5的入口端（右端）连接；出料转阀3通过法兰连接安装在真空处理器5的出口端（左端）。

（2）蒸汽处理器和真空处理器结构

由图4-3可见，蒸汽处理器4的实质结构是一个螺旋输送器，主体由筒体A和螺旋A组成。螺旋A的芯轴左端安装在轴承座A，右端与减速电机A连接，两轴端均带有密封装置。减速电机A驱动螺旋芯轴，带动螺旋旋转，实现物料的推进输送。蒸汽处理器4的筒体A上部设置若干个连接头（图中为3个）连接蒸汽管6。蒸汽由蒸汽管6输入，通过筒体A上布置的连接头喷入，均匀充满筒体内部。

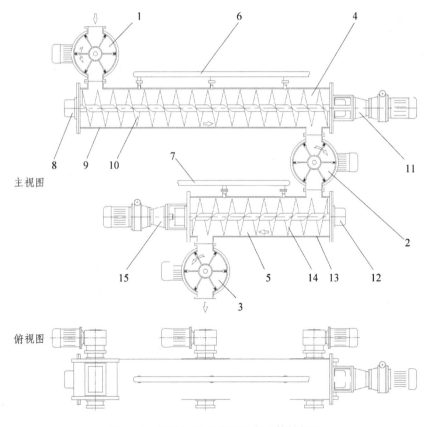

图4-3 螺旋推进式热烫设备总体结构图

1—进料转阀；2—过渡转阀；3—出料转阀；4—蒸汽处理器；5—真空处理器；6—蒸汽管；7—真空管；
8—轴承座A；9—筒体A；10—螺旋A；11—减速电机A；12—轴承座B；13—筒体B；14—螺旋B；15—减速电机B

真空处理器 5 的结构与蒸汽处理器 4 的结构相似，同样是一个螺旋输送器，其筒体 B 上部设置若干个连接头（图中为 2 个）连接真空管 7。工作时，减速电机 B 驱动螺旋 B 旋转，推进输送物料。而真空泵（图中无标示）则通过真空管 7 对真空处理器 5 抽真空，使其筒体 B 内部形成真空状态。

（3）转阀结构

本设备配置 3 个转阀，分别是进料转阀、过渡转阀和出料转阀，结构相同，如图 4-4 所示。阀体 1 和前后侧封座 4 构成一个圆筒内腔，叶轮 3 在其内旋转。

叶轮 3 由多个沿圆周均布的叶片组成一体（图中为 6 片），叶片形状为矩形。叶片顶部与转轴 2 平行的边缘镶嵌弹性刮板，转动时可与阀体 1 内圆周壁贴合滑动；侧封座 4 的内壁平面弹性压合叶片的侧边缘。

由于叶轮 3 分别与阀体 1 的内圆周壁和侧封座 4 的内壁平面贴合滑动密封，因此共同构成若干个截面为扇形的密封腔（如主视图所示），随着叶轮 3 转动，密封腔随叶片移动。

物料由转阀上方入口输进，落入叶片之间的空腔，随叶片旋转进入扇形密封腔。叶片转至下方位置时，空腔连通出料口，物料卸出。由此可见，在物料从入口到出口的过程中，经历半圆周的密封阶段。因此，通过转阀可把入口和出口所处位置分隔为两个独立的空间。

（4）工作原理

如图 4-3 所示，设备运行时，被处理的番茄经历如下行程：

①番茄由进料转阀 1 上部的入料口输进，不间断充满转阀叶片之间的空腔，并随转阀逆时针旋转，运行至转阀下部出料口，落入蒸汽处理器 4。

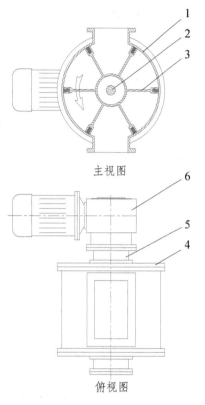

主视图

俯视图

图 4-4　转阀结构图
1—阀体；2—转轴；3—叶轮；
4—侧封座；5—轴承座；6—减速电机

②在蒸汽处理器 4 内部，番茄被螺旋带动，由左至右运行，直至在右端的出料口落入过渡转阀 2 的内腔。在这一过程中，蒸汽管 6 输入蒸汽，充满蒸汽处理器 4 内部，使番茄在运行中接受蒸汽的热烫。由于蒸汽处理器 4 的入料口和出料口分别安装了进料转阀 1 和过渡转阀 2，因此其内部形成了一个密闭的独立空间，可确保其内的蒸汽不泄漏，维持气压和温度的恒定。

③落入过渡转阀 2 内腔的番茄，随叶片顺时针旋转至下部出料口，进入真空处理器 5。

④在真空处理器 5 内部，番茄被螺旋带动，由右至左运行，直至在左端的出料口落入出料转阀 3 的内腔。在这一过程中，真空泵系统通过真空管 7 对真空处理器 5 抽真空，使其内部处于真空状态，实现番茄的真空处理。

⑤落入出料转阀 3 内腔的番茄，随叶片逆时针旋转至下部出料口。

本设备通过 3 个转阀的安装连接，使蒸汽处理器和真空处理器内部分别形成相对密闭的处理空间，既满足番茄的自由进出运行，又可维持其内部压力和温度的恒定，从而使产品的加工质量保持一致。

4.5.1.2　贮罐内旋式热烫设备

（1）设备总体结构

如图4-5所示，本设备主要由处理罐1、进料转阀2和出料转阀3等组成。处理罐1是设备的主体，倾斜布置，罐体中心轴线与水平面成45°，由机座4支承。

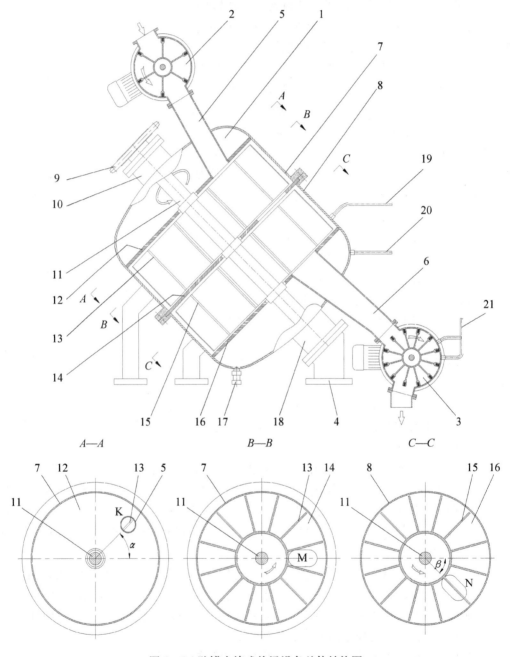

图4-5　贮罐内旋式热烫设备总体结构图

1—处理罐；2—进料转阀；3—出料转阀；4—机座；5—入料管；6—出料管；7—上罐体；8—下罐体；
9—链轮；10—上轴承座；11—驱动轴；12—上隔板；13—上刮板装置；14—中隔板；15—下刮板装置；
16—下隔板；17—阀门；18—下轴承座；19—进水管；20—蒸汽管；21—真空管

进料转阀2安装在处理罐1上部，其出口通过法兰连接入料管5；出料转阀3安装在处理罐1下部，其入口通过法兰连接出料管6。由于进料转阀2和出料转阀3的阻隔作用，使处理罐1的内部空间形成一个与外部隔绝的相对密封的体系。

（2）处理罐结构

处理罐的罐体由上罐体7和下罐体8两半部分组成，通过法兰密封连接成一体。

罐体内部固定安装有3块圆形隔板，分别是上隔板12、中隔板14、下隔板16。中隔板14处于罐体中间法兰连接的位置，上隔板12和下隔板16对称安装于中隔板14两侧。上隔板12和下隔板16之间被中隔板14分隔成两个容积相同的圆柱状空间。

由图4-5结合截面视图分析：

$A-A$视图中，上隔板12加工有圆孔K，其位置以中心水平线为基准向上偏离角度α，孔K与入料管5连通。

$B-B$视图中，中隔板14在中心水平线位置加工有一个椭圆形通孔M，可连通上下两个圆柱状空间。

$C-C$视图中，下隔板16加工有椭圆形孔N，其位置以中心水平线为基准向下偏离角度β，孔N与出料管6连通。

驱动轴11安装在罐体中心线位置，由上而下穿越上隔板12、中隔板14和下隔板16。驱动轴11的下端轴头安装在下轴承座18上，其上端轴头安装在上轴承座10上，并伸出罐体上部，轴端装配有链轮9。上下轴承座均带密封装置。

驱动轴11中部装配两套结构相同的刮板装置，在上隔板12和中隔板14之间装配有上刮板装置13；在中隔板14和下隔板16之间装配有下刮板装置15。如截面图所示，刮板装置由12块矩形平板组成，以驱动轴11为中心呈放射状布置，沿圆周均匀分布，形成一体化的拨轮状结构。刮板装置的高度和外径与隔板之间的圆柱状空间相配合。

驱动轴11旋转时可带动上刮板装置13和下刮板装置15同步回转。驱动轴11的动力来源于链轮9，工作时，减速机通过传动机构带动链轮9运转。

通过蒸汽管20可对处理罐输入蒸汽，冷却水通过进水管19输入处理罐内，阀门17的作用主要是调节处理罐内的贮水量。

（3）真空转阀结构

本设备配置进料转阀2和出料转阀3，结构与前述螺旋推进式设备基本相似，不同之处在于出料转阀还配有真空接头，可连通真空系统，如图4-6所示。可见，番茄在出料转阀的运行过程中可同时进行抽真空处理。

（4）工作原理

图4-7所示是处理罐内物料的运行原理。通过进水管把水注入罐内，在罐底部分形成一定

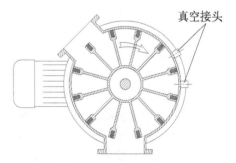

真空接头

图4-6 出料转阀

的液面。蒸汽通过蒸汽管通入处理罐内，形成具有一定压力和温度的内部环境。由于处理罐的上部入料口和下部出料口分别安装有入料转阀和出料转阀，因此其内部形成了一个密闭的独立空间，可确保充入其内的蒸汽不泄漏，维持其内部气压和温度的稳定。

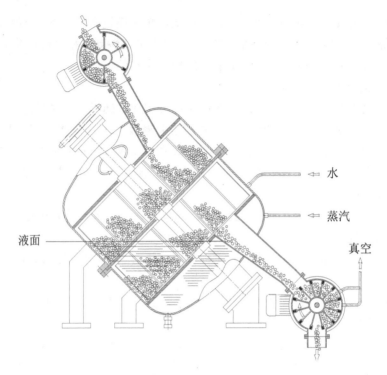

图4-7 贮罐内旋式热烫设备工作原理图

结合图4-5与图4-7进行分析，物料经历如下行程：

①番茄由进料转阀2上部的入料口输进，不间断充满转阀叶片之间的空腔，并随转阀逆时针旋转，运行至转阀下部出料口，流进入料管5，通过上隔板12的圆孔K落入上隔板12和中隔板14组成的圆柱空间中，均布在上刮板装置13的间隔内，被刮板带动逆时针回转（参看图4-5中A—A截面图）。

②番茄在上刮板装置13带动回转过程中，处于蒸汽热烫处理的环境中。番茄被上刮板带动逆时针回转，自圆孔K对应位置开始，旋转（360°−α）角度，到达椭圆孔M位置（参看图4-5中B—B截面图）。在此，番茄通过椭圆孔M落入中隔板14和下隔板16组成的圆柱空间中，均布在下刮板装置15的间隔内，被刮板带动继续逆时针回转（参看图4-5中C—C截面图）。

③番茄被下刮板带动逆时针回转，自椭圆孔M对应位置开始，旋转约90°后，完全没入热水中，在液面下运行；番茄随刮板旋转自M对应位置开始经过（360°−β）角度后，到达椭圆孔N位置（参看图4-5中C—C截面图）。在此前，番茄离开液面，完成过热水漂烫，随后通过椭圆孔N流入出料管6，并进入出料转阀3。

④落入出料转阀3内腔的番茄，随叶轮的叶片顺时针旋转，经过真空接头对应的扇形腔室，实现真空处理。随后，番茄继续旋转至转阀下部出料口，卸出。

在整个工作流程中，番茄在处理罐内从上而下连续流动，在上刮板和下刮板带动下经历两层圆周运行，依次完成蒸汽热烫、过热水漂烫，最后在出料阀中经过真空处理。作为可选加工方案，该设备还有两种工艺流程可选择，即单独蒸汽热烫、单独过热水漂烫。

4.5.1.3 热烫设备工艺特点及关键参数

番茄热烫后即时经过真空处理的加工工艺具有以下显著的特点：在压差的作用下，表皮与果肉组织之间包含的薄层气体快速膨胀，使果皮与果肉加速及全面离解；与此同时，真空处理可实现快速降温，并且有效回收番茄热烫皮裂后析出的汁液，又可除去其皮屑、残余水分及气体。

前述两种热烫设备，共同点是可维持加工中蒸汽压力和温度的恒定，同时均可于热烫后实现真空处理。两种设备相比较，螺旋推进式设备结构较简单，维护较容易；贮罐内旋式设备结构较复杂，维护较困难。相较于螺旋推进式设备，贮罐内旋式设备在实际生产中更显优越性，可适应多种加工工艺方案，其压力、温度、时间等工艺参数的调整范围更广更灵活。另外，由于输送物料方式的不同，贮罐内旋式设备对物料的完整性保护得更好，即机械损伤更小。

以螺旋推进式热烫设备为例，其关键设计参数如表4-1所示。

表4-1　螺旋推进式热烫设备设计关键参数

序号	技术参数	参考值
1	蒸汽处理器驱动功率/kW	3
2	真空处理器驱动功率/kW	2.2
3	蒸汽及真空处理器螺旋转速/$(r \cdot min^{-1})$	190～1000
4	进料转阀驱动功率/kW	3
5	过渡转阀及出料转阀驱动功率/kW	4
6	转阀回转速度/$(r \cdot min^{-1})$	12

上述两类热烫设备的关键运行工艺参数如表4-2所示。

表4-2　设备关键运行工艺参数

设备类型	适用蒸汽压力/MPa	可调热烫温度/℃	真空度/kPa	最大处理量/$(kg \cdot h^{-1})$（番茄）
螺旋推进	0.1～0.2	105～125	-(85～90)	20 000
贮罐内旋	0.1～0.3	110～140	-(85～90)	30 000

4.5.2　番茄去皮设备

经历热烫后，对番茄进行去皮处理，分两步实施，第一步粗去皮，第二步精细脱皮。因此专门设计了两台机器配套使用，分别是连续式搓皮机和表皮连续撕脱清除机。这两台机器可克服传统机械式去皮的缺陷，确保经表面热烫处理后的番茄能快速高效去皮。

4.5.2.1　番茄连续式搓皮机

（1）设备总体结构

如图4-8所示，连续式搓皮机主要由机架1、主动轴及链轮部件2、无级变速电机3、搓皮辊4、输送链5、上链轨6、下链轨7、上导轨8、下导轨9、左支承板10、右支承板11、侧护板12、调整螺杆13和被动轴及链轮部件14等组成。

设备的主体是搓皮辊，其为番茄输送的载体和连续搓皮的装置。搓皮辊为辊筒式结构，数量众多，装配在两侧输送链5的中间，按输送方向定间距整齐排列，形成一套循环输送的链辊装置，被输送链带动运行，工作行程的运动方向由右至左。

设备的主动力是无级变速电机3，其减速机为孔输出，直连主动轴。电机启动后，减速机直接驱动主动轴，通过主动轴两侧的链轮，带动输送链5，从而带动搓皮辊4运行。搓皮辊4沿被动轴及链轮14、上导轨8、主动链轮2、下导轨9循环往复。

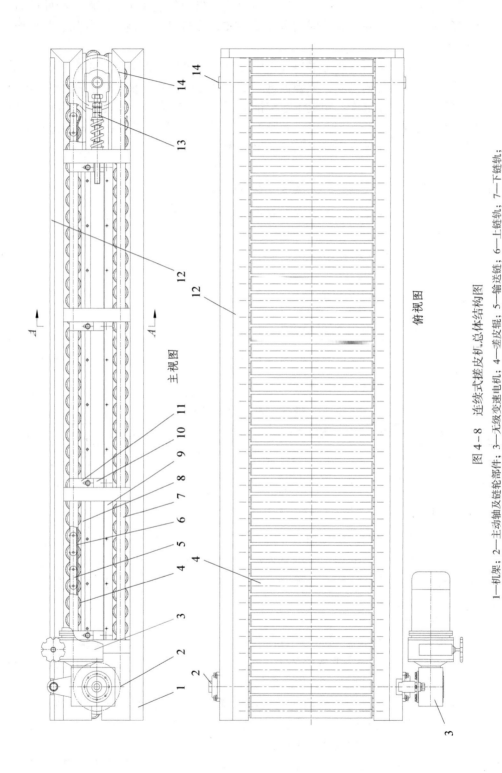

图 4 - 8 连续式差皮机总体结构图

1—机架；2—主动轴及链轮部件；3—无级变速电机；4—差皮辊；5—输送链；6—上链轨；7—下链轨；

8—上导轨；9—下导轨；10—左支承板；11—右支承板；12—侧护板；13—调整螺杆；14—被动轴及链轮部件

（2）搓皮辊结构

图 4 - 9 所示是搓皮辊的结构图，其主体是直条纹辊筒 3，筒体采用防腐卫生金属管材加工而成，其表面圆周均布若干纵向直条纹，由管材整体拉伸而成。条纹为凸出圆弧状，其截面为多星形结构。

直条纹辊筒的两端紧固装配有齿形滚轮 2，在齿形滚轮中心轴端装配有塑料轴承 1。

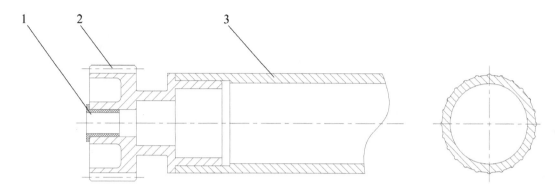

图 4 - 9　搓皮辊结构图
1—塑料轴承；2—齿形滚轮；3—直条纹辊筒

（3）搓皮辊的装配及运行原理

如图 4 - 8 所示，搓皮辊两端装配在输送链 5 上，辊与辊之间定节距装配。输送链 5 是带长销轴的滚子链，按固定的链节距伸出一根长销轴，该长销轴与搓皮辊轴端的塑料轴承滑动配合，装配后，搓皮辊可以长销轴为中心轴进行自转。

如图 4 - 10 所示，搓皮辊装配后，输送链 5 沿上链轨 6 和下链轨 7 循环运行。上层搓皮辊处于番茄输送和搓皮工作状态，其两端齿形滚轮被上导轨 8 承托；下层搓皮辊处于回程运动状态，其左端齿形滚轮被下导轨 9 压合。

上下导轨的主体是截面为矩形的长条状橡胶材质，装配在长角钢上，通过支撑轴固定在左支承板 10 和右支承板 11 上。导轨的长度处于主动链轮和被动链轮之间。

当搓皮辊被输送链带动循环运行时，在主动链轮和被动链轮之间的行程中，齿形滚轮接触橡胶导轨，并发生滚动摩擦。上层搓皮辊两端的齿形滚轮沿上导轨逆时针滚动前进，从而带动整个搓皮辊在前进运动过程中做自转运动。下层搓皮辊在回程过程由于其左端的齿形滚轮受到下导轨 9 的压合，在运行中将沿下导轨做逆时针滚动。

（4）搓擦去皮原理

设备工作时，番茄物料由设备右端（即被动轴位置处）连续进入，被搓皮辊承载并带动前进。

如图 4 - 11 所示，是上层搓皮辊运行示意图，图中搓皮辊被输送链带动自右向左运动，在前进过程不断做逆时针滚动。落入搓皮辊上方的番茄被搓皮辊带动前进并于辊间连续自转，形成一排排整齐均匀的列队。在运动过程中，番茄被搓皮辊带动翻滚自转，其表面与搓皮辊筒面直纹连续不间断地摩擦，使表皮分解脱离。残皮通过辊与辊之间的间隙向下漏出，跌落至下层回程搓皮辊上。由于下层搓皮辊同样进行滚动式前进运动，将把跌落其上的残皮向下甩出，以达到清除残皮的目的。

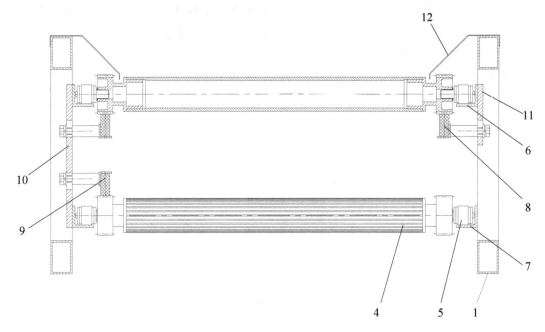

图4-10　搓皮辊装配图（图4-8 A—A 截面视图）

1—机架；4—搓皮棍；5—输送链；6—上链轨；7—下链轨；8—上导轨；
9—下导轨；10—左支承板；11—右支承板；12—侧护板

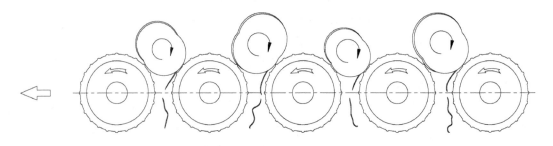

图4-11　果蔬搓擦去皮原理图

　　由于本设备搓皮辊采用带直条纹的防腐金属材质辊筒结构，因此去皮效率高且效果好，而且无论果蔬大小，去皮均匀且不会损伤果肉，极大地降低了原料的消耗率。另外，这种去皮形式可有效避免传统磨皮机易于混入刷毛等异物的缺陷，卫生要求能得到有效保障。

　　当然，该机应配套热烫设备使用，番茄先热烫再搓皮，才能达到理想效果。

　　（5）设备主要设计参数

　　以图4-8所示连续式番茄搓皮机为例，其主要的设计参数如表4-3所示。

表4-3 连续式搓皮机主要设计参数

序号	技术参数	参考值
1	搓皮有效宽度 B/mm	860
2	搓皮输送长度 L/mm	2700
3	搓皮辊外径 d/mm	$\phi 62$
4	齿形滚轮外径 d_c/mm	$\phi 72$
5	输送链节距 p/mm	75
6	搓皮辊间距 P/mm	75
7	搓皮辊输送线速度 v/(mm·s^{-1})	280～1400（无级可调）
8	电机功率 P_0/kW	1.5

4.5.2.2 番茄表皮连续撕脱清除机

（1）设备总体结构

如图4-12所示，该设备主要由脱皮输送辊链3、主动轴及链轮部件1、被动轴及链轮部件9、驱动电机2、长齿条4、短齿条5、链轨7，以及侧挡板8、出料槽11、螺旋排皮器13、集渣槽14、刮板15、清洗毛刷18、喷淋管19和皮渣导槽12、16、17等组成。

脱皮输送辊链3是该设备最重要的组件，是实现番茄表皮连续自动撕脱的执行机构。脱皮输送辊链是由数量众多的脱皮辊平行排列组成，辊轴两端安装在滚子输送链上，形成一套输送链辊机构。脱皮辊被链条带动平行运动，绕主动链轮和被动链轮循环（图示为逆时针方向）。

脱皮辊在链条上安装时，两支为一组，按固定节距成对安装。在前进行程中，配对的脱皮辊在齿条作用下，将做相对啮合旋转运动，在番茄输送过程中实现连续撕脱清除表皮的动作。

设备的主动力是驱动电机2，电机启动后直接驱动主动轴，通过主动轴两侧的链轮和被动轴两侧的链轮带动两侧滚子链，从而带动脱皮输送辊链循环往复运行。通过调节螺杆21可张紧脱皮输送辊链。

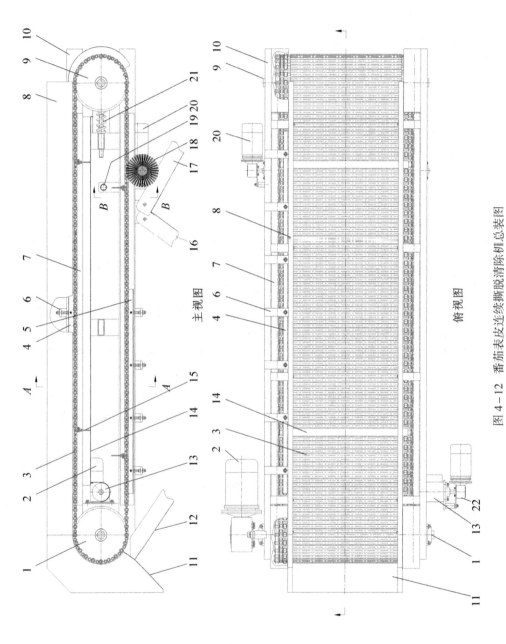

主视图

俯视图

图 4-12 番茄表皮连续撕脱清除机总装图

1—主动轴及链轮部件；2—驱动电机；3—脱皮输送辊链；4—长齿条；5—短齿条；6—齿条安装架；7—链轨；8—侧挡板；9—被动轴及链轮部件；10—机架；11—出料槽；12—皮渣导槽；13—螺旋排皮器；14—集皮槽；15—螺旋排皮器；16—皮渣导槽；17—皮渣导槽；18—清洗毛刷；19—喷淋管；20—毛刷电机；21—调节螺杆；22—螺旋电机

（2）脱皮辊结构

图4－13所示是脱皮输送辊链装配图，其主要部件是脱皮辊1，脱皮辊两端轴孔装配有塑料轴承2，对应套入滚子链3的长销轴。滚子链的长销轴与脱皮辊轴端的塑料轴承滑动配合，装配后，脱皮辊可以长销轴为中心轴进行自转。

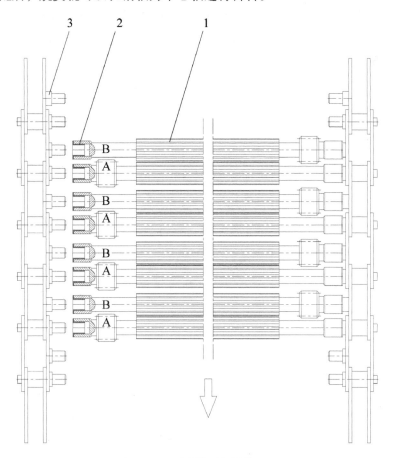

图4－13　脱皮输送辊链装配图
1—脱皮辊；2—塑料轴承；3—长销轴滚子链

由图4－13可见，脱皮辊的其中一端带有齿轮，另一端没有齿轮。装配时，两支脱皮辊配对成一组，两端反向，交错安装，如图按A、B形式布置。每对脱皮辊中部辊体形成啮合状态，按固定链节距一对一对排列安装。

图4－14所示是脱皮辊的截面图，其芯轴2为不锈钢材料，轴外圆周面包裹星形橡胶辊套，形成包胶长辊结构。

（3）脱皮部件的装配及其运行原理

图4－15所示是脱皮部件装配及运行状态图，图4－15a是总装图4－12中的A—A视图。脱皮输送辊链3被两侧的滚子链带动，沿上下链轨7循环往复运行。

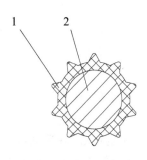

图4－14　脱皮辊截面图
1—星形橡胶辊套；2—芯轴

上层脱皮辊处于输送番茄和行进过程中撕脱其表皮的工作状态。上层脱皮辊左端齿轮上方对应安装有长齿条4，右端齿轮下方对应安装有长齿条4，左右长齿条尺寸相同，长度处于主动链轮和被动链轮之间。脱皮辊离开被动链轮后，其端部齿轮即与齿条啮合滚动，直至到达主动链轮前为止。结合图4-13进行分析，当辊链按箭头方向前进时，脱皮辊A左端齿轮与其上方的长齿条4啮合做顺时针滚动（右视方向观察）；脱皮辊B右端齿轮与其下方的长齿条4啮合做逆时针滚动（右视方向观察）。于是，出现A、B配对脱皮辊在前进行程中，连续不断做相对啮合滚动的状态，如图4-15b所示。

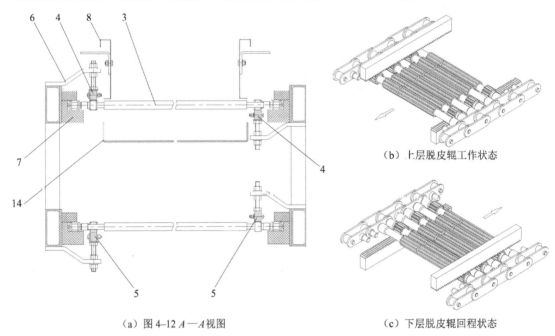

（a）图4-12 A—A视图

（b）上层脱皮辊工作状态

（c）下层脱皮辊回程状态

图4-15　脱皮部件装配及运行状态图（零部件编号按图4-12）

3—脱皮输送辊链；4—长齿条；5—短齿条；6—齿条安装架；7—链轨；8—侧挡板；14—集皮槽

图4-15中，下层脱皮辊处于回程运动状态，其左端齿轮下方对应安装有短齿条5，右端齿轮上方对应安装有短齿条5。由上述分析可知，A、B配对脱皮辊在回程运动中，分别与左右齿条啮合滚动，并且滚动方向为反向啮合状态，如图4-15c所示。

（4）番茄表皮撕脱及清除的原理

设备工作时，番茄由设备右端（即被动轴位置处）连续进入，被脱皮输送辊链承载并带动前进。图4-16是番茄表皮连续撕脱原理图。该图中，前进行程中的A、B配对脱皮辊相对啮合滚动，回程时A、B配对脱皮辊反向啮合滚动。

在前进行程中，落入脱皮辊上方的番茄被带动前进并于辊间旋转，形成一排排整齐均匀的列队。在运动过程中，由于A、B配对脱皮辊相对啮合滚动，落入其间的番茄受到星形胶辊连续的对滚刮擦作用，形成一系列挤压撕扯表皮的动作，使得番茄在行进过程不断地翻转，表皮不断被撕扯进入星形胶辊的齿间。这一过程如人工手指捏合撕皮的动作，连续不间断使表皮脱离果体。

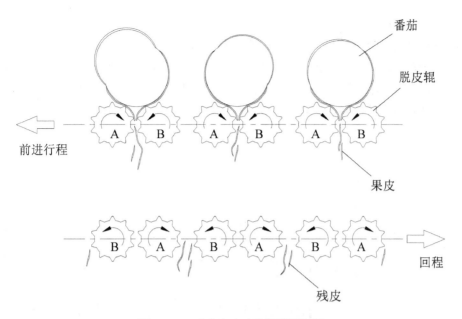

图4-16　番茄表皮连续撕脱原理图

如图4-17所示，被撕脱的表皮绝大部分落入装置在上层脱皮辊下方的集皮槽14。结合图4-12总装图分析，集皮槽14中的皮渣被刮板15连续向前刮送。刮板15的主体材料为橡胶板，长度与集皮槽宽度相匹配，确保能刮净槽内皮渣。刮板装配在脱皮输送辊链上，按一定的间距安装一块，在总装图的图示中装配了4块。集皮槽中的皮渣被刮板推送进入螺旋排皮器13，通过螺旋输送到设备侧端出口，排入皮渣导槽12（参看图4-12）。

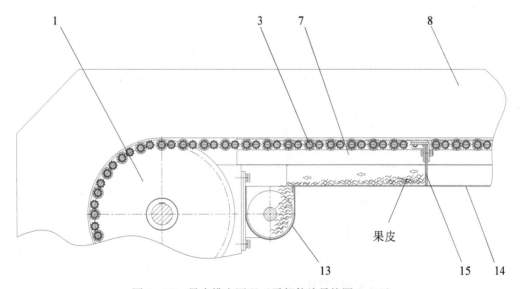

图4-17　果皮排出原理（零部件编号按图4-12）

1—主动轴及链轮部件；3—脱皮输送辊链；7—链轨；8—侧挡板；13—螺旋排皮器；14—集皮槽；15—刮板

脱皮辊回程时，难以避免有少量的残皮黏附在辊面。如图4-16所示，回程时，当脱皮辊在运行于短齿条范围时，做反向啮合滚动，使残皮于辊齿间松脱释放，落入皮渣导槽

12、16（参看图4-12），汇集排出。

脱皮辊在回程中离开短齿条后，不再滚动，随后进入清洗毛刷18的范围。如图4-18所示，清洗毛刷18在毛刷电机20的驱动下做自转运动，喷淋管19通过其上的喷头连续向下喷水。当脱皮辊经过时，接受喷淋和刷洗，彻底清除黏附于辊面的残皮，残皮废水通过皮渣导槽17（参看图4-12）流出。

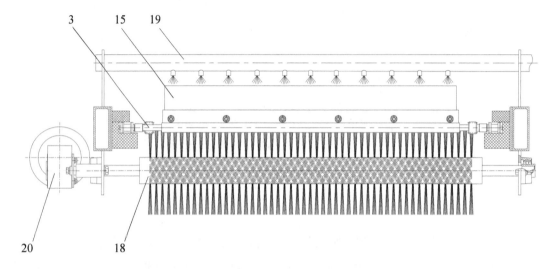

图4-18　脱皮输送辊链清洗原理（零部件编号按图4-12）
3—脱皮输送辊链；15—刮板；18—清洗毛刷；19—喷淋管；20—毛刷电机

脱皮辊在回程后段被彻底清洁后，返回上层前进行程，重新开始下一个脱皮工序，如此周而复始，循环运行。

（5）设备主要设计参数

以图4-12所示的番茄表皮连续撕脱清除机为例，其主要的设计参数如表4-4所示。

表4-4　番茄表皮连续撕脱清除机主要设计参数

序号	技术参数	参考值
1	脱皮有效宽度 B/mm	660
2	脱皮输送长度 L/mm	2750
3	脱皮辊包胶外径 d/mm	$\phi22$
4	脱皮辊齿轮分度圆直径 d_f/mm	$\phi22.5$
5	啮合脱皮辊中心距 a/mm	23
6	输送链节距 p/mm	50.8
7	脱皮辊输送线速度 v/(mm·s^{-1})	475
8	驱动电机功率 P_0/kW	2.2
9	毛刷电机功率 P_m/kW	0.18
10	螺旋电机功率 P_L/kW	0.18

前述两类去皮机均需配合热烫设备使用，才能达到理想效果。

由结构原理分析可知，这两类去皮机中，搓皮机适合大批量高速粗去皮，脱皮机适合连续自动精细地除皮及净化作业。实际生产中，最好两类设备配合使用，热烫后的番茄先经过搓皮机粗去皮，再经脱皮机精细撕脱剩皮，如此去皮效率高，而且均匀、彻底，处理后番茄表面光滑而不留残皮。

4.6 生产线主要工艺参数和技术指标

图4-2所示的番茄自动去皮生产线，在热烫工序中配套的是螺旋推进式热烫设备，在去皮工序中配备了一台搓皮机和一台表皮连续撕脱清除机。

实际运行中，生产线主要工艺参数和技术指标如表4-5所示。

生产线总功率不包括漂流槽配置的气泵和水泵的功率，也不包括生产线所需真空、气动、冷却水系统所需的功率。

该生产线可在原有的基础上，通过增配至3台表皮连续撕脱清除机，并调节全线设备的输送速度及相关工艺参数，以扩大生产能力至最大值20 000 kg/h。

当生产线采用3台表皮连续撕脱清除机时，一般把3台机并联配置，并且需要通过分流输送设备与搓皮机出口端连接，以确保从搓皮机出来的番茄平均分流至3台表皮连续撕脱清除机上。

表4-5 番茄自动去皮生产线主要工艺参数和技术指标

序号	技术参数	参考值
1	生产率/$(kg \cdot h^{-1})$	6000
2	蒸汽压力/MPa	0.14
3	热烫温度/℃	110 ± 1
4	热烫时间/s	8
5	真空度/kPa	-90
6	真空时间/s	4
7	去皮率/%	96.5
8	裂果率/%	1.0
9	总功率/kW	24.76

🔍 问题与思考

1. 传统的机械式果蔬去皮设备有哪些形式？传统的果蔬热烫设备有哪些类型？

2. 番茄表皮热烫处理最理想的状态是什么？

3. 螺旋推进式热烫设备如何维持内部压力和温度恒定？

4. 番茄热烫后经真空处理有何作用？

5. 贮罐内旋式热烫设备运行时，番茄进入处理罐后，从上而下连续流动，经历什么处理过程？

6. 螺旋推进式热烫设备和贮罐内旋式热烫设备有什么共同点？两种热烫设备各有什么优缺点？

7. 简述连续式搓皮机的搓皮辊结构。搓皮辊与输送链是如何装配的？

8. 根据表4-3的设计参数，计算搓皮辊工作时的自转速度。

9. 简述番茄表皮连续撕脱清除机的脱皮辊结构，并说明脱皮辊与输送链是如何装配的？

10. 简述番茄表皮连续撕脱清除机的去皮原理。

11. 在番茄表皮连续撕脱清除机中，已知脱皮辊端部齿轮齿数 $z=10$、模数 $m=2.25$，脱皮辊输送线速为 475 mm/s。求脱皮辊工作转速（r/s）。

5　水果定量装箱生产线

【关键技术】
- 水果装箱速度控制技术
- 水果层叠式均布入箱控制技术
- 水果装箱称重精度控制技术

【重点知识和设计要点】
- 提高包装速度和称重精度的方案
- 水果定量装箱生产线工艺流程及其设备的形式与功能
- 大流量水果入料装填机的结构、原理和性能特点
- 水果层叠式均布入箱装置的结构、原理
- 补给式水果入料称重机的结构、原理和性能特点
- 单果供给装置的结构和特点
- 水果定量装箱成套设备的安装形式及运行原理
- 水果定量装箱成套设备的控制流程
- 水果定量装箱生产线的总体设计

5.1　项目背景

水果经过清洗消毒和保鲜分级后，需要按级别进行包装，以方便运输和销售。水果的包装形式有多种，其中按重量进行定量装箱是广泛采用的方式之一，包装箱包括周转箱和瓦楞纸箱等。

传统的水果装箱称重方式主要有两种，其一，采用一台供料机（一般是平皮带输送机或辊筒输送机）直接把水果输送入包装箱，然后通过包装箱底部秤盘内的压力传感器随时检测重量，从而控制供料机在达到设定重量时停止供料。其二，同时采用两种供料方式，即配备两台供料机，一台大流量供料机实现粗供料，一台小流量供料机实现细供料。工作时，粗供料装箱并称重到一定程度转为细供料，直至达到设定重量为止。

两种称重方式相比较，前者速度较快但误差较大，后者可提高称重精度但速度较慢。最理想的方案是，在满足称重精度要求的前提下尽量提高装箱速度。

5.2　关键技术分析

水果的装箱称重包含两个动态过程：装填入料和重量检测。其中，包装的重量检测技术已经比较成熟，可供选择应用的高精度、高效能的电子秤及其控制系统非常多，在此不做深入研究。装填入料过程涉及对水果流量的大小、供料速度的快慢等因素的控制，对称重精度和包装速度的影响最大。因此，对于水果的装箱称重及包装而言，重点研究对象是水果的入料方式。

另外，由于水果不同于普通的工业产品，其包装过程除了要考虑称重精度和装箱速度的因素外，还需考虑抑制损果因素。这些因素都受入料方式的影响。

上述的传统装箱称重方式存在较多缺陷，主要反映在以下几个方面：

（1）水果从供料机大流量进入箱体时，会引起频繁密集的碰撞冲击，致使重量检测不稳定，从而影响称重精度。当流量和速度过大时，有可能出现损果现象。

（2）若为了减少碰撞冲击对称重精度的影响而降低入料流量和供料速度，又会影响装箱速度。

（3）采用粗供料和细供料结合的方式进行装箱，虽然可以提高检测精度，但由于存在供料转换过程会限制装箱速度。

因此，为了实现水果快速装箱、精确称重，同时避免伤果现象的出现，要设法解决以上的问题。

5.3 设计方案拟定

由上述分析可知，在避免损果的前提下，实现快速装箱和精确称重，是生产线的设计目标。拟定设计方案前，需要先明确具体的处理对象，本例设定包装箱为周转箱和瓦楞纸箱，包装对象为柑橘类水果。

（1）入料方式的确定

周转箱和瓦楞纸箱均属于大包装容器。周转箱装载水果的重量基本超过 10 kg，瓦楞纸箱装载水果的重量基本超过 5 kg。对于这类大包装产品，要提高包装速度，必然要尽量加大入料流量；而要保证称重精度，必须采用粗细供料相结合的方式。因此，可以确定，定量装箱设备将包含大流量供料机和小流量供料机。

（2）提高包装速度的方案

采用粗细供料结合的方式如何避免包装速度较低的问题？首先，分析一下传统的装填入料方式。传统的粗细供料方式，大多数是单工位装填入料方式，在一个工位完成装箱，即包装箱处于称重位置不动，先接受大流量的入料，装填至80%～90%的设定容量后，再转为小流量入料，直至满载。其间，称重仪动态检测，连续累加。由此可见，一个包装周期时间，是大流量入料时间和小流量入料时间之和，再加上包装箱的进出运行时间。正常情况下，大流量入料时间比较长，小流量入料时间比较短。

假设把大流量入料和小流量入料分开成两个工位完成，包装箱在第一个工位接受大流量入料后再移动至第二个工位进行小流量入料，则可以明显缩短包装周期时间。分析如下：采用两个工位入料装箱时，在工作过程中，包装箱间歇性地依次送入。当前一个包装箱完成大流量入料并移位至小流量入料工位时，后一个包装箱同时被送到大流量入料工位进行装填。当后一个包装箱完成大流量入料时，前一个包装箱已提前完成小流量入料，即已完成一个包装箱产品的生产。因此，在这种情况下，一个包装周期时间只等于大流量入料时间加移位时间，不用增加小流量入料时间。与传统的单工位装填入料方式相比，可有效提升包装速度。

（3）提高称重精度的方案

箱装水果产品必须符合标定重量，不能超出误差范围。当采用两个工位装填入料的方式时，一般配有两套重量检测仪，包括大流量入料工位检测仪和小流量入料工位检测仪。大流量入料工位只需粗略检测重量即可，包装产品的设定重量最终是由小流量入料工位的称重仪测定的。因此，工作过程中最重要的是控制小流量入料工位的重量测定，这是保证包装产品重量精度的关键之处。

水果作为包装物料，其最小单位是单个水果。称重包装时，其最小误差单位就是一个水果的重量。因此，在小流量入料工位称重时，应设法控制水果的流量，最理想的状态是使水果形成单列运行，一个个依次落入箱内，即设计一台单果供料机。如此，才有可能确保最终包装重量误差不超过一个水果的重量。

（4）设备形式及配套的确定

本生产线的重点是设计合理的输送装置，包括包装箱的输送和水果入料输送。对于周转箱和瓦楞纸箱，可采用辊筒输送的形式，这是箱体输送最常用且可行的形式。对于水果输送，本例以柑橘类水果为处理对象，大流量供料可采用平皮带输送机，单果供料可采用V形辊筒输送机。具体设计后续详解。

另外，作为水果定量装箱设备，必须要配备合适的重量检测系统。按常规方法，需要在大流量入料工位和小流量入料工位分别配备一套重量检测系统。但据上述分析可知，采用这种两工位入料方式时，包装产品的设定重量最终是由小流量入料工位的称重仪测定的。也就是说，大流量入料工位的重量检测对包装产品的重量精度基本没影响，在一定条件下是可以省略的，具体方法如下：

在保证大流量供料机输送水果流量稳定的情况下，通过控制装填入料时间可实现每次入料至包装箱基本装满，只留下 10%～20% 的装填空间。或者，可采用非接触式入料工位检测传感器，检测箱内水果的充填料位，接近满箱高度即停止入料。其后，转移包装箱至小流量入料工位，在此进行补给式入料和重量检测。

综上所述，以塑料周转箱定量装箱为例，拟定的生产线工艺流程如图 5-1 所示。

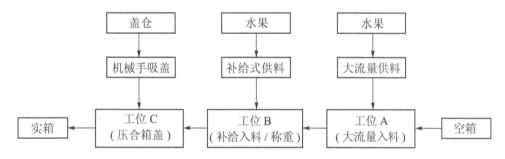

图 5-1　水果定量装箱生产线工艺流程图

5.4　关键设备设计

由图 5-1 可见，水果的定量装箱需经过两个工位实现，因此需要配备两台设备，分别为大流量入料装填机和补给式入料称重机。前者在工位 A 完成大流量入料作业，快速输送水果入箱，尽快充填箱内大部分空间；后者在工位 B 完成补给式水果入料和整箱称重。水果满箱后，经工位 C 合盖然后输出。

全线关键设备是大流量入料装填机和补给式入料称重机。

5.4.1 大流量水果入料装填机

5.4.1.1 整机结构

由于周转箱容积较大，开口宽敞，进行大流量装填时，需要考虑水果在箱内空间分布的均匀性，避免造成一边堆积，影响装箱效果。

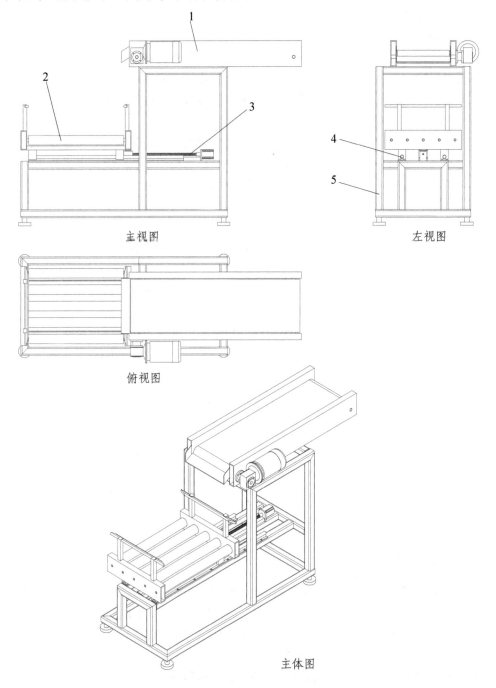

图 5 - 2　大流量水果入料装填机总体结构图

1—供料装置；2—滑动箱座；3—丝杆机构；4—导轨；5—机架

当供料机出料口和箱体位置均固定时，水果从出料口流入箱体的落点不变，会导致水果堆积在箱体一侧，易造成装填不均匀。设计本机时，须避免此问题的出现。

图 5-2 所示是用于周转箱的大流量水果入料装填机的总体结构图。整机的核心部分是供料装置 1 和滑动箱座 2，两者高低配置在机架 5 上。滑动箱座 2 可沿导轨 4 往复移动，其动力来源于底下的一套丝杆机构 3。

供料装置 1 是一台带独立动力的平皮带输送机，用于输送水果入箱。该装置可采用变频调速的方式来调节输送速度，从而控制水果输送量。

滑动箱座 2 是一套带动力的辊筒输送装置，一般可采用电动辊筒驱动，以简化传统机构并使结构紧凑。图 5-3 显示的是滑动箱座与丝杆机构的装配状态。由图可见，若干支（图中为 5 支）辊筒定间距排列安装在辊架 8 上。辊架 8 的底部固定装配有 4 个滑套和 1 个牵引轴，安装时滑套分别与两侧的导轨 4 配合，牵引轴插入丝杆机构的滑块 12 的中心孔。滑块 12、丝杆 11、底座 10 和伺服电机 9 组成丝杆机构。

因此，当伺服电机 9 转动时，驱动丝杆 11 旋转，可通过滑块 12 带动牵引轴使滑动箱座整体沿导轨 4 做直线运动。伺服电机正反转，则滑动箱座做往复运动。

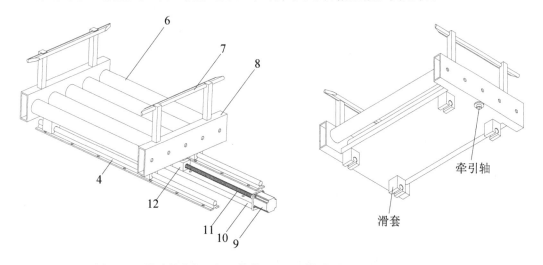

图 5-3　滑动箱座与丝杆机构装配图（零部件编号按图 5-2 并顺延）
4—导轨；6—辊筒；7—护栏；8—辊架；9—伺服电机；10—底座；11—丝杆；12—滑块

5.4.1.2　工作原理

图 5-4 所示是用于周转箱的大流量水果入料装填机的工作状态，图中显示在水果装填过程中，箱体往复移动所处的两个极限位置，其中图 a 是箱体的初始位置，图 b 是箱体最大位移的位置。供料装置连接水果中贮仓，满载水果输入；滑动箱座连接进箱输送机承接输入的箱体。机器工作时，须控制供料装置、滑动箱座、丝杆机构协调运动。

水果入料装箱过程及原理如下：

①周转箱从另外配置的进箱输送机（图中无标示）送入，每次供应一个箱体。箱体进入滑动箱座时，受其辊筒旋转作用运行至中间位置，这时传感器检测箱体到位并发出信号，控制辊筒停转，使箱体定位，处于待装料状态。

②供料装置启动，其上的水果向前输送，接连落入箱体。与此同时，丝杆机构的伺服电机启动，驱动滑动箱座做往复运动。因此，在入料装填过程中，周转箱不断地做周期性前后移位，致使落入的水果能在箱内均匀分布，形成层叠状态，避免堆积。

在确保供料装置满载水果输入，以及输送速度恒定的情况下，一定的供料时间对应一定的水果装箱量。实际工作中，设定供料时间，使水果装填至箱体容量的80%～90%时即可停止供料。因此，可保证每次装箱容量基本一致，每箱装料都基本接近满箱。

③按设定时间供料结束后，供料装置停止运行，水果停止入箱。丝杆机构驱动滑动箱座回复原始位置，伺服电机停转。

④滑动箱座的辊筒启动旋转，把装载水果的箱体输出。

⑤进箱输送机供应一个空箱，进入滑动箱座。

接下来，开始下一个入料装填循环。

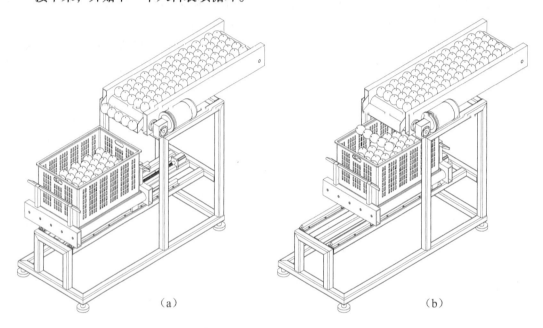

图5-4 大流量水果入料装填机工作状态

5.4.2 补给式水果入料称重机

5.4.2.1 整机结构

经过大流量水果入料装填后，周转箱还剩10%～20%的充填容量。当周转箱移位至下一个装填工位后，需要对剩下的容量进行入料充填，并且还需实时检测重量，以最终达到设定的包装重量。

因此，本机需具备这些功能：入料装填和实时称重功能，另外还需具备一个进出箱的移位功能。其中，进出箱的移位可采用辊筒装置实现。称重可配备成熟的电子秤及其控制系统实现。入料装置是本机的设计重点，因为入料与称重同步进行，是影响重量检测精度的关键因素。

前面已述及，最理想的入料形式是控制水果形成单行队列，一个个依次入箱，直至达到设定重量为止。

据上述分析，对本机进行具体设计，整机结构如图 5 - 5 所示。补给式水果入料称重机主要由单果供给装置 1、补给箱座 2 和电子秤 3 等组成。单果供给装置 1 和补给箱座 2 高低配置安装在机架 4 上。

补给箱座 2 是一套带动力的辊筒输送装置，用于果箱进出移位。由于其整体安装在电子秤 3 的秤盘上，因而当果箱进入补给箱座 2 后，可被实时检测重量。

单果供给装置的具体结构如图 5 - 6 所示。装置主要由辊架 5、辊筒 6、气缸 7、活动铰支 8，以及闸门 9 和出料槽 10 等零部件组成。

该装置由两列安装在辊架 5 上定距排列的辊筒 6 组成，两列辊筒左右对称组成 V 形槽结构。两列辊筒统一由内部电机驱动，相邻辊筒之间通过链条或 O 形带交错连接传动。工作时，两列辊筒同向同步自转，致使落入其内的水果在运行中自然形成单行列队，一个一个依次向前输送。

在出料槽 10 位置，安装有左右两个闸门 9。闸门通过活动铰支 8 与气缸 7 的活塞杆连接。当气缸活塞杆伸缩时，可驱动闸门实现合拢关闭和左右打开的状态。闸门 9 由橡胶板制造，以确保开合时与水果的碰撞具有柔性和缓冲的作用，避免伤果现象出现。闸门采用硅胶材料最理想，既柔软又有弹力且耐用。

5.4.2.2 工作原理

补给式水果入料称重机的工作过程及原理如图 5 - 7 所示，左图显示果箱入料称重过程，右图显示果箱满载停止进料状态。

从大流量水果入料装填机送出的果箱已经接近满箱状态，被移位至本机开始进行补给入料和称重，过程及原理如下：

①果箱进入补给箱座时，受其辊筒旋转作用运行至中间位置，传感器检测箱体到位并发出信号，控制辊筒停转，使箱体定位，处于待装料状态。电子秤开始检重。

②单果供给装置气缸动作，活塞杆收缩，分别拉动左右闸门打开。

③单果供给装置电机启动，V 形槽辊筒旋转，其上的水果列队向前输送，依次落入箱体。电子秤实时检测，累加重量。

④当检测重量达到设定值时，单果供给装置气缸即时动作，活塞杆伸出，推动左右闸门合拢关闭。与此同时，V 形槽辊筒停转，停止输送其上面水果。

⑤补给箱座的辊筒启动旋转，把满载水果的箱体输出。

至此，完成一个补给入料和称重的工作循环。

只要配套完善的控制系统，本机可达到理想的称重精度，使包装产品重量误差不超过一个水果的重量。

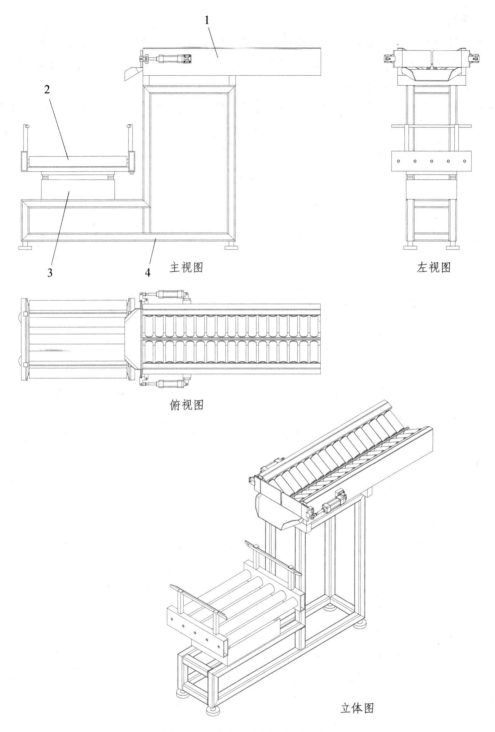

主视图

左视图

俯视图

立体图

图 5 - 5　补给式水果入料称重机

1—单果供给装置；2—补给箱座；3—电子秤；4—机架

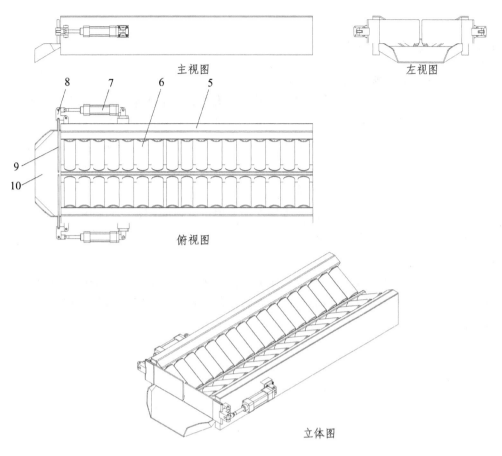

图5-6　单果供给装置（零件编号延续图5-5）

5—辊架；6—辊筒；7—气缸；8—活动铰支；9—闸门；10—出料槽

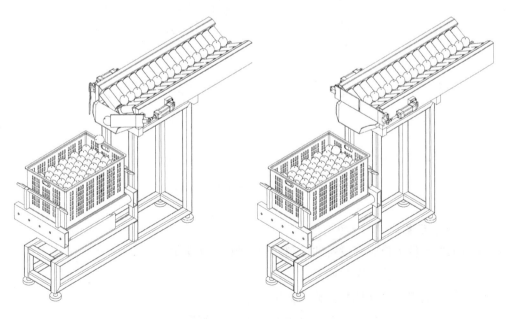

图5-7　补给式水果入料称重机工作状态

5.4.3 定量装箱成套设备的组成

5.4.3.1 成套设备安装形式及运行原理

大流量水果入料装填机和补给式水果入料称重机共同组成水果定量装箱成套设备。两台机的安装形式如图5-8a所示。由图可见，两机并排安装，大流量入料装填机的供料装置与补给式入料称重机的单果供给装置相互平行，两者的入口均连接至水果中贮仓；滑动箱座与补给箱座的辊筒面均处于同一水平面，而且前后衔接，形成一条辊筒输送通道，箱体进入后将如图中箭头所示方向输送。

成套设备在安装时，还需要在大流量入料装填机入口前配备一台进箱输送机，负责连续供应空的周转箱；在补给式入料称重机出口后，需连接一台成品输送机，负责把满载水果的包装箱送出。

设备的工作状态如图5-8b所示。在工作过程中，周转箱以步进的形式运行：从进箱输送机输入，先经大流量入料装填至接近满箱，再经补给式入料称重达至设定重量，最后输出至成品输送机。

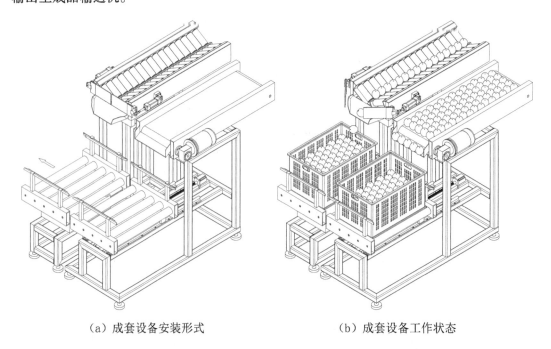

（a）成套设备安装形式　　　　　　　（b）成套设备工作状态

图5-8　水果定量装箱成套设备

5.4.3.2 成套设备的控制流程

编制水果定量装箱成套设备的控制流程如图5-9所示。

图中标注的符号参数表示如下：

D_h——滑动箱座辊筒电机，输入输出箱体；

D_g——供料装置电机，启动或停止大流量入料装箱；

D_s——伺服电机，驱动滑动箱座做往复运动；

Q_h——位置传感器，对滑动箱座有箱、无箱、定位检测；

T——装填时间，控制大流量入料装填量；

D_b——补给箱座辊筒电机，输入输出箱体；

D_d——单果供应装置电机，启动或停止单果补给装箱；

Q_b——位置传感器，对补给箱座有箱、无箱、定位检测；

C——装箱重量值，电子秤实时检测数值；

F_z——电磁阀，控制闸门气缸伸缩，实现开闸关闸。

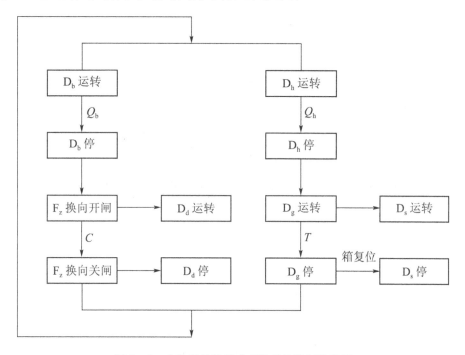

图 5-9　水果定量装箱成套设备的控制流程图

5.4.4　设计改进

完成上述水果定量装箱成套设备设计后，重新审视设计过程，研究设备性能提高或完善的可能性。

本例以柑橘类水果为处理对象，按照设计方案采用大流量入料和单果入料称重相结合的方式，确保了装箱速度和称重精度。由于柑橘类水果表皮柔韧有弹性，即使一定程度的碰撞也不会出现伤果现象，因此没有专门考虑水果的装箱过程的防护。假如处理对象换成梨子、桃子等水果，采用本设备会出现什么问题？有可能会因为水果入箱时的落差造成碰撞冲击而出现伤果现象。

为避免伤果现象出现，需要考虑设计一套水果装箱的防护装置，减小水果落箱的冲击力。最简单的方法是让水果落入箱体前经过一个缓冲阶段。图 5-10 所示是一种水果缓冲器的设计方案，由导料筒和排刷组成。排刷是由尼龙刷毛集束紧固形成的刷把，具有韧性和弹性，对称安装在导料筒下方形成 V 形状态。

水果由供料装置输出落入导料筒，在穿越排刷的过程中，受刷毛弹力和摩擦力的作用而减缓速度，实现缓冲落料。

实际应用中，要考虑装置材料的耐用性。刷毛虽然是一种理想的缓冲材料，但在长时间工作后容易变形，需要频繁更换。因此，在具体设计时采用兼具柔韧弹性和耐用性的硅胶板替代毛刷作为缓冲材料。

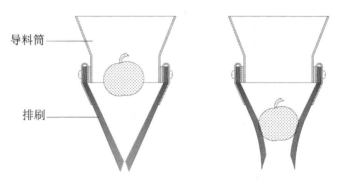

图 5 - 10　水果缓冲器设计方案

图 5 - 11 所示是实际设计的水果缓冲器结构图。缓冲器主要由导料筒 1、夹板 2 和弹力板 4 等组成。

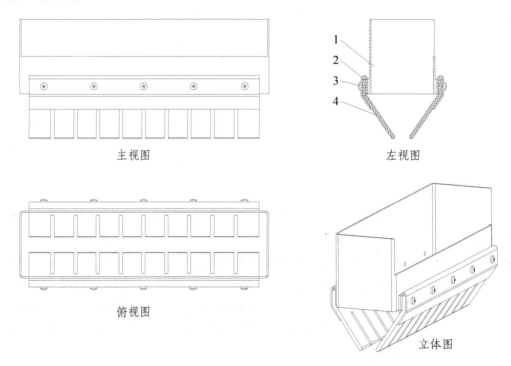

图 5 - 11　水果缓冲器结构

1—导料筒；2—夹板；3—螺钉；4—弹力板

导料筒 1 是一个板材折合的扁平状矩形管，其上方为进料口，内部宽度大于水果的最大直径。弹力板 4 由硅胶板制成，整体裁切成长方形，下半部定间距开缝，形成一排若干个弹性矩形块。弹力板 4 的上部被夹板 2 夹持紧固，通过螺钉安装在导料筒 1 的下方，左右对称形成 V 形状结构。

水果缓冲器整体固定安装在供料装置的出料口位置，如图 5-12 所示，缓冲器的导料筒入口与供料装置的出料槽相配合。水果装箱时，通过导料筒受弹力板阻滞能减缓速度，减少碰撞冲击力。

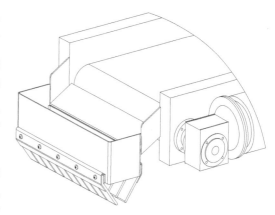

图 5-12　水果缓冲器的安装

5.5　生产线全线设计

完成了关键设备的设计，即解决了生产线的核心技术问题。根据图 5-1 的工艺流程，综合考虑生产线各个工序配套设备的结构形式，进行全线设计。

本例水果定量装箱生产线的总体设计如图 5-13 所示。

全线的设备主要包括大流量水果入料装填机 1、补给式水果入料称重机 2、空箱输入机 3、实箱输出机 4、盖仓 5 和机械手 6 等。

空箱输入机 3 和实箱输出机 4 均为辊筒输送机形式，由多段输送辊筒组成，贯穿全线，衔接大流量装填工位 A、补给入料工位 B 和箱盖压合工位 C。各段输送辊筒按设定程序间歇运转，带动箱体自右向左运行（如图箭头所示），在各个工位定位并完成相关工序的工作，最终输出满足设定重量的箱装水果。

盖仓 5 为自动供盖装置，塑料箱盖层叠式储存于其内。机械手 6 为真空吸头形式，可自动吸合提取箱盖，然后 180°转位，压合在满载水果的箱体上。与盖仓和机械手相关的机构原理及其设计在本书后续章节有详述。

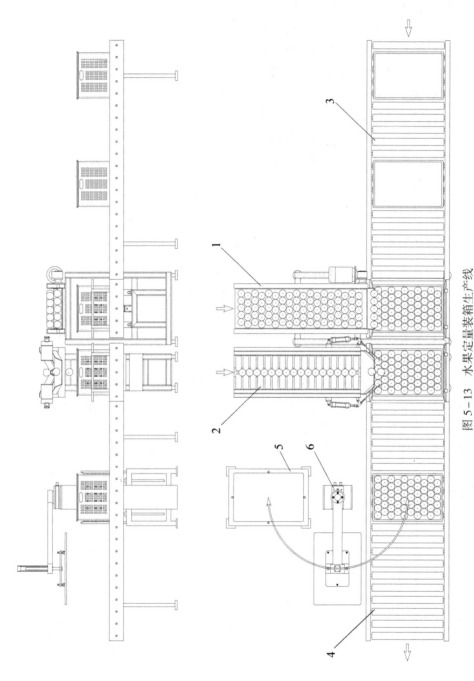

图 5-13　水果定量装箱生产线

1—大流量水果入料装填机；2—补给式水果入料称重机；3—空箱输入机；4—实箱输出机；5—盖仓；6—机械手

问题与思考

1. 传统的水果装箱称重方式有哪些？各有什么缺陷？

2. 水果的自动装箱称重过程须要考虑什么因素？

3. 请提出一种能有效提高水果包装速度的方案。

4. 请提出一种能有效提高水果装箱称重精度的方案。

5. 采取什么方法才能确保最终的装箱重量误差不超过一个水果的重量？

6. 大流量水果入料装填机是如何实现水果均匀分布装箱的？

7. 如果把补给式水果入料称重机的闸门取消，会出现什么状况？

8. 设计一套非接触式料位检测装置，用于大流量水果入料装填机。该装置能检测箱内水果的充填料位，接近满箱高度能发出信号停止入料。

6 机械手抓取式水果自动包装生产线

【关键技术】

- 机械手柔性抓果技术
- 水果定向排列装填技术
- 包装材料自动嵌套组合技术
- 包装盒自动覆膜封盒技术

【重点知识和设计要点】

- 水果包装生产线设计中需要重点解决的关键技术问题
- 机械手抓取式水果自动包装生产线工艺流程
- 常规设计的夹持器的性能特点
- 柔性夹持器的性能特点
- 容让式夹持器的结构、原理和性能特点
- 组合式机械手的结构和功能
- 组合式机械手在线抓果原理
- V 形平带输送机和双圆带输送机的结构和功能
- V 形开叉式平带输送机的作用以及水果输入设备的组成
- 包装盒定位机的结构和功能
- 组合式机械手的功能完善
- 水果自动装盒成套设备的组成和功能
- 包装盒输送限位机的结构和功能
- 薄膜牵引分切装置的结构、原理和性能特点
- 吸盘机械手与供盘仓的结构和功能
- 吸塑托盘供给装置动作原理
- 包装材料自动供给设备的组成
- 覆膜装置的结构及工作原理
- 合盖装置的结构及工作原理
- 机械手抓取式水果自动包装生产线的总体设计

6.1 项目背景

新鲜水果商品化处理后均需要进行包装，以利于上市和进出口运输等。其包装形式一般以纸箱和纸盒居多。

在水果包装车间可以发现，包装箱的输送、水果的自动装箱、包装成品的码垛搬运等基本都实现了自动化。其中，水果的自动化装箱机，主要是针对大容量大规格的箱装产品，并且大多数机型都是采用输送入料和称重计量的方式完成包装作业。但是，对于小容量小规格的包装，例如礼品盒、塑料成型盒等，由于须要按水果个数进行计量包装，因此还缺少专用的自动化包装设备。特别是对于一些精品包装，如内含吸塑托盘的纸盒包装，

基本上还是采用人工逐个装填托盘，手工包膜合盖的方法。

上述小容量、小规格的精品包装，主要用于一些价格较昂贵的水果，由于深受消费者欢迎，其生产规模随着市场需求的增长而不断扩大，从而导致包装工作量繁重。有鉴于此，从事水果商品化处理的生产厂商迫切需求自动化包装设备以取代人工。因此，针对这一类技术进行深入研究，并开发相关自动化机械设备，具有重大意义。

6.2 设计目标

如图 6-1 所示，是一种比较常见的水果精品包装形式，主要用于奇异果等椭圆形水果的包装。包装材料有三种：纸盒、吸塑托盘、塑料薄膜。纸盒形状为扁平状矩形，开口面分左右两边盖板，盖板卡孔与盒体凸块配合，压合后可使盒盖卡紧。

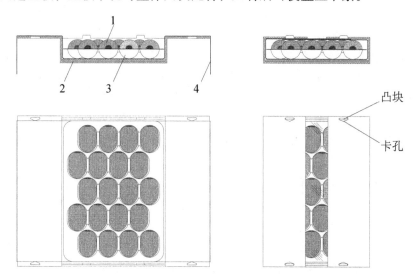

图 6-1　水果精品包装形式
1—水果；2—纸盒；3—吸塑托盘；4—塑料薄膜

包装作业时，工人把与盒体等宽的长方形塑料薄膜（或包装纸）铺开置于盒体表面，再把吸塑托盘与薄膜一起压入盒内，然后开始手工取果装填。对应吸塑托盘模孔，把水果装满后，先把薄膜左右覆合搭接盖在水果表面，再把左右盒盖翻合压紧，完成盒体包装。这一切都需要手工完成。

这一工作过程，工人须要处理的对象有 4 个，即纸盒、吸塑托盘、塑料薄膜和水果，最终须要把这 4 个处理对象集合成一体。设计目标就是要把上述过程实现自动化。由此，须要针对这 4 个处理对象设计对应的自动执行机构和控制装置，并且确定科学合理的动作流程，使各装置协调动作，形成一套自动化生产线。

在现有的水果包装生产线中，纸箱的输送、合盖、封箱等作业，以及薄膜的牵引和裁切、吸塑托盘的供送等都有比较成熟的技术可参考，相关的自动化机构也可借用。本设计的关键点是把各项技术进行集成创新，其难点在于水果的自动装填托盘。

对于水果装填托盘，按照工人的操作方式，可以想象，若要实现自动化，最理想的方式是采用机械手。但是，由于水果不同于工业产品，即使通过分级后，其外形尺寸也有差异。若采用普通的工业机械手，由于其夹持力度恒定，将难以适应每一个水果尺寸的频繁变化。因此，使用机械手实现水果自动包装具有一定的难度。这一切问题都需要在设计过程逐一解决。

6.3 关键技术分析

针对图6-1的水果包装形式，根据手工操作过程，分析实现自动化包装的关键技术，拟定解决技术难点的方案，最终设计自动化生产线。

设计中需要重点解决的关键技术问题如下：

①水果抓取式机械手的设计。明确具体的包装对象，主要针对最难实现自动包装的表皮嫩薄的椭圆状水果，以奇异果（猕猴桃）为例。设计适用于对该类水果进行抓取的快速灵活的机械手，需要在一定范围能适应其外形差异，无须调节夹持力即可实现柔性夹持，而且要力度恰当，确保工作过程中杜绝伤果的现象。

②水果定向排列装填技术研究及系统设计。椭圆状水果具有方向性，机械手应按水果横截面（即短轴截面）方向夹持才能稳定抓取。因此，机械手工作时的位姿应与水果运行时的位置状态相适应。

为了提高生产率，需要对机械手进行组合式设计，即可以同时抓取多个水果进行装盒。工作时，组合式机械手依次抓取多个水果，对应吸塑托盘的模孔进行定向排列，从而实现成组水果的准确装填。

③包装材料自动供给装置的设计。包装材料自动供给装置包括纸盒输送定位装置、薄膜定长牵引分切装置、吸塑托盘供给装置等。工作时，包装纸盒输入和定位，自动铺盖一张定长的塑料薄膜于盒内，再同步供给置入一个吸塑托盘。三种包装材料相互嵌套装配，形成一个包装组合体，为后续的水果装填工序做好准备。

④包装盒自动覆膜合盖装置的设计。包装盒自动封膜合盖装置处于水果装填工序之后，包括自动覆膜装置和自动合盖装置。包装盒最后的封合经过两步工序，首先进行薄膜的覆盖，对水果形成内部裹包；最后，进行盒盖的压合，形成具备内、外包装于一体的完美的包装成品。

以上4项关键技术，难度较大的是抓果机械手和水果定向排列装填装置的设计。

6.4 设计方案拟定

根据上述关键技术的分析，设计的水果自动包装生产线需具备以下功能：

（1）机械手采取组合形式，可同时抓取多个目标对象，以提高生产效率。

（2）机械手抓取多个目标对象后，需要自动调整相互之间的间距，以实现定位装填。

（3）包装材料和包装对象的供应不但要相互协调，还需要配合机械手的动作节奏。

初步确定水果自动包装生产线为平面布置，水果与包装材料分路输入，经过多个工位，自动组合成包装成品。全线设备由4大核心部分组成，包括抓果机械手、水果定向排列装填设备、包装材料自动供给设备、包装盒自动覆膜合盖设备等。各核心部分集中控制，相互衔接，协调运行。

拟定机械手抓取式水果自动包装生产线工艺流程如图6-2所示。

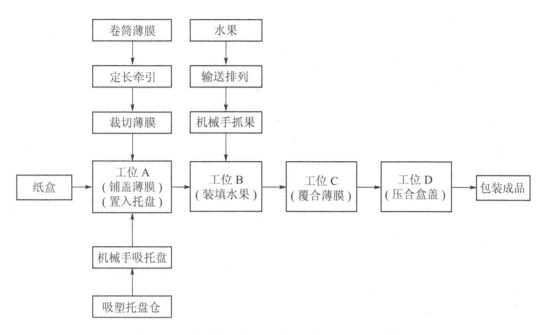

图 6-2　机械手抓取式水果自动包装生产线工艺流程图

生产线中，机械手抓取水果装填是最关键的技术要点，初步设想其设计方案如图 6-3 所示。如图所示，控制水果形成队列由输送带输入，依次按一定间距沿箭头方向运行；被嵌入塑料薄膜和吸塑托盘的包装盒被输送机送入，运动方向与水果输送方向平行且反向。包装盒间歇运行，在如图所示的装填工位停止，等待装填水果。

在包装盒进入装填工位后，机械手开始动作，在输送带上连续抓取在线运行的水果，达到 5 个一组后移位至包装箱上方，对应吸塑托盘模孔装填。水果装填模孔按纵向（箭头方向）排列，5个形成一排。如图 6-3 所示，机械手对吸塑托盘装填时，由右至左，依次一排一排地装填。

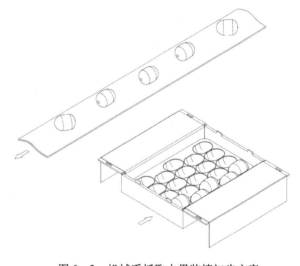

图 6-3　机械手抓取水果装填初步方案

图示吸塑托盘有 4 排纵向排列的模孔，每排 5 个模孔，相邻模孔错位布置。机械手须进行 4 次工作循环，才能装满一个托盘。

6.5　生产线机械设备设计

6.5.1　水果抓取机械手的设计

由于水果按等级包装，因此包装前需要进行分级处理，以保证单果的大小或重量基本一致。但是，即使经过严格的分级，水果的外形尺寸也存在差异，不可能如工业产品般精确。若采用常规的夹持式机械手抓取水果，为避免伤果现象，则需要在工作过程频繁调节夹紧力，由此会造成系统运算复杂和工作效率低下。目前应用在生产线的工业机械手，由于都是针对大批量生产的同规格的产品，因此基本上采取开合幅度和夹紧力固定的设计。这一类机械手难以适应水果的夹持。

至于另一类常用的采用真空吸取形式的机械手，如罐头装箱机械手，理论上可以通过真空吸头直接吸附水果表面，提取移位。但是，这种真空吸取式机械手只能用于表皮平滑且坚韧的水果，对于表皮有绒毛或褶纹的水果则难以适应，特别是对于表皮柔软、嫩薄的水果，极易造成吸取位置表皮的瘀伤，需慎用。

两者相比较，水果的抓取采用夹持式机械手适应性较好，其前提是解决夹紧力的调节问题——夹爪的闭合度不能为固定值，以免因水果外形差异而出现夹伤或夹不紧的现象；也不能频繁调节以免控制系统运算复杂致使生产速度下降。

因此，理想的水果抓取机械手，应该在一定范围能适应水果尺寸的差异，且无需频繁调节夹紧力即可实现柔性抓取。

6.5.1.1 常规设计的夹持器

机械手抓紧水果的直接执行机构是夹持器，相当于机械手的手指。图6-4是按常规设计的夹持器，夹持器主要由基座1、缸座2、气缸3、支座4、铰支5、夹爪6组成。各零部件以基座1为基础进行装配。基座1底部固定安装2个支座4，左右两侧分别固定安装缸座2。

夹爪6左右对称安装。夹爪上部的两个销孔，其中一个通过销轴与支座4连接，另一个则通过铰支5与气缸3的活塞杆连接。气缸3的缸体端部通过销轴安装在缸座2上。

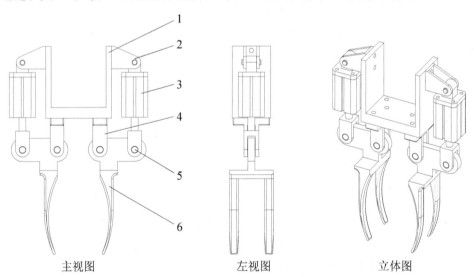

主视图　　　　　　　　　左视图　　　　　　　　　立体图

图6-4　常规设计的夹持器

1—基座；2—缸座；3—气缸；4—支座；5—铰支；6—夹爪

当气缸3的活塞杆伸缩时，可通过铰支5驱动夹爪6，使夹爪以支座4的销轴为圆心左右摆动。因此，左右气缸的活塞杆同时伸出，则可驱动夹爪合拢；左右气缸的活塞杆同时收缩，则可驱动夹爪张开。

此夹持器为刚性结构，采用气缸驱动，开合幅度不变，只能适应夹持具有标准外形尺寸的物体，夹紧力恒定。若用于抓取水果，极易出现伤果现象，因其不适应水果尺寸偏差的变化。

6.5.1.2 柔性夹持器

针对水果的抓取，应考虑采用柔性夹爪，使夹持器在一定范围内适应水果尺寸偏差的变化。

图6-5所示是一种柔性夹爪的设计形式，图中展示柔性夹爪与刚性夹爪的对比。图6-5c刚性夹爪是一体式金属结构，其下部加工为两条平行的弯爪。相对于刚性夹爪，柔性夹爪由金属爪架和若干根（图中为6根）弹力弦组成。

图6-5a显示爪架和弹力弦结构。弹力弦采用圆形截面的橡胶条制造，两端用金属圆柱夹头固定。爪架为弓形结构，在弓形的上横杆和下横杆对应部位加工有若干个（图中为6个）定间距的圆柱孔及侧开槽，其圆柱孔与弹力弦的圆柱夹头配合。装配弹力弦时，首先拉长弹力弦，让圆胶条从侧开槽卡入，然后放松，使上下圆柱夹头分别嵌入上横杆和下横杆的圆柱孔内，即可固紧一根弹力弦。爪架装配弹力弦后如图6-5b所示，组装成柔性夹爪。

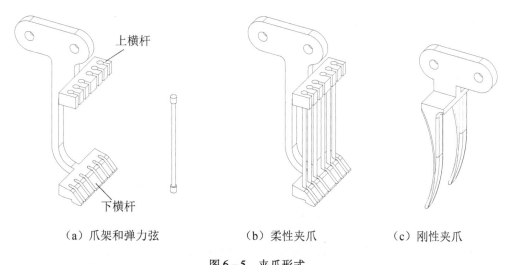

（a）爪架和弹力弦　　　　（b）柔性夹爪　　　　（c）刚性夹爪

图6-5　夹爪形式

对图6-4所示的夹持器进行改造，把其中一个刚性夹爪用柔性夹爪取代，形成如图6-6所示的柔性夹持器。该夹持器同样是气缸驱动，开合幅度不变，但由于配备一个柔性夹爪，使其夹持物体的灵活性增强。

图6-7显示两种夹持器抓取水果时的状态。图6-7a夹持器配备两个刚性夹爪，其开合幅度固定，只要水果尺寸稍微增大则容易受损。图6-7b夹持器配备了一个柔性夹爪，虽然其开合幅度同样是固定的，但夹紧力会出现变化。由于柔性夹爪弹力弦的弹性变形，可自行适应水果的外形而张紧贴合在水果表面，配合刚性夹爪可靠地抓紧水果，在设定的范围内无需调节开合幅度也可适应水果尺寸的变化。

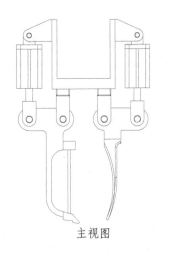 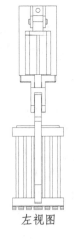 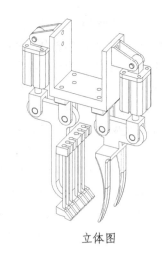

主视图 　　　　　　　　左视图 　　　　　　　　立体图

图 6-6　柔性夹持器

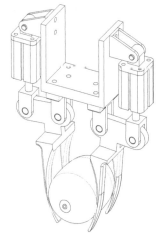 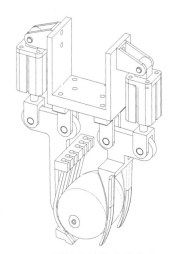

（a）刚性夹持器夹果状态 　　　　　　（b）柔性夹持器夹果状态

图 6-7　夹持器抓果状态

　　装配弹力弦夹爪的夹持器可有效避免伤果现象的出现，但是，在使用中还存在一定的缺陷，主要表现在：其一，橡胶弹力弦耐用性较差，长期工作会导致材料疲劳老化，出现弹力衰退的现象；其二，夹持器采用气缸驱动，开合幅度不可变，适用水果外形尺寸的范围有局限。为此，有必要对夹持器进行更优化的设计。

6.5.1.3　容让式夹持器

　　对上述柔性夹持器进一步优化再设计，形成如图 6-8 所示的容让式夹持器。该夹持器主要由步进电机 1、基座 2、丝杆 3、滑块 4、连杆 5、摆杆 6 和 7、爪座 8、支轴 9、扭簧 10、夹爪 11 等零部件组成。

　　夹爪 11 为刚性结构的弧形弯爪，其上端连接部有销孔，通过支轴 9 定位在爪座 8 的凹槽内。支轴 9 上套装扭簧 10，使夹爪 11 和爪座 8 相互间处于压紧状态。因此，夹爪可绕支轴向外摆动，但须克服扭簧的压力。爪座 8 和基座 2 之间通过两支摆杆 6、7 连接，形成平行四边形机构。步进电机 1 在基座 2 顶部居中安装，其输出轴装配丝杆 3，与滑块 4 中部螺孔配合。连杆 5 通过两端铰支分别与滑块 4 和摆杆 6 连接。

工作时，控制步进电机 1 正转或反转，驱动丝杆 3 同步转动，使滑块 4 上下移动。当滑块 4 向下移动时，通过连杆 5 推动左右摆杆 6，使摆杆以基座上的铰支为支点向外摆动，从而带动爪架 8 及其夹爪 11，使夹爪做出张开放松的动作。反之，当滑块 4 向上移动时，左右摆杆向内摆动，使夹爪做出合拢夹紧的动作。

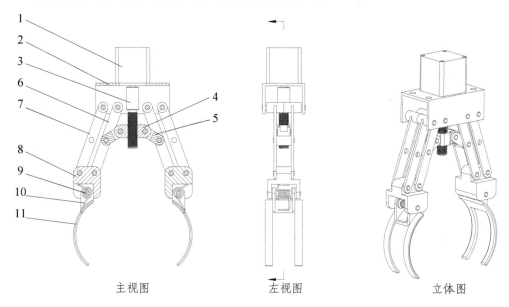

主视图　　　　　　　　　左视图　　　　　　　　　立体图

图 6-8　容让式夹持器

1—步进电机；2—基座；3—丝杆；4—滑块；5—连杆；6—摆杆；7—摆杆；8—爪座；9—支轴；10—扭簧；11—夹爪

图 6-9 所示是容让式夹持器抓取水果的状态。图 6-9a 和图 6-9b 显示抓取的水果存在尺寸差异，图 6-9a 水果符合抓取设定值尺寸，图 6-9b 水果大于设定值。夹持器抓取这两个水果时，手爪的闭合度一致，如图示尺寸为 δ。当夹持的水果大于设定值时，左右夹爪分别克服扭簧压力向外摆动，如图 6-9b 箭头所示，做出容让动作，自然适应水果外径，同时依靠扭簧的压力夹紧水果。

容让式夹持器有以下优点：

①夹爪和爪座之间装配扭簧，通过爪座间接驱动夹爪开合，使刚性夹爪具备柔性的功能。这一特点与上述弹力弦作用相似，但克服了弹力弦耐用性差的缺陷。

②动力形式采用步进电机，通过丝杆滑块驱动夹爪开合，其开合幅度可以灵活调节，并具备自锁功能。只要改变电机转数即可改变开合幅度，以适应不同级别的水果抓取，适用范围较广。

③采用平行四边形的摆杆机构，可保持左右夹爪平行移动，以确保对心合拢，使被抓水果受力均匀，从而提高保护性。

但是，上述容让式夹持器在实际工作中存在一个缺点：由于无法测定夹紧力，致使手爪的闭合度不能实时调节，难以适应多级别水果的应用。为此，可对其进一步改进完善，如图 6-10 所示，在左爪座凹槽内增设一个压力传感器，使扭簧的上压杆刚好压紧传感器的受力面。如此，则可以解决这一问题。

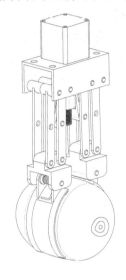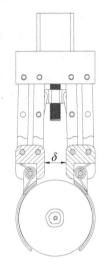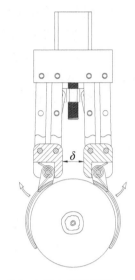

(a) 水果符合设定值　　(b) 水果大于设定值

图 6-9　容让式夹持器抓果状态

压力传感器

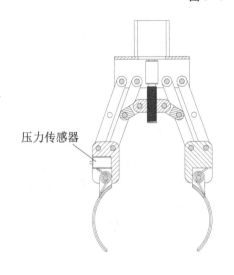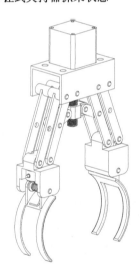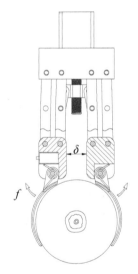

(a) 夹持器主视剖面图　　(b) 夹持器立体视图　　(c) 夹持器夹果状态图

图 6-10　带压力传感器的容让式夹持器

该夹持器抓果控制原理如下：

如图 6-10c 所示，夹持器抓取水果时，左右夹爪压合水果表面后，分别克服扭簧压力向外摆动，如图箭头所示，做出容让动作，自然适应水果外径，依靠扭簧的压力夹紧水果。设定夹持器抓取水果时，手爪的闭合度为 δ，压力传感器感受的压力为 f。

工作时，可以设定一个传感器受力范围以适应水果的尺寸变化。例如，可以针对某一级别水果，设定传感器受力最小值 F_x、最大值 F_d。在 $F_x \leqslant f \leqslant F_d$ 范围内，夹爪可以稳固抓取该级别水果，同时不会损伤水果。抓取水果时状况如下：

①对于大多数同级别的水果，夹爪的闭合度 δ 保持为一个固定值（以 δ_0 表示）就可以满足条件 $F_x \leqslant f \leqslant F_d$。即无需频繁调整步进电机转角，从而提高运行效率。

②夹爪合拢过程，当闭合度已达 δ_0（即 $\delta = \delta_0$）时，检测到 $f < F_x$，意味着当前水果太小。为避免夹紧力太小而夹不紧水果，电机会继续驱动夹爪向内合拢，适当减少闭合度，使 $\delta < \delta_0$，直至 $f = F_x$ 为止。

③夹爪合拢过程，当闭合度未达 δ_0（即 $\delta < \delta_0$）时，已经检测到 $f = F_d$，意味着当前水果太大。为避免夹紧力太大而损伤水果，电机会即时停转，维持当前闭合度 δ。

由此可见，扭簧和压力传感器配合，可以实时检测压力以控制夹爪开合幅度，从而实现夹紧力在一定范围内的自动调节，以适应不同级别水果的抓取，适用范围更广。

6.5.1.4 单头抓果机械手

上述夹持器只具备夹爪开合夹持的单一功能，还不是完善的机械手。在实际工作中，机械手抓取在线运行的水果，必须要做出一系列动作。

假使机械手置于水果运行的上方，它需要做出抓果前的下降、抓果后的上升等位移动作。对于椭圆形的水果，因其具有方向性，需要按短轴截面夹取才能稳固，机械手对于这些在线运行且方向随机的水果还需要做出转位动作以适应。因此，必须赋予夹持器位移功能，才能形成完善的抓果机械手。

图 6-11 所示是具备位移功能的单头抓果机械手，每次抓取 1 个水果。其主要的零部件包括夹持器 1、升降气缸 3、旋转关节 4、下轨座 5 和上轨座 6，以及错位气缸 9 等。

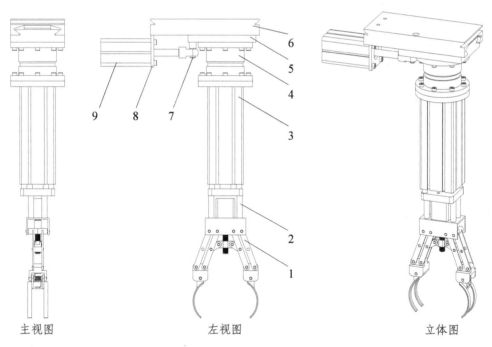

主视图　　　　　　　左视图　　　　　　　立体图

图 6-11　单头抓果机械手

1—夹持器；2—联接杆；3—升降气缸；4—旋转关节；5—下轨座；

6—上轨座；7—销轴；8—支座；9—错位气缸

该机械手的结构及功能如下：

①手爪的开合。前已述及容让式夹持器的动作原理，只要控制其步进电机的转向和转数，即可驱动夹爪在一定的开合幅度下做出张开和夹紧的动作。

②机械手升降。夹持器 1 和升降气缸 3 的活塞杆端板之间，通过 4 支连接杆 2 固定装配。当升降气缸的活塞杆伸缩时，可通过端板带动夹持器下降和上升。

③机械手转位。旋转关节 4 是一套由伺服电机驱动的谐波减速器，其上部法兰固定安装在下轨座 5 的下方；其下部法兰与升降气缸 3 的缸体上端部连接。旋转关节 4 动作时，可驱使升降气缸转动任意角度。

④机械手错位。下轨座 5 与上轨座 6 通过 T 形滑轨配合安装。错位气缸 9 通过支座 8 安装在上轨座 6 的一侧，该气缸活塞杆端部与固定在下轨座 5 的销轴 7 连接。当错位气缸 9 的活塞杆伸缩时，可推拉下轨座 5 沿滑轨左右移动。

单头抓果机械手工作原理如图 6 - 12 所示，以奇异果为例。图中，水果形成队列后，按一定间距依次由输送带输入，沿箭头方向运行。由于采用平皮带输送，因此每个水果在输送带上的位置姿态没有限制，处于随机状态。机械手位于输送带上方待命，以其上轨座为基准垂直布置。

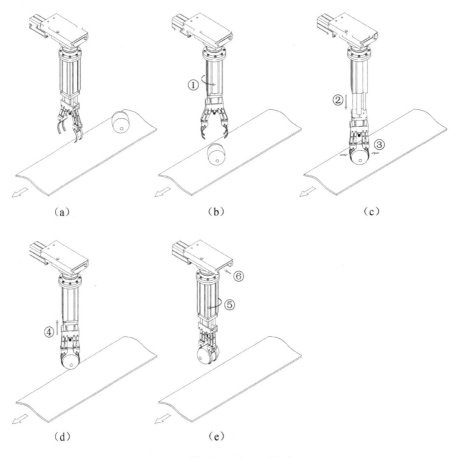

（a） （b） （c）

（d） （e）

图 6 - 12　单头抓果机械手工作原理

图 6 - 12a 所示，机械手待命。机械手夹持器的夹爪保持张开状态，等待运行而至的水果。图 6 - 12b 所示，机械手转位。机械手前需要配备一套检测系统，提前检测水果在输送带上的位置，通过控制系统控制机械手的旋转关节动作，从而驱动升降气缸和夹持器转动一定角度（箭头①），使夹爪的开合方向与水果横径截面一致。图 6 - 12c 所示，机械手下降抓果。当水果运行至夹爪正下方时，机械手的升降气缸活塞杆伸出，快速推动夹持器下行（箭头②）至水果位置，夹持器的夹爪合拢（箭头③），从而夹紧水果。图 6 - 12d，机械手持果上升。机械手的升降气缸活塞杆收缩，拉动夹持器上行（箭头④），从而夹持水果离开输送带。图 6 - 12e，机械手回正和错位。旋转关节动作，驱动升降气缸和夹持器回转一定角度（箭头⑤），使夹爪方向回复原位，摆正水果方向。其后，按需可控制错位气缸动作，驱动升降气缸和夹持器横移一段距离（箭头⑥），以利于水果装填时的错位排布。

6.5.1.5 组合式抓果机械手

单头抓果机械手每次只能抓取 1 个水果。在实际的生产应用中，为了提高包装速度，要求机械手每次能抓取多个水果进行装填，即成组抓取。与此同时，机械手抓取成组水果后，还须要排列整齐，以对应吸塑托盘的模孔进行准确装填。因此，应把机械手设计为成组抓取水果的形式，并且除了具备手爪开合、转位、升降等功能外，还应具备多个水果的排列功能。为此，设计一套组合式抓果机械手，其总体结构如图 6 - 13 所示。

（1）总体结构

如图 6 - 13 所示，组合式抓果机械手主要由 5 套单头机械手和 4 套移位气缸组装而成，以基座 15 为基础进行装配。

基座 15 为框架式结构，其上部板座可与其他移动搬运机构连接，或者直接与工业机器人手腕连接。在基座 15 的下方，沿基座长度方向，两侧对称各布置一支导轨 10，固定安装。机械手安装时，通过上轨座 6 嵌入导轨 10 之间，与两侧轨道配合，整体形成悬吊状态。5 套机械手在导轨长度方向定间距布置，相互平行，垂直向下。在基座 15 内部，相邻机械手之间装配有移位气缸 11，共 4 套。

参考图 6 - 14 可更直观地显示组合式抓果机械手的内部结构。

（2）机械手移位控制

参看图 6 - 13b 俯视图，在机械手上轨座 6 的上表面安装有移位气缸 11。5 套单头机械手按自左至右顺序排列，其中第 1 至第 4 套的上轨座分别安装有移位气缸 11，第 2 至第 5 套的上轨座分别安装有销轴 14。每个移位气缸 11 均通过缸座 12 固定在上轨座 6 上，其活塞杆端部通过拨杆 13 与下一个上轨座的销轴 14 连接。

第 1 套单头机械手的上轨座 6 固定安装，其余 4 套单头机械手的上轨座 6 可沿导轨 10 滑动。当 4 个移位气缸 11 的活塞杆同时伸缩时，可驱动除第 1 套单头机械手外的其余 4 套单头机械手移动，做出相互分开或相互合拢的移位动作，如图 6 - 15 所示。

综上所述，由若干套单头机械手组装成一体的组合式抓果机械手，不但每套单头机械手均具备夹持、升降、转位、错位功能，而且还具备每套单头机械手之间的移位功能。至此，抓果机械手功能基本完善。

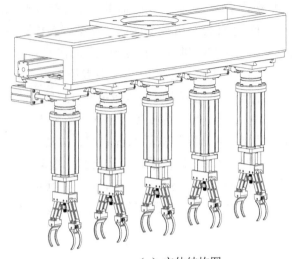

（a）立体结构图

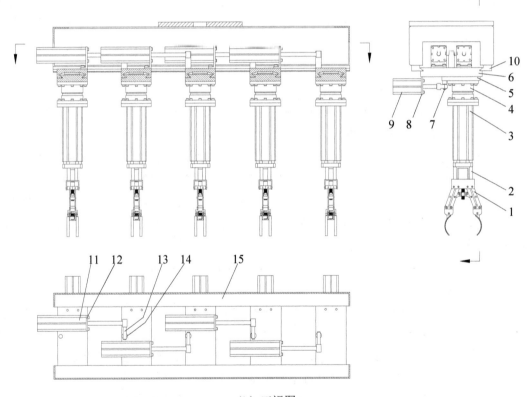

（b）三视图

图 6 - 13　组合式抓果机械手

1—夹持器；2—联接杆；3—升降气缸；4—旋转关节；5—下轨座；6—上轨座；7—销轴；
8—支座；9—错位气缸；10—导轨；11—移位气缸；12—缸座；13—拨杆；14—销轴；15—基座

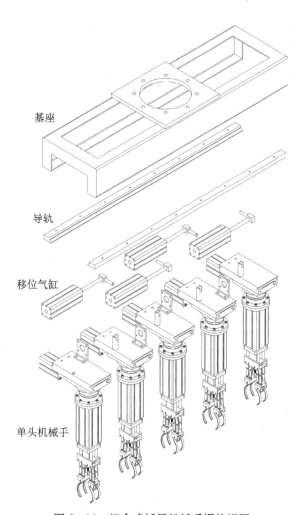

基座

导轨

移位气缸

单头机械手

图6-14 组合式抓果机械手爆炸视图

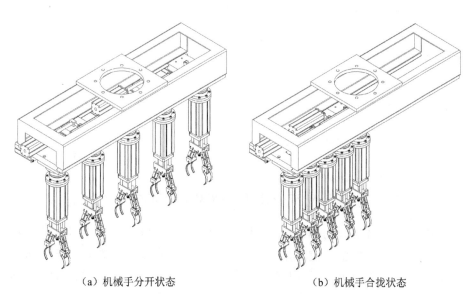

（a）机械手分开状态　　　　　　　　（b）机械手合拢状态

图6-15 组合式机械手移位状态

6.5.1.6 组合式机械手在线抓果原理

如图 6-16 所示，组合式机械手在水果输送机上方待命。水果连续送入，在输送带中心线形成单行列队运行。水果之间相隔一定距离，但不一定相等。

在水果输送机上方，进入机械手工作范围之前的位置，安装有一台 CCD 摄像机。CCD 摄像机与 5 套单头机械手 A、B、C、D、E 的距离分别为 L_a、L_b、L_c、L_d、L_e，各距离数值固定不变。

以椭圆状的奇异果为例，工作时水果逐个经过 CCD 摄像机，被拍摄成像。

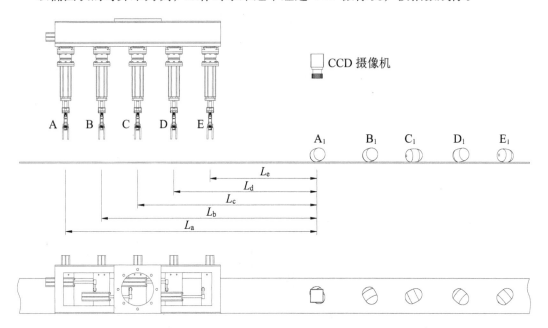

图 6-16 组合式机械手在线抓果原理图

（1）机械手实时转位夹果

图 6-17 显示水果 A_1 在线运行中被机械手夹持的原理。

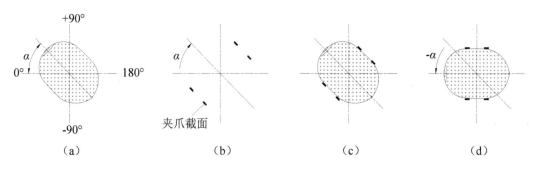

图 6-17 机械手转位夹果控制原理图

图 6-17a，当水果 A_1 经过 CCD 摄像机时被摄像，视频信号经图像采集卡转换为数字信号，进入电脑分析。电脑测定水果长径中心点，确定水果蒂部方向处于 α 角，同时计算水果运行距离 L_a 所需的时间（即从摄像机位置运行至手爪 A 位置的时间）。随后，电

脑发出指令,通过 PLC 控制机械手 A 做出下列动作。

图 6 - 17b 中,机械手 A 接到运行指令,其伺服电机驱动谐波减速器转动,带动手爪由初始位 0°顺时针转位 α 角。

图 6 - 17c 中,待水果 A_1 运行至机械手 A 正下方时,机械手上的升降气缸带动手爪下降。手爪合拢,夹紧水果 A_1。随后,升降气缸带动手爪夹持水果上升。

图 6 - 17d 中,伺服电机再次驱动谐波减速器转动,带动手爪逆时针转位 $-\alpha$ 角,回复至初始位 0°位置。

紧随水果 A_1 之后,是水果 B_1、C_1、D_1、E_1,依次被 CCD 摄像机拍摄成像,如水果 A_1 一样经历电脑分析,分别被机械手 B、C、D、E 夹持。

(2) 机械手排列水果

组合式机械手抓取成组(5 个)水果后,需要调整水果之间的位置,做出排列以对应吸塑托盘的模孔位。各单头机械手的动作如图 6 - 18 所示。

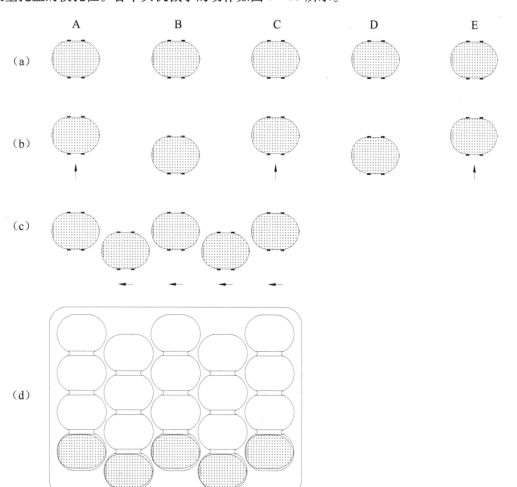

图 6 - 18 水果排列控制原理图

图 6 – 18a 中，经历实时转位夹果过程后，机械手 A、B、C、D、E 分别夹持水果 A_1、B_1、C_1、D_1、E_1，形成如图状态。

图 6 – 18b 中，机械手 A、C、E 上的错位气缸动作，拉动各自的下轨座，使手爪夹持的水果 A_1、C_1、E_1 移动半个水果位置，如图箭头所示。

图 6 – 18c 中，机械手上 A、B、C、D 的移位气缸同时动作，分别拉动机械手 B、C、D、E 的上轨座，使手爪夹持的水果合拢，形成如图的紧密排列状态。

图 6 – 18d 中，机械手夹持水果后的排列状态与吸塑托盘上的模孔排列一致。只要把机械手移位至托盘上方，即可把夹持的 5 个水果一次性装填入对应的模孔。

经历上述动作后，机械手复位至水果输送机上方，完成一个抓果装填循环。其后，水果继续输入，依次进入摄像区域的水果是 A_2、B_2、C_2、D_2、E_2…机械手进行循环的抓果装填动作，直至装满一个托盘。

图 6 – 19 所示直观地反映出组合式机械手在线抓取成组水果后的排列状态，经过错位移动和合拢排列，使成组水果准确对应吸塑托盘的模孔。

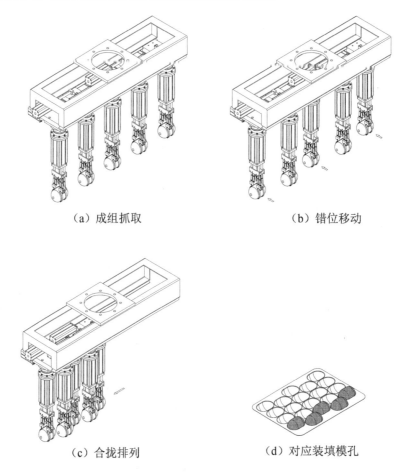

（a）成组抓取   （b）错位移动

（c）合拢排列   （d）对应装填模孔

图 6 – 19　组合式机械手排列水果状态

6.5.2 水果输入设备的设计

通过机械手在线抓果原理分析可知，水果必须要有规律地输入，并且要形成单行列队的输送状态，才能方便机械手顺利地逐个抓取。因此，必须要对水果的输入设备进行合理的设计。

6.5.2.1 V形平带输送机

要实现水果的列队输送可采用V形平带输送机，如图6-20所示，图6-20a显示输送机的外形结构，图6-20b为输送机输入水果的状态。

如图6-20a所示，两条输送平皮带安装在一个V形刚性架体上，带面夹角为90～120°，组成了一个V形输送槽。两条平皮带分别有独立的主动辊和被动辊，两者同步运行。

入料时，水果落入V形平带输送机后，被两侧斜面的平皮带带动前进，在输送过程中，从入口的混乱堆叠的状态自然分散，在槽底走正，居中形成整齐的单行列队。

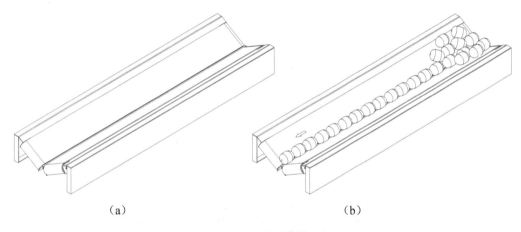

（a） （b）

图6-20 V形平带输送机

6.5.2.2 双圆带输送机

虽然在V形平带输送机中的水果处于列队状态，但还未满足机械手抓取的条件。在V形平带输送机中，因水果排列紧密致使组合式机械手无法及时逐个抓取，而且机械手的夹持器伸入V形带槽中极易与两侧倾斜的带面碰撞。因此，机械手不能在V形平带输送机中抓取水果。

组合式机械手能够顺利抓取水果的前提条件有三个：其一，水果列队输送且相邻水果具有一定间距；其二，水果输送带的两侧需留有适合机械手操作的空间；其三，确保水果在列队输送过程中处于同一中心线运行。

使紧密排列的水果变成定间距输送，最简单的方法是采用差速输送法。在V形平带输送机后衔接一台高速输送机，其速度比V形平带输送机提高一个档次，使进入的水果从低速状态过渡到高速状态，与后面的水果拉开一定的间隔距离。只要调整速度差值，即可调节水果的间隔距离。如此，即可解决条件一的问题。

至于条件二，要求给机械手留有合适的操作空间，最理想的是采用平皮带输送的模式，因水果输送时处于平皮带的平面上，非常方便被机械手从两侧夹持。工作时，只要机械手的夹持器不触及运行中的平皮带，就不会和其他零部件产生碰撞干涉的现象。但是，若采用平皮带输送模式，则难以满足条件三的要求。因为类球形的水果在运行中的平皮带表面会出现滚动偏移现象，不可能确保处于同一中心线运行。假如用挡板或挡杆两侧限位，则会由于水果与挡板挡杆的摩擦力而出现阻滞堵塞的现象，而且挡板挡杆会妨碍机械手抓果，此方案不可取。

为此，设计一种简单实用的输送模式双圆带以满足上述三个条件，如图 6 - 21 所示，采用两根聚氨酯材质的圆带作为输送载体，两圆带间距固定为 δ，带隙之间能稳定承载一个水果。当双圆带按图示箭头运行时，进入的水果前后延续形成队列状态。

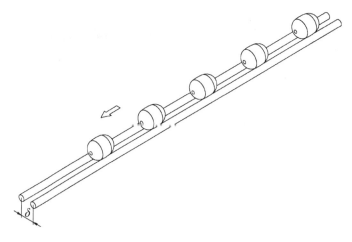

图 6 - 21　双圆带输送模式图

双圆带输送模式的优点是可以对水果进行定间距限位输送，同时留有足够的空间让机械手操作。此外，对于椭圆形的水果，可保持水果长轴与输送方向一致，如图 6 - 21 所示。这一点很重要，可以有效减少机械手的动作量。

由图 6 - 17 机械手转位夹果控制原理分析可知，机械手抓果前需要根据水果的位置进行转位，转位角度随水果位置变化而变化。采用双圆带输送水果时，由于水果长轴与输送方向一致，因此机械手只要保持 0° 和 180° 位置即可，无需作任意角度的调整，极大地降低了控制系统的运算量。

双圆带输送机的总体结构如图 6 - 22 所示。整机主要由主动带轮 1、被动带轮 2、圆带 3，以及导轨 4 和托轨 5 等零部件组成。机器的动力源为减速电机 6，直接驱动主动带轮 1，带动两条圆带 3 同步运行。

圆带 3 全程处于导轨 4 的承托范围，确保不振动不偏离，保持稳定的直线运动。水果进入后，处于双圆带间隙之间，被承载和限位，随圆带往前输送。

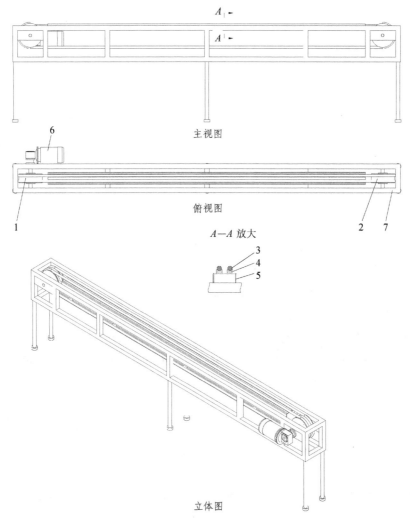

图 6 – 22　双圆带输送机

1—主动带轮；2—被动带轮；3—圆带；4—导轨；5—托轨；6—减速电机；7—机架

6.5.2.3　V 形开叉式平带输送机

由上述分析可知，要实现水果由紧密列队变成定间距输送状态，需要 V 形平带输送机和双圆带输送机前后连接使用。

但是，当两台机器直接连接时，即 V 形平带输送机出口连接双圆带输送机入口，必然会产生一个落差高度。水果从 V 形平带输送机出口进入双圆带时，会出现跌落翻滚现象，造成混乱且状态不可控，难以保证水果长轴与圆带输送方向一致。为此，需要设计一套过渡装置，使水果平稳顺利进入双圆带。

图 6 – 23 是一台 V 形开叉式平带输送机，可充当理想的过渡装置，安装在 V 形平带输送机和双圆带输送机之间。

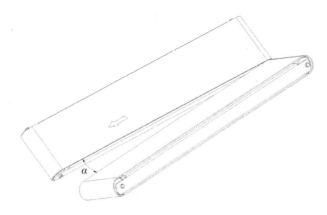

图 6 - 23　V 形开叉式平带输送机

该机的结构与 V 形平带输送机相类似，但其 V 形槽底部开叉，从入料端至出料端形成角度为 α 的渐开状态。当水果进入后，被两侧斜面的平皮带带动在槽底前行，由于槽底间隙渐行渐宽，水果最终脱离平皮带而落下。

6.5.2.4　水果输入设备的组成

综上所述，水果输入设备由 3 台机器组成，按前后顺序分别为 V 形平带输送机、V 形开叉式平带输送机、双圆带输送机，如图 6 - 24 所示安装。V 形开叉式平带输送机的入口端与 V 形平带输送机的出口端紧密衔接，双圆带输送机入口端的圆带表面贴近开叉平皮带的下表面。

3 台机器的运行线速度均可调，设 V 形平带输送机的线速度为 v_p、V 形开叉式平带输送机的线速度为 v_c、双圆带输送机的线速度为 v_y。设备工作时，设定 $v_y \geqslant v_c > v_p$。水果运行过程如下：

①入料。水果由其他输送机送入（图中无标示），进入 V 形平带输送机时处于堆叠混乱状态。

②列队输送。水果被 V 形平带输送机两侧平皮带带动，在槽底走正并居中形成整齐的单行列队，以速度 v_p 运行。

③加速过渡。水果进入 V 形开叉式平带输送机，被加速至 v_c，瞬间拉开与后面水果的距离。水果在向前运行过程槽底间隙渐行渐宽，逐渐接触下方同步运行的双圆带，最终平稳过渡至双圆带间隙之间。

④定位输送。进入双圆带输送机的水果以速度 v_y 定间距运行，且处于同一中心线。由于 V 形开叉式平带输送机的过渡作用，有效消除了落差的影响，水果运行全程保持长轴与输送方向一致。

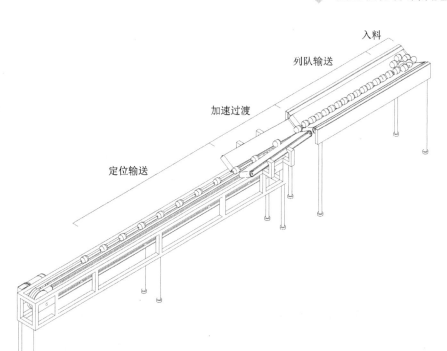

图 6 - 24　水果输入设备的组成

6.5.3　包装盒定位机的设计

采用机械手进行水果包装，需配备三类主要的机械设备：抓果机械手、水果输入设备以及包装盒输入和定位机。前面所述解决了机械手抓取水果的问题，以及水果输入的问题，下面解决包装盒的输入和定位问题。

本例的包装盒，是嵌套塑料薄膜和吸塑托盘的纸盒，包装工作的全程通过辊筒输送机输送，在装填水果工位（图 6 - 2 工位 B），包装盒需要准确定位，以接受机械手的水果装填。

图 6 - 25 是包装盒定位机，总体结构主要由挡杆 1、辊筒 2、压板 3、气缸 4、辊架 5，以及导轨 6 和丝杆滑块机构 7 等零部件组成。

由若干支辊筒 2 和辊架 5 组成输送装置，自带动力，包装盒可被辊筒导入和导出。辊架的一侧固定安装挡杆 1，另一则中部安装由压板 3 和气缸 4 组成的压合机构。当包装盒进入辊筒输送装置的中部时，气缸 4 驱动压板 3 推出，把包装盒压紧在挡杆 1 和压板 3 之间，稳定限位。

丝杆滑块机构 7 由伺服电机驱动。由于辊架 5 的底部通过滑套安装在导轨 6 上，当伺服电机转动时，可通过丝杆滑块带动辊筒输送装置沿导轨做直线运动。

由图 6 - 25b 可见，当伺服电机正反转时，可通过辊架带动包装盒左右移动，实现准确定位。

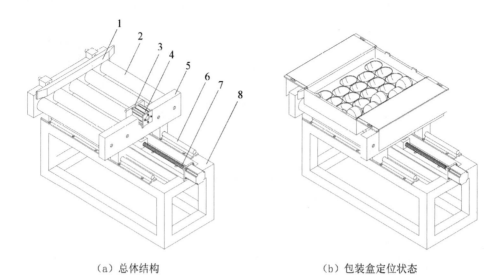

（a）总体结构　　　　　　　　（b）包装盒定位状态

图6-25　包装盒定位机

1—挡杆；2—辊筒；3—压板；4—气缸；5—辊架；6—导轨；7—丝杆滑块机构；8—机架

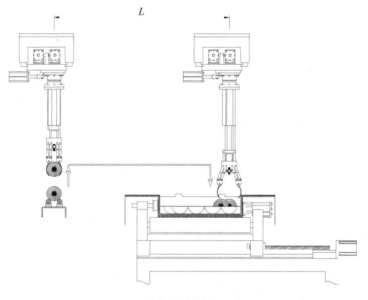

（a）抓果装填

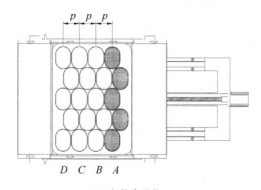

（b）包装盒移位

图6-26　包装盒定位机配合机械手抓果装填原理图

图 6-26 展示包装盒定位机配合机械手抓果装填的原理。

图 6-26a 中，组合式机械手首先定位在双圆带输送机上方，连续抓取运行而至的水果，足够一组（5 个）后，排列整齐，然后进行一个搬运行程 L，至包装盒上方，对应模孔释放水果装填。

工作过程中，组合式机械手抓取水果的位置和释放水果的位置保持不变，即行程 L 为固定值。吸塑托盘需要装填多排水果，如图 6-26b 所示有 A、B、C、D 共 4 排，意味着机械手需要搬运 4 组水果进行 4 次装填。

由于机械手释放水果的位置固定不变，对应在 A 排模孔位置，所以当装填 B、C、D 排的模孔时，需要包装盒移位以适应。图 6-26b 中尺寸 p 为模孔的排距，每当机械手完成一排装填后，包装盒需要向右移位一个 p 距离，依次让机械手进行 A、B、C、D 排模孔的装填。

包装盒的定距移位是通过伺服电机驱动的丝杆滑块机构来实现的，因此可根据包装盒的规格灵活进行调整。

完成装填后，包装盒左移复位至初始位置，被辊筒输出，接着导入后一个包装盒，重新进行装填。

6.5.4　水果自动装盒成套设备

把上述设计的组合式机械手、水果输入设备和包装盒定位机合理地装成一体，可以形成一套水果自动装盒成套设备。

6.5.4.1　组合式机械手的功能完善

由前述分析可知，组合式机械手只是一套具备抓果、排列、释放等功能的独立装置，要在生产线中应用，还需要赋予其整体移位功能，才能实施抓果和装盒作业。因此其功能还需进一步完善。

设想把组合式机械手安装在一套自动搬运机构上，使其整体具备移位功能，这样就能把抓取的水果送至目标位置进行装填。

在实际的生产应用中，可以考虑采用工业机器人作为搬运机构，把机械手装配在其手腕上，即可以实施灵活精确的作业。这是一种自控程度最高的方式，但并非是最佳方式。当采用一台工业机器人配套机械手的模式时，工作过程会出现如下状态：机械手抓取水果时，包装盒在等待装填；机械手装填水果时，在线运行的水果等待被抓取。这一等待过程会影响生产效率，难以提高包装速度。

由此可见，最理想的方式是有两套机械手交替工作：两套机械手同步运行，一套在抓取水果的同时另一套在装填水果，反复轮换工位。如此即可消除上述等待时间，有效提高包装速度。

按图 6-26 原理所示，机械手抓取水果后需要运行一段距离 L，从双圆带输送机上移位至包装箱上方。如果采用直线运动，则机械手需要反复来回运行，才能实施抓果和装填。这种形式只适用于装备一套机械手，难以适应两套机械手的运行。

因此，需要转换运动方式，可考虑采用回转运动代替直线运动。

图6-27所示是转位式循环抓果装填装置，正是根据上述思路而设计。该装置由两套组合式机械手组成，通过回转动作实现机械手的整体移位。

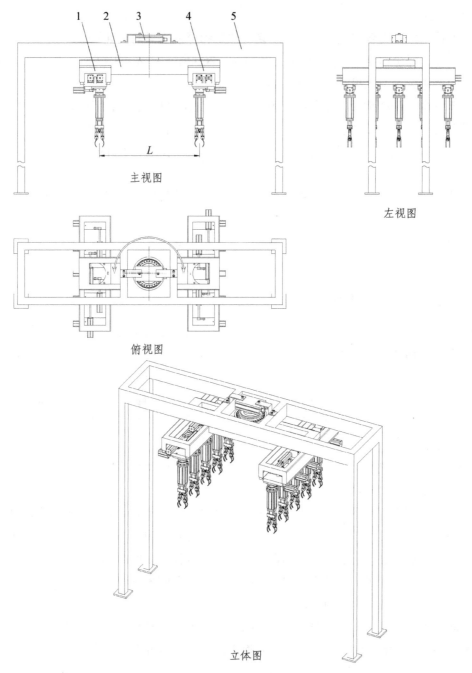

图6-27　转位式循环抓果装填装置

1—组合式机械手A；2—转位架；3—气动旋转机构；4—组合式机械手B；5—龙门架

如图6-27所示，组合式机械手A和B对称安装在转位架2的两侧；转位架的中部通过中心轴悬吊安装在龙门架下方，其上部安装气动旋转机构 3。气动旋转机构动作时，可通过中心轴驱动转位架，带动组合式机械手 A 和 B 回转 180°，如俯视图箭头所示。

图 6 – 27 中两套组合式机械手安装的中心距离为 L，即是抓果工位和装填工位之间的距离（参看图 6 – 26）。工作时，气动旋转机构反复实施正转和反转 180°，导致机械手 A 和 B 工位互换，交替实施抓果和装填作业。

6.5.4.2 水果自动装盒成套设备的组成

把转位式循环抓果装填装置和包装盒定位机，以及水果输入设备装成一体，形成水果自动装盒成套设备，如图 6 – 28 所示。

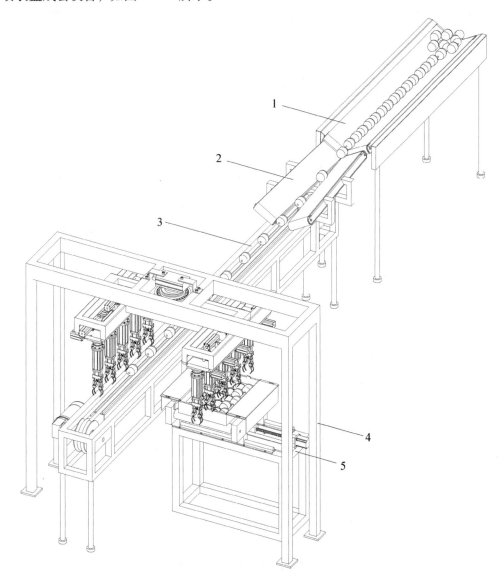

图 6 – 28　水果自动装盒成套设备

1—V 形平带输送机；2—V 形开叉式平带输送机；3—双圆带输送机；
4—转位式循环抓果装填装置；5—包装盒定位机

包装盒定位机前后应该分别配置 1 台辊筒输送机（图中无标示），作为包装盒进行输入和输出应用。

安装时，包装盒定位机和双圆带输送机平行布置，输送方向相反；转位式循环抓果装填装置的龙门架横跨包装盒定位机和双圆带输送机，其上 2 套组合式机械手分别对应双圆带输送机上的抓果工位和包装盒定位机上的装填工位。

通过成套设备可完成水果输送排列和机械手抓果装填入箱等一系列工序。

6.5.5 包装材料自动供给设备

本例包装材料有三种：纸盒、吸塑托盘、塑料薄膜。在装填水果前需要把这三种包装材料相互嵌套形成一个组合体，形成如图 6-29 所示状态。

参看图 6-2 工位 A，工作时，首先要输入空纸盒，然后在其上铺盖塑料薄膜，再置入吸塑托盘。要实现这一工序需要一套包装材料自动供给设备，由三部分组成，分别为包装盒输送限位机、薄膜牵引分切装置、吸塑托盘供给装置。

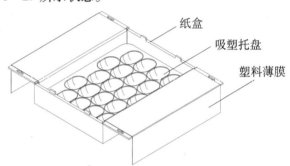

纸盒
吸塑托盘
塑料薄膜

图 6-29 包装材料嵌套组合状态

6.5.5.1 包装盒输送限位机

包装盒输送限位机是一台辊筒输送机，主要有两个功能：包装盒的输送及其限位。如图 6-30 所示，其结构和图 6-25 的包装盒定位机相似，中部配置挡杆和气缸，具有包装盒压紧限位功能，但没有移位功能。

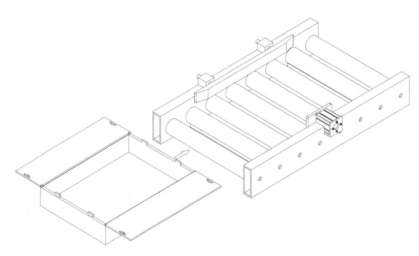

图 6-30 包装盒输送限位机

工作过程中，空纸盒由辊筒输送机输入，到达中部时被位置传感器检测，这时辊筒停转，气缸运动，把包装盒压紧，稳定了限位，以便实施后续铺膜和置入托盘等工序。

6.5.5.2 薄膜牵引分切装置

传统的薄膜包装机中，薄膜的牵引装置大多采用滚轮对滚或滚筒对滚输送的方式，或采用夹持机构牵引薄膜的方式。本例专门针对包装纸盒表面铺盖薄膜的具体情况，采用特别的真空定位吸取的形式，实现薄膜定长牵引和分切。

如图6-31和图6-32所示，是薄膜牵引分切装置的总体结构图（平面视图和立体视图）。该装置与包装盒输送限位机2配合使用，组成部分主要包括卷筒膜装置3、拉膜机构4、切膜机构5和真空砧板6等，动力源主要为气动和真空。

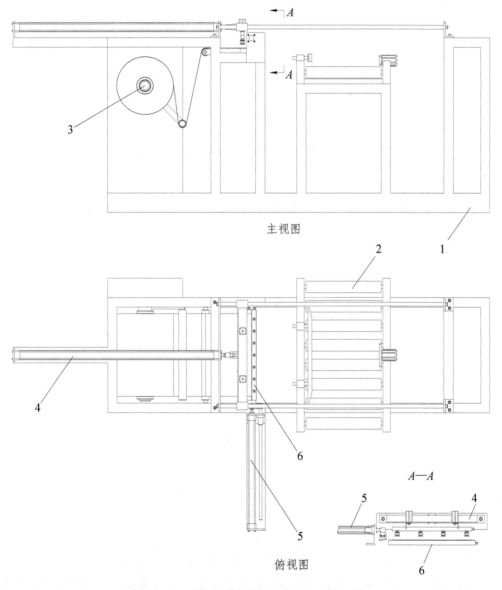

主视图

俯视图

A—A

图6-31 薄膜牵引分切装置总体结构平面视图
1—机架；2—包装盒输送限位机；3—卷筒膜装置；4—拉膜机构；5—切膜机构；6—真空砧板

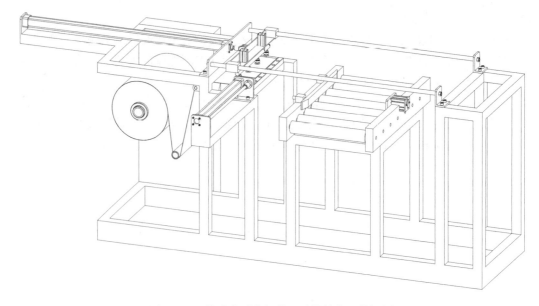

图6-32　薄膜牵引分切装置总体结构立体视图

（1）卷筒膜装置

卷筒膜装置用于卷筒式塑料薄膜的安装和导引，如图6-33所示（零部件编号顺延图6-31），主要由箱座7、卷膜辊筒8、摆辊9和导辊10组成。

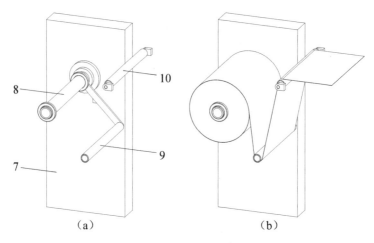

（a）　　　　　　　　　　　　（b）

图6-33　卷筒膜装置（零部件编号顺延图6-31）
7—箱座；8—卷膜辊筒；9—摆辊；10—导辊

如图6-33b所示，卷筒薄膜安装时，其中心孔套入卷膜辊筒8上，前后用挡圈固定。拉出的薄膜绕过摆辊9，通过导辊10导出。薄膜的牵引动力来源于拉膜机构4（图6-31）。卷膜辊筒8内含阻尼机构，与拉膜机构4配合适时释放薄膜；摆辊9的主要作用是依靠其辊筒自重保持薄膜牵引和停顿的全程均处于张紧状态。

（2）拉膜机构

拉膜机构如图6-34所示（零部件编号顺延图6-33），主要由牵引气缸11、滑架

12、导杆 13、压合气缸 14、真空管 15 和吸头 16 等组成。

滑架 12 两端装配滑动轴承，与两侧导杆 13 配合。牵引气缸 11 安装在支座中部位置，其活塞杆通过铰支可推拉滑架 12 沿导杆 13 方向往复移动。

滑架 12 上安装有两个压合气缸 14，以滑架中线左右对称。两个压合气缸垂直安装，活塞杆端部与真空管 15 上的角架连接。真空管 15 轴向定距布置若干个（图示为 4 个）吸头 16，均为橡胶吸盘形式，内部气路连通。当两个压合气缸 14 动作时，可通过活塞杆推动真空管 15 带动吸头 16 做上下运动。

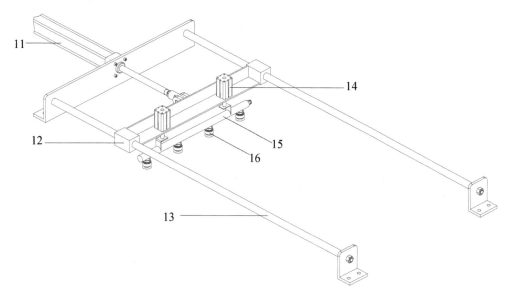

图 6 - 34　拉膜机构

11—牵引气缸；12—滑架；13—导杆；14—压合气缸；15—真空管；16—吸头

（3）切膜机构

切膜机构如图 6 - 35 所示，主要由切膜气缸 17、导杆 18、导套 19、刀座 20 和刀片 21 组成。

切膜气缸 17 和导套 19 固定安装在支座上；导杆 18 与导套 19 滑动配合；刀座 20 的上部同时连接气缸活塞杆端部和导杆端部，其下部嵌装刀片 21。气缸动作时，可驱动刀座连带刀片做直线往复运动。

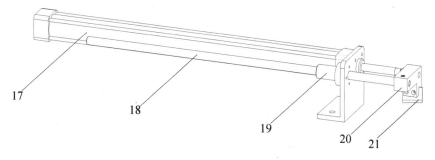

图 6 - 35　切膜机构（零部件编号顺延图 6 - 34）

17—切膜气缸；18—导杆；19—导套；20—刀座；21—刀片

（4）真空砧板

如图 6-36 所示是真空砧板结构图，这是一个截面为矩形的长板状零件，充当薄膜吸附和分切的底座。真空砧板内部沿长度方向加工有两条平行管道 A 和 B，两条管道不连通，管道的右端连接气管接头，左端封闭。在真空砧板上表面，沿管道长度方向定距加工有两排锥盘状吸孔，吸孔 A 与管道 A 连通，吸孔 B 与管道 B 连通。在两排吸孔中间位置加工有一道切缝，切缝贯穿真空座长度方向。

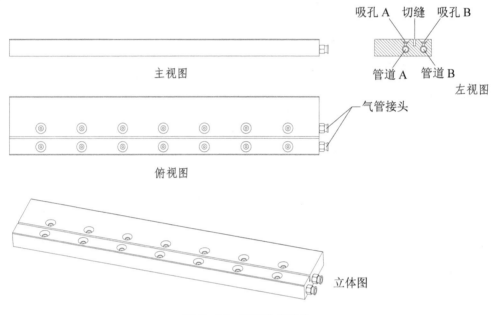

图 6-36　真空砧板结构

（5）各机构安装关系

要实现薄膜的定长牵引分切，需要拉膜机构、切膜机构和真空砧板相互配合，三者协调工作。三者在机架上的安装关系如图 6-37 所示。

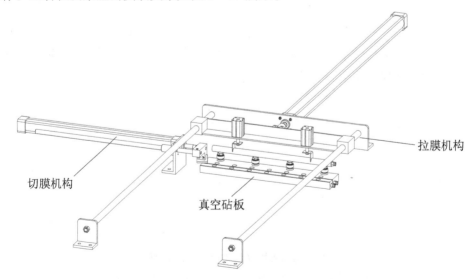

图 6-37　薄膜定长牵引分切各机构安装关系图

真空砧板固定安装在拉膜机构吸头的初始位置下方。当吸头被气缸驱动向下运动时，可压合在真空砧板的上表面。切膜机构安装在真空砧板的左侧，其刀片对准真空砧板的切缝，致使刀片做直线运动时形成剪切状态。

（6）薄膜牵引分切工作原理

薄膜牵引分切工作原理如图 6-38 所示。

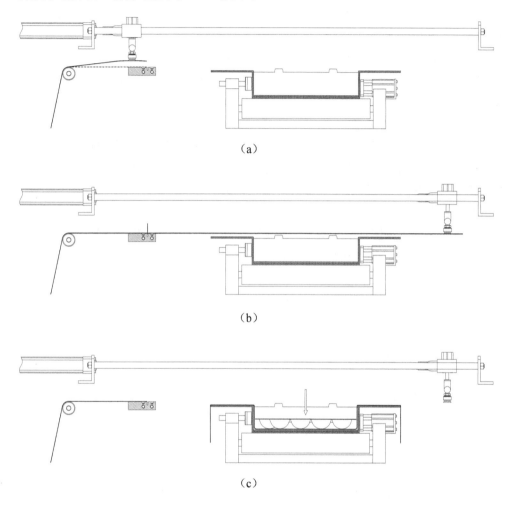

（a）

（b）

（c）

图 6-38　薄膜牵引分切原理图

开盖的空纸盒被输入，运行至包装盒输送限位机中部，被压紧和稳定限位，等待铺盖塑料薄膜，以及置入吸塑托盘。

图 6-38a 中，拉膜机构的真空管及其吸头处于初始位置。真空砧板的管道 A（见图 6-36）接通并保持真空，使薄膜端部被吸孔 A（见图 6-36）吸紧在真空砧板上。其后，压合气缸动作，向下推动致使吸头压合薄膜，与此同时，真空管接通并保持真空，使吸头吸紧薄膜。随后，真空砧板的管道 A（见图 6-36）取消真空，压合气缸提升吸头，吸起薄膜。

图 6-38b 中，牵引气缸动作，推动滑架直线滑行，带动吸头牵引薄膜自左向右延展。

滑架行至最右端时,压合气缸向下推动,使薄膜平覆于纸盒表面。与此同时,真空砧板的管道 A 和 B(见图 6-36)同时接通并保持真空,吸紧薄膜在真空砧板表面。随后,切膜气缸动作,推动刀片进入真空砧板的切缝,并做直线运动,横向裁断薄膜后再回复原位。

图 6-38c 中,真空管和真空砧板的管道 B(见图 6-36)同时取消真空,被切断的薄膜被释放并覆盖在纸盒上方。

紧随上述工序之后,通过一套吸塑托盘供给装置(下文详述)提供一个吸塑托盘,压着薄膜嵌入纸盒内部。

最后,压合气缸收缩提起吸头,牵引气缸拉动滑架复位。

如此循环往复,每输送进一个纸盒就进行一次薄膜牵引分切,以及装入吸塑托盘的工作过程。

6.5.5.3 吸塑托盘供给装置

吸塑托盘由专业厂家生产,出厂时一般包装成具有一定数量的层叠式集合体。

吸塑托盘进入水果包装生产线时,首先需要有一个储仓用以储存,然后通过机械手依次提取并置入纸盒内。提取吸塑托盘最理想也是最简单的形式是采用真空吸盘式机械手。

(1)吸盘机械手

吸盘机械手结构如图 6-39 所示,主要零部件包括基座 1、旋转气缸 2、摆臂 3、导杆 4、升降气缸 5、缸座 6、板座 7 和吸头 8 等。

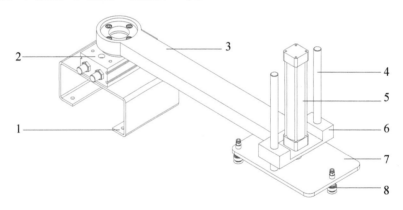

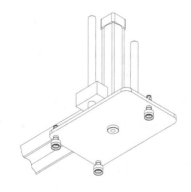

图 6-39 吸盘机械手

1—基座;2—旋转气缸;3—摆臂;4—导杆;5—升降气缸;6—缸座;7—板座;8—吸头

摆臂 3 的一端连接旋转气缸 2 的输出法兰，另一端连接缸座 6。升降气缸 5 安装在缸座 6 中部，其活塞杆端部与板座 7 连接，可通过活塞杆的伸缩驱动板座 7 升降。对称布置的两支导杆 4 与板座 7 固定连接，与缸座 6 两侧滑套配合，在板座升降过程起到导向作用。板座 7 的平面安装有若干个（图示为 3 个）吸头 8，为橡胶吸盘形式，吸口朝下，通过管路连通，连接真空源。吸头的布置形式根据吸塑托盘的形状而设定，需确保吸头压合吸塑托盘时，均能对准托盘模孔之间的平面，才能稳定吸合。

机械手工作时，升降气缸 5 可驱动板座 7 连带吸头 8 升降，进行提取托盘或释放托盘的动作；旋转气缸 2 可驱动摆臂 3 做 180°转位，实现吸塑托盘从储仓至包装盒的移位。

（2）供盘仓

供盘仓是吸塑托盘的储存仓，图 6-40 所示是供盘仓的总体结构，主要由托板 1、导杆 2、限位杆 4、丝杆 5、小齿轮 7 和螺套齿轮 8，以及步进电机 9 等零部件组成。

层叠的吸塑托盘置于托板 1 上方，并且被四周的限位杆 4 限位。托板 1 的底面，中部固定装配丝杆 5，与下方螺套齿轮 8 配合；两侧固定装配导杆 2，与导套 3 配合。

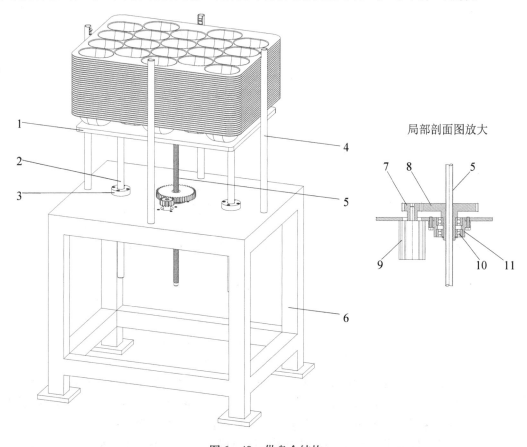

局部剖面图放大

图 6-40　供盘仓结构

1—托板；2—导杆；3—导套；4—限位杆；5—丝杆；6—机架；7—小齿轮；
8—螺套齿轮；9—步进电机；10—轴承；11—轴承座

机架台面的中心位置安装轴承座 11，装配有一个螺套齿轮 8。丝杆 5 由上而下贯穿螺套齿轮中心孔。螺套齿轮的结构如图 6 - 40 中局部剖面图所示，其上部是齿轮盘，下部是与轴承 10 内孔配合的套筒，套筒内孔加工有与丝杆 5 配合的螺纹。由此可见，螺套齿轮可绕轴承中心旋转，从而通过螺纹传动驱使丝杆升降。

螺套齿轮 8 旋转的动力来源于步进电机 9。步进电机的输出轴上安装有小齿轮 7，电机转动时，小齿轮 7 啮合传动螺套齿轮 8，从而驱动丝杆 5 连带托板 1 做升降运动。

托板的升降运动十分重要，其作用是配合吸盘机械手，使其顺利提取供盘仓内的吸塑托盘。吸盘机械手每次工作，其升降气缸均需要下降一定高度，使吸头压合供盘仓内最上层的吸塑托盘，才能吸合并提取。

如图 6 - 41 所示，吸头下降高度 h 与升降气缸行程有关，是一个定值。随着供盘仓的托盘不断被提取，数量减少会导致 h 变大，此时则需要托板带动吸塑托盘上升，作出补偿，以确保 h 值不变。

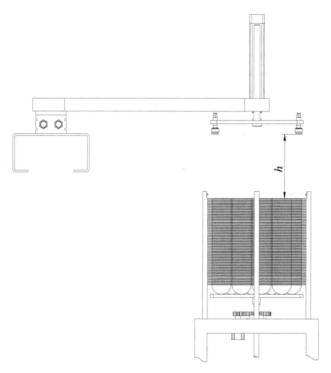

图 6 - 41　吸盘机械手与供盘仓位置关系

工作时，视实际情况进行控制。可设定机械手每提取一个吸塑托盘，步进电机即旋转一定角度，使吸塑托盘上升以补偿一个高度值。或者可以在机械手提取若干个吸塑托盘后再调节，前提是这若干个吸塑托盘所造成的高度补偿值处于吸头弹性变形范围内。

另外，机械手提取吸塑托盘时，要确保每次只提取一个，不能出现重叠现象。由于吸塑托盘互相紧密嵌套，当提取顶层托盘时，容易连带其后的托盘一起取出。要解决这一问题，只需要在 4 支限位杆的顶部均安装一个卡簧，如图 6 - 42 所示。

当顶层吸塑托盘被机械手吸头吸紧向上运动时，其四边触碰卡簧，通过弹性变形越过卡簧，得以离开储仓。但是，其后的吸塑托盘触碰卡簧时，将被阻挡而脱落。由此，可确保机械手每次只提取出一个吸塑托盘。

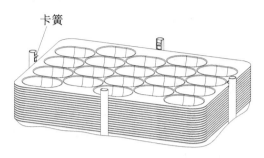

图 6 – 42 限位杆和卡簧

（3）吸塑托盘供给过程

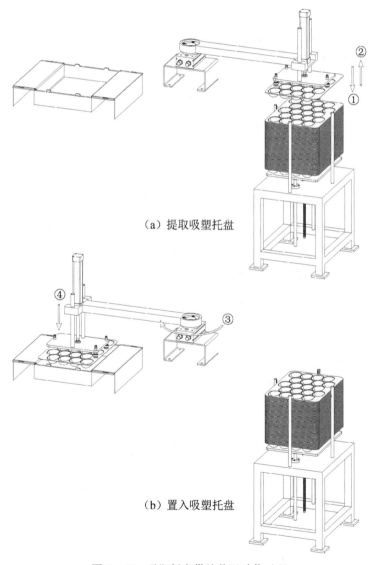

（a）提取吸塑托盘

（b）置入吸塑托盘

图 6 – 43 吸塑托盘供给装置动作过程

吸盘机械手和供盘仓共同组成吸塑托盘供给装置，图6-43a显示机械手在供盘仓提取吸塑托盘，图6-43b显示机械手转位把吸塑托盘送至包装盒。吸塑托盘的供给过程如下：

①吸盘机械手的升降气缸驱动吸头向下运动，压合储仓内顶层的吸塑托盘（箭头①），吸头连通真空源，吸紧吸塑托盘。

②吸盘机械手的升降气缸驱动吸头向上运动，提取1个吸塑托盘离开储仓（箭头②）。其后，供盘仓内步进电机启动，使仓内吸塑托盘上升一个补偿高度值。

③吸盘机械手旋转气缸动作，驱动摆臂转位180°（箭头③），把吸塑托盘从供盘仓上方移位至包装盒上方。

④吸盘机械手的升降气缸驱动吸头向下运动（箭头④），把吸塑托盘压入包装盒内，其后，吸头内部由真空转换至常压，从而释放吸塑托盘。

至此，完成了一个吸塑托盘提取供给的过程。其后，吸头上升复位，机械手摆臂反转180°，回复至供盘仓上方待命。

6.5.5.4 包装材料自动供给设备的组成

前述的包装盒输送限位机、薄膜牵引分切装置、吸塑托盘供给装置三部分共同组成包装材料自动供给设备。设备的装配形式及其总体结构如图6-44所示。

包装材料自动供给设备是生产线包装材料的入料端，包括纸盒、薄膜和吸塑托盘三种材料在此处汇合。组成设备的三套装置机构相互配合，协调动作：

①包装盒输送限位机——每次送进并限位一个纸盒；

②薄膜牵引分切装置——牵引舒展薄膜，定长分切，铺盖纸盒上方；

③吸塑托盘供给装置——提取一个吸塑托盘，置入纸盒内部。

如此循环往复，依次把三种分路输入的包装材料集结一起，相互嵌套形成一个组合体，然后输入生产线下一工序进行水果装填。

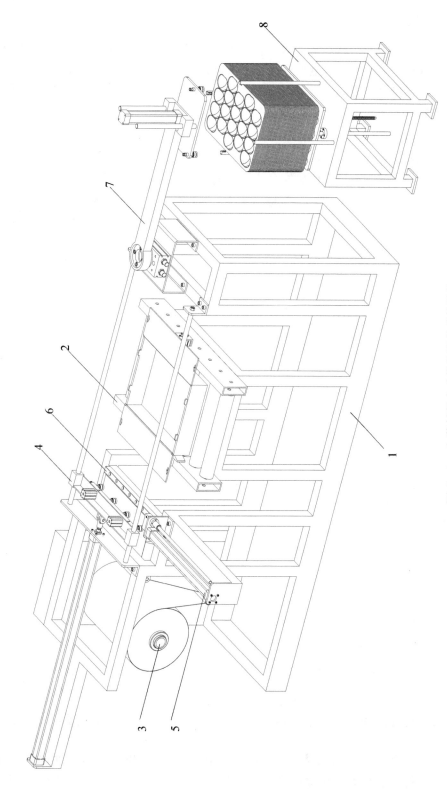

图6-44 包装材料自动供给设备总体结构

1—机架；2—包装盒输送限位机；3—卷筒膜装置；4—拉膜机构；5—切膜机构；6—真空帖板；7—吸盘机械手；8—供盘仓

6.5.6 包装盒覆膜合盖装置

经过包装材料供给和相互嵌套，及其后的水果自动装填等工序后，进入最后的覆膜和合盖工序。覆膜和合盖工序依次进行，分两步操作，首先需要把嵌套在包装盒并左右延展的薄膜进行内翻以覆盖水果，然后再把左右盒盖翻转压合紧密。由此可见，需要设计 2 套装置分别实施覆膜和合盖工作。

6.5.6.1 覆膜装置

（1）总体机构

覆膜装置需与包装盒输送限位机配合使用，其总体结构如图 6-45 所示，主要的零部件包括覆膜气缸 3、支座 4、滑座 5、提膜气缸 6、提膜杆 7 以及导杆 8 等。

左右支座 4 分别安装一个覆膜气缸 3，两支座之间装配导杆 8，形成左右对称布置的状态。

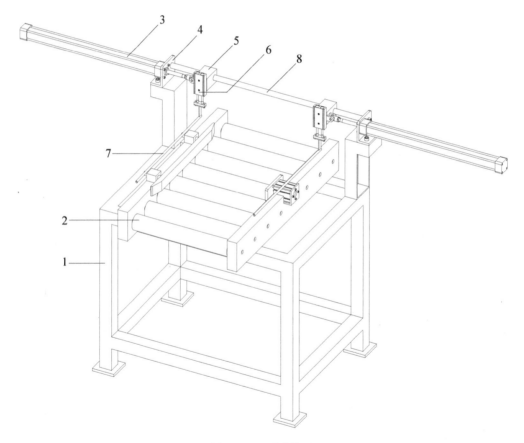

图 6-45 覆膜装置

1—机架；2—包装盒输送限位机；3—覆膜气缸；4—支座；5—滑座；6—提膜气缸；7—提膜杆；8—导杆

导杆 8 上装配有滑座 5，通过滑动轴承配合。在滑座 5 的侧面固定安装有提膜气缸 6，提膜气缸的活塞杆通过端板连接提膜杆 7。提膜杆 7 是一根细长圆轴，端部带 L 形连接板。当提膜气缸的活塞杆伸缩时，可带动提膜杆上下运动。

　　覆膜气缸 3 的活塞杆通过铰支与滑座 5 连接，其活塞杆伸缩时，可推拉滑座使其在导杆上往复移动。

　　包装盒装满水果后，被包装盒输送限位机送入覆膜装置，进入状态如图 6 - 46 所示，可见左右提膜杆插入合盖下方。在包装盒送入前，左右提膜杆已定位，固定不动，等待包装盒运行而至，形成图示状态。

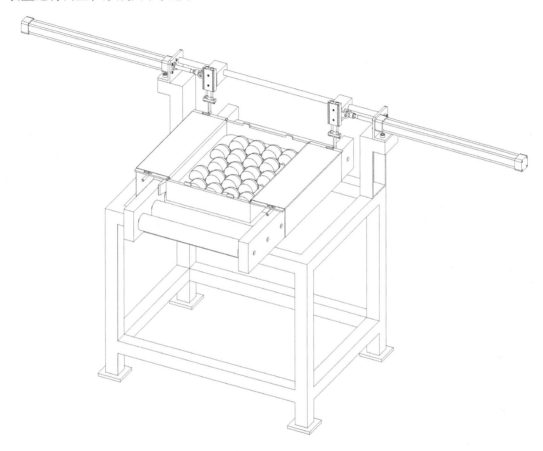

图 6 - 46　包装盒进入覆膜装置初始状态

（2）覆膜工作原理

　　覆膜工作原理如图 6 - 47 所示。

　　经过装填工位后，装满水果的包装盒运行至覆膜装置，进入提膜杆范围，被夹紧限位，如图 6 - 47a 所示。覆膜装置的右侧机构首先工作。图 6 - 47b，覆膜气缸动作，带动滑座右移一小段距离，致使提膜杆右移离开盒盖的覆盖范围，并拨动薄膜。图 6 - 47c，提膜气缸的活塞杆收缩，驱使提膜杆上升，提起薄膜。图 6 - 47d，覆膜气缸推动滑座向左运行，致使提膜杆拨动薄膜由右至左平铺于盒内水果上表面。随后，覆膜气缸拉动滑座复位。

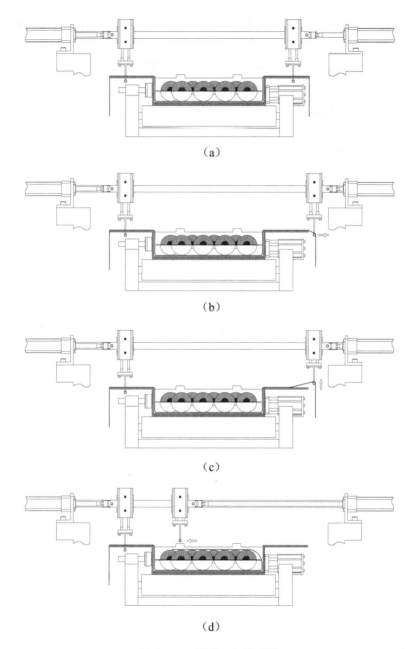

（a）

（b）

（c）

（d）

图 6-47　覆膜工作原理图

右侧机构完成工作后，左侧机构开始进行同样的工作，把左侧薄膜覆盖到盒内。

最后，待包装盒输送限位机把包装盒送走后，提膜气缸的活塞杆伸出，使提膜杆下降至图 6-47a 状态，等待下一个包装盒进入。

如此循环往复，依次把送入的包装盒进行薄膜覆盖裹包处理。图 6-48 显示包装盒经过覆膜后的状态。

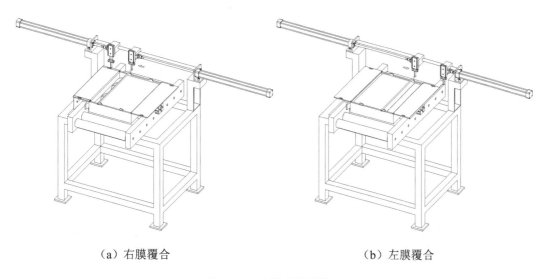

（a）右膜覆合 （b）左膜覆合

图 6-48 包装盒覆膜状态

6.5.6.2 合盖装置

（1）总体机构

合盖装置需与包装盒输送限位机配合使用，其总体结构如图 6-49 所示，主要的零部件包括机架 1、包装盒输送限位机 2、合盖气缸 3、支座 4、滑架 5、提盖气缸 6、提盖杆 7，以及压轮 8、导杆 9 等。

左右支座 4 分别在中部安装一个合盖气缸 3，两个支座之间装配两支导杆 9，形成左右对称布置的状态。

滑架 5 两端装配滑动轴承，与两侧导杆 9 配合。在滑架 5 的中部侧面位置，垂直安装有一个提盖气缸 6，提盖气缸的活塞杆通过端板连接提盖杆 7。提盖杆 7 是一根细长圆轴，中部有矩形连接板，如图 6-49b 所示。当提盖气缸的活塞杆伸缩时，可带动提盖杆上下运动。

在滑架 5 的下方安装有两个压轮 8，以提盖气缸为中心对称布置。压轮为中间带凹槽的塑料滚轮，两个压轮的中心线距离与盒盖上的卡孔距离相等。

合盖气缸 3 的活塞杆通过铰支与滑架 5 连接，其活塞杆伸缩时，可推拉滑架使其在导杆上往复移动。

（2）合盖工作原理

包装盒经过覆膜后，被包装盒输送限位机送入合盖装置。在包装盒送入前，左右提盖杆已定位，固定不动，待包装盒运行而至，插入合盖下方。

合盖工作原理如图 6-50 所示。

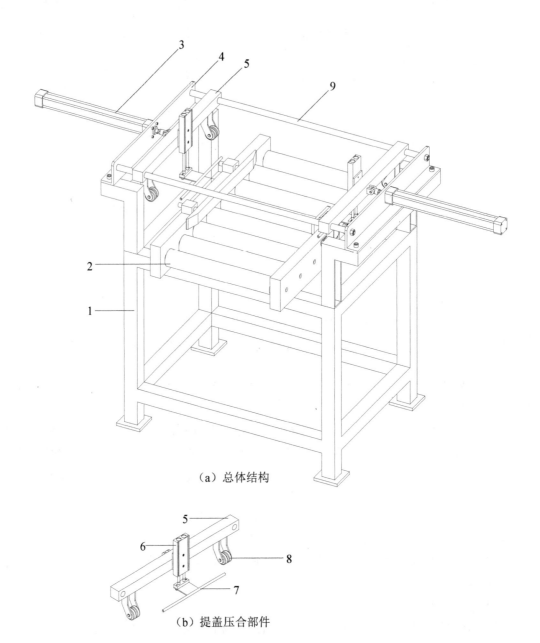

（a）总体结构

（b）提盖压合部件

图 6-49　合盖装置

1—机架；2—包装盒输送限位机；3—合盖气缸；4—支座；5—滑架；

6—提盖气缸；7—提盖杆；8—压轮；9—导杆

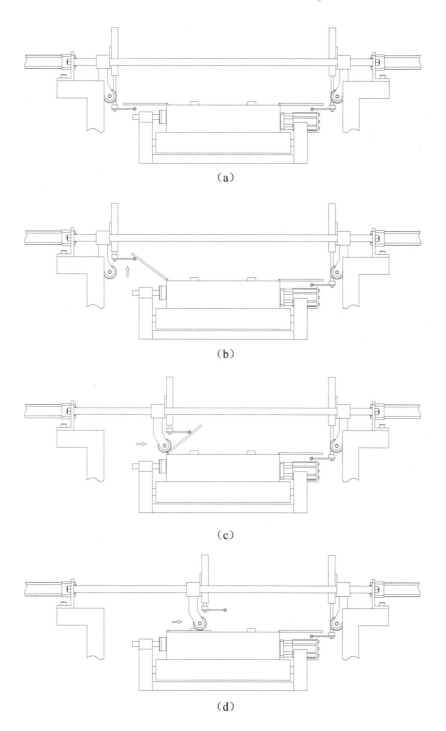

（a）

（b）

（c）

（d）

图 6-50　合盖工作原理图

　　图 6-50a 中，经过覆膜工位后，包装盒运行至合盖装置，进入提盖杆工作范围，被夹紧限位。左侧机构先工作。图 6-50b 中，提盖气缸的活塞杆收缩，驱使提盖杆上升，使盒盖向上折起。图 6-50c 中，合盖气缸推动滑架向右运行，带动提盖杆和压轮移动。

提盖杆拨动盒盖由左至右翻折。图6-50d 中，当盒盖翻折到一定程度时，提盖杆与盒盖脱离接触，紧接着是压轮贴合盒盖表面滚动，直至把合盖的卡孔压合套入盒体上的凸块为止。

随后，合盖气缸拉动滑架复位。左侧机构完成工作后，右侧机构开始进行同样的工作，把右侧盒盖翻折压合。

最后，待完成合盖的包装盒送走后，提盖气缸的活塞杆伸出，使提盖杆下降复位，等待下一个包装盒进入。图6-51 所示为包装盒合盖工作过程的状态。

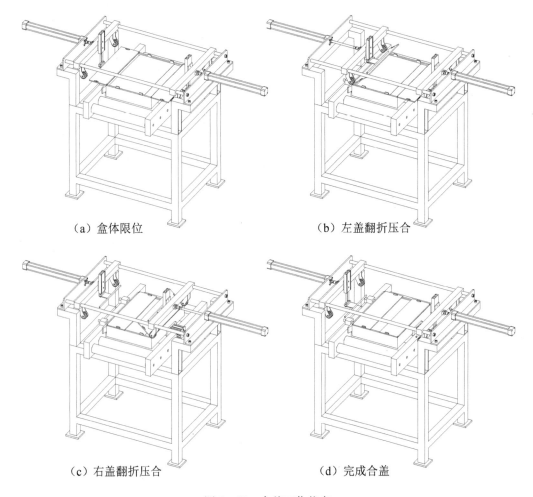

（a）盒体限位　　　　　　　　　　　（b）左盖翻折压合

（c）右盖翻折压合　　　　　　　　　　（d）完成合盖

图6-51　合盖工作状态

6.6　生产线全线设计

经过上述深入的分析研究，解决了生产线各工序的技术问题，确定了所采用的机械设备的具体结构形式，最后可以把各工序设备组合连线，进行全线设计。

本例水果自动包装生产线全线设计如图 6-52 和图 6-53 所示。

全线的核心设备主要包括 V 形平带输送机、V 形平带开叉式输送机、双圆带输送机、转位式循环抓果装填装置、包装盒定位机、薄膜牵引分切装置、吸塑托盘供给装置、覆膜装置、合盖装置等。

机械手抓取水果前的检测方式，按实际生产需求，可采用 CCD 成像系统或光电传感器检测系统（图中无标示）。假如要求装填到吸塑托盘的水果蒂部方向均一致的时候，需要配备 CCD 成像系统，以控制机械手手爪的转位；如若不要求水果蒂部方向一致时，可以安装简单的光电传感器及其控制系统进行水果检测计数即可。实际生产中严格要求包装水果蒂部方向一致的情况较少，所以较多采用后一种检测方案。

参考图 6-52 和图 6-53，再结合图 6-2 生产线工艺流程图进行总结分析：

①工位 A，通过盒体输入机输入开盖的空纸盒，利用薄膜牵引分切装置供给定长薄膜，采用吸塑托盘供给装置提供吸塑托盘，各装置机构相互协调配合，实现纸盒铺盖薄膜和置入吸塑托盘的工艺。

②工位 B，水果原料由入料输送机送入生产线（生产线设计图无标示），通过 V 形平带输送机、V 形平带开叉式输送机、双圆带输送机，使水果形成列队和定间距限位输送的形式，然后采用成像系统或光电传感器检测系统，以及转位式循环抓果装填装置，再配合包装盒定位机，实现水果排列装填入盒的工艺。

③工位 C，采用覆膜装置，把依次送入的完成水果装填的包装盒进行薄膜覆盖裹包处理。

④工位 D，采用合盖装置，把依次送入的经过覆膜的包装盒进行盒盖翻折压合处理，形成包装成品。

生产线的特点：

①基于机械手装填技术的水果自动包装生产线，集多个工序多功能于一体，实现水果的柔性抓取、定向排列、准确装填、自动覆膜合盖等工艺，最终产出完美的包装成品，从而全面取代人工包装作业。

②具备容让性能和排列功能的组合式机械手，专用于水果包装，适用于表皮柔嫩的椭圆状水果。机械手可配合排列输送机、成像系统等，依次抓取多个水果，实现成组水果对应吸塑模孔的装填。

③生产线集成包装材料自动供给和组合技术，具备纸盒输送定位、薄膜牵引定长分切、吸塑托盘自动供给等功能，使三种包装材料嵌套装配形成包装组合体，为实现水果的装填入盒提供必要条件。

④生产线具备自动覆膜合盖技术，在线实现包装盒内部薄膜覆盖裹包、外部盒盖翻折压合，形成具备内、外包装于一体的包装成品。

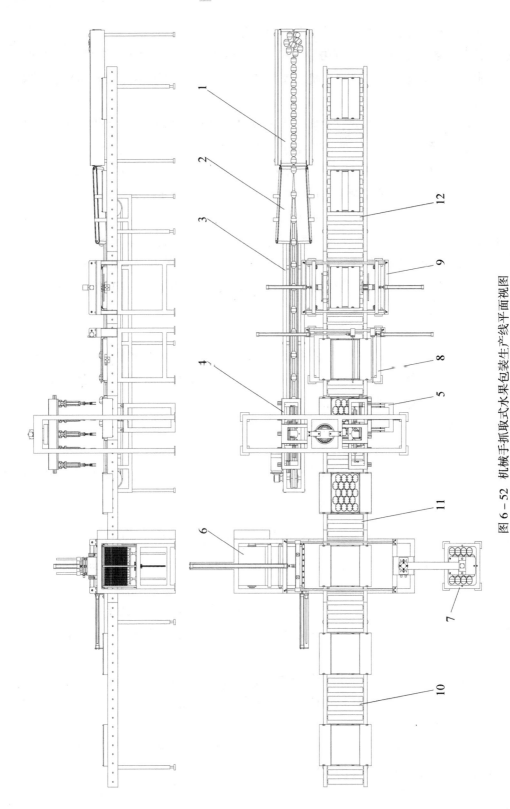

图 6－52　机械手抓取式水果包装生产线平面视图

1—V 型平带输送机；2—V 型平带开叉式输送机；3—双圆带输送机；4—转位式循环抓果装填装置；5—包装盒定位机；6—薄膜牵引分切装置；
7—吸塑托盘供给装置；8—覆膜装置；9—合盖装置；10—盒杯输入机；11—过渡输送机；12—成品输出机

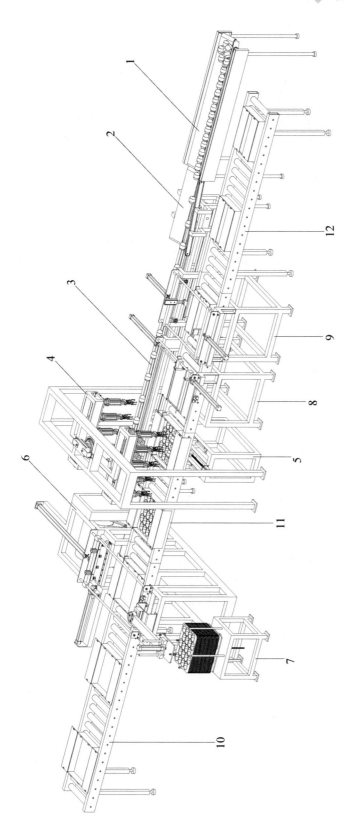

图 6-53 机械手抓取式水果包装生产线立体视图

1—V型平带输送机；2—V型平带开叉式输送机；3—双圆带输送机；4—转位式循环抓果装填装置；5—包装盒定位机；6—薄膜牵引分切装置；7—吸塑托盘供给装置；8—覆膜装置；9—合盖装置；10—盒体输入机；11—过渡输送机；12—成品输出机

问题与思考

1. 设计水果抓取式机械手需要解决的关键技术问题是什么？

2. 常规设计的夹持器为什么不能应用于水果夹持？

3. 装配弹力弦夹爪的夹持器可有效避免伤果现象，但仍有什么不足？

4. 容让式夹持器有什么优点？在容让式夹持器中增设压力传感器有什么作用？

5. 简述单头抓果机械手的功能。

6. 单头抓果机械手的旋转关节在抓取水果过程中起到什么作用？

7. 简述组合式抓果机械手的功能。

8. 组合式机械手能够顺利抓取水果的前提条件

9. 简述 V 形平带输送机、V 形开叉式平带输送机、双圆带输送机分别所起的作用。

10. 采用机械手进行水果包装，需配备的主要机械设备有哪些？

11. 简述包装盒定位机的原理及作用。

12. 转位式循环抓果装填装置有什么特点？

13. 传统的薄膜牵引装置采用什么方式？本例的薄膜牵引分切装置有什么特点？

14. 简述真空砧板在薄膜牵引分切过程的作用和原理。

15. 吸塑托盘供给装置运行时，在吸盘机械手的吸头下降行程不变的前提下，如何确保每次都能从供盘仓提取到托盘？

16. 包装材料自动供给设备由哪三部分组成？各具备什么功能？

17. 简述包装盒输送限位机在覆膜和合盖中的作用。

18. 机械手抓取式水果包装生产线由哪些核心设备组成？简述该生产线的特点。

19. 已知：某级别水果的直径范围 $60\ \text{mm} < D \leqslant 65\ \text{mm}$，采用容让式夹持器抓取，传感器受力在 $9.8\ \text{N} \leqslant f \leqslant 19.6\text{N}$ 范围时，可稳固抓取水果且不会损伤。经测试：抓取 $\phi 62$ 水果时，夹爪闭合度 $\delta = 20\ \text{mm}$，$f = 9.8\ \text{N}$；抓取 $\phi 64$ 水果时，夹爪闭合度 $\delta = 20\ \text{mm}$，$f = 19.6\ \text{N}$。

问：（1）抓取一个 $\phi 65$ 水果，当 $f = 19.6\ \text{N}$ 时，夹爪闭合度 δ 处于什么范围？夹持器会如何自动调节？

（2）抓取一个 $\phi 61$ 水果，当夹爪闭合度 $\delta = 20\ \text{mm}$ 时，f 处于什么范围？夹持器会如何自动调节？

7 箱装水果机器人搬运生产线

【关键技术】

- 机械手双钩爪协调侧提卸垛技术
- 纸箱产品托底式夹持搬运技术
- 机械手功能组合技术

【重点知识和设计要点】

- 箱装水果机器人卸垛生产线总体方案分析
- 水果定量装箱生产线工艺流程及其设备的形式与功能
- 卸垛机械手总体结构和动作原理
- 箱装水果机器人卸垛生产线总体设计方案
- 箱装水果机器人码垛生产线工艺流程
- 箱装水果机器人码垛生产线总体设计及其设备的形式与功能
- 夹持式机械手结构、原理、特点
- 组合式机械手结构、原理、特点

7.1 项目背景

水果从种植地采摘后，一般需要用包装箱分装，以方便运送至加工厂处理。目前用于分装水果的箱体主要以塑料周转箱为主，因其规格标准、坚韧有弹性、表面光滑、质轻耐用、易搬运、易冲洗等特点而得到广泛应用。

从产地运送至加工厂的水果是处于周转箱包装状态的，在进入生产线处理之前，首先会在暂储仓储存。每一个水果加工企业都建有原料暂储仓，用来储存进厂待处理的水果。对于一些大型企业，为了处理大规模的进厂原料，会优先考虑采用自动化立体仓库。自动化立体仓库的主体由立体货架、有轨巷道堆垛机、出入库托盘输送机以及操作控制系统等组成，通过计算机管理系统协调原料进出库作业。进厂的箱装水果被码垛成一定数量的集合体，整齐排列储存在立体仓库中，等待被送入生产线。

从一般的暂储仓或自动化立体仓库送出来的水果都是垛堆的形式，需要一箱一箱卸下，置于输送机上，被送入生产线，此即卸垛作业。这是水果商品化处理生产线的首道工序。

水果进入生产线后，经过一系列处理，最终形成一定规格的包装产品。这些包装产品需要堆叠整齐，形成一定数量的集合体，以方便储运，此即码垛作业。这是水果商品化处理生产线的最后一道工序。

卸垛和码垛都是一项繁重的搬运工作，但非常重要，因其涉及产品的高效输送、周转，影响工厂化生产的效率。

传统的卸垛和码垛作业以人工搬运为主，叉车等工具辅助，其后逐渐发展到采用一些专用的机械设备，直至采用配备工业机器人进行搬运的生产线。

本项目针对卸垛和码垛工序，分别设计一条机器人搬运生产线。

7.2 箱装水果机器人卸垛生产线

前已述及，从立体仓库输送出来的箱装水果是垛堆形式的，一箱箱水果整齐堆叠在托板上，形成一定数量的立方体组合，如图7-1所示。由图示可见，设计生产线时，需要考虑的处理对象有两个，分别是箱装水果和托板。当采用工业机器人对这些箱装水果进行卸垛搬运时，需要专门设计配套相适应的机械手。

相关的机械手设计有多种方案，本章介绍的是一种简单实用的机械手，其适用于对周转箱垛堆进行拆解，可方便从紧密排布的组合中搬出目标箱体。

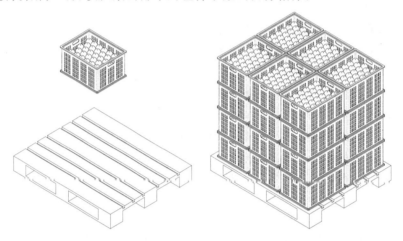

图7-1　箱装水果、托板及其垛堆形式

7.2.1 总体方案分析

首先明确生产线的组成部分，主要包括工业机器人、卸垛机械手、输送机等。其中，工业机器人可选型配套；卸垛机械手需要针对性设计，必须适应箱装水果的提取和搬运；输送机需设计两种规格，分别用于输送垛堆和箱装水果。

生产线的设计重点是卸垛机械手，也是生产线的关键技术。由图7-1可见，周转箱两侧均有提手孔，方便人工搬抬。设计机械手时，最简单的方法是模仿人手，采用钩爪夹持的方式，利用钩爪左右插入提手孔，抬起箱体。图7-2所示是装配了钩爪夹持式卸垛机械手的工业机器人提取果箱时的状态。

此外，垛堆和箱装水果的输送均可采用辊筒输送机，两者除了输送宽度不同外，结构形式基本一样。在工业机器人选型、卸垛机械手和输送机形式确定后，可以对设备的总体布局进行初步

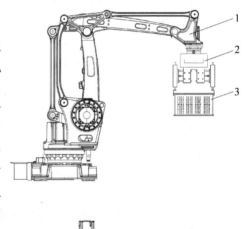

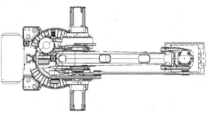

图7-2　装配卸垛机械手的工业机器人
1—工业机器人；2—卸垛机械手；3—箱装水果

设计，图 7 – 3 所示是生产线总体设计初步方案的平面布置图。

在图 7 – 3 中，设定箱装水果输送机 4 与垛堆输送机 3 的运行方向一致，如箭头所示，两者首尾交错并排布置。工业机器人 1 的基座安装在箱装水果输送机 4 的左侧，其腕部安装一套卸垛机械手 2。垛堆输送机 3 连接立体仓库出口，从立体仓库送出的垛堆运行至输送机末端定位，处于工业机器人的工作范围。

当垛堆定位后，工业机器人驱动卸垛机械手动作，从垛堆中连续提取箱装水果，一箱箱依次搬运至箱装水果输送机上，形成单箱排列输送的状态。

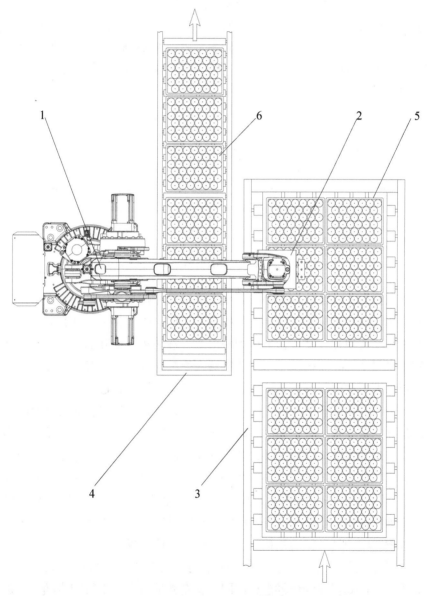

图 7 – 3 箱装水果卸垛生产线总体设计初步方案

1—工业机器人；2—卸垛机械手；3—垛堆输送机；4—箱装水果输送机；5—垛堆；6—箱装水果

7.2.2 卸垛机械手设计

由图7-1可见，箱装水果码垛之后，形成一个紧密排列的组合立方体，箱与箱之间的间隙很小。当采用钩爪夹持式机械手进行卸垛时，需要两个钩爪同时钩入箱体两侧的提手孔，并且稳定夹持，才能顺利搬运。

按照通常应用的模式，夹持式机械手工作时，其左右夹持板或手爪是同时开合和伸展的。若用这种模式进行箱体卸垛，会发现一个问题：当两个钩爪同时开合伸展时，其中一个将难以插入箱体之间的间隙，无法完成夹持动作。

要解决这个问题，可参考人工搬运。如图7-4所示，人工搬运时，首先抓住箱体一个提手孔（图7-4a），单边提起箱体呈倾斜状态，顺势拖动箱体使之沿另一底边滑行（图7-4b），致使箱与箱之间的间隙由 n 增大至 s，方便伸手插入并抓紧另一个提手孔，然后再同时两边用力抬起箱体。

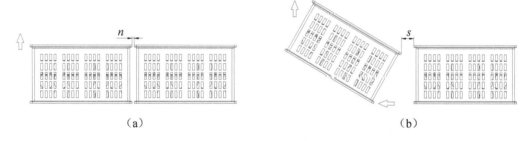

图7-4　人工搬抬箱体时状态

参照上述工作模式设计的机械手，其左右手爪均需独立动作，即左右手爪分别具备独立的动力源。初步设计的机械手工作过程如图7-5所示，图示机械手配备左右钩爪，既可做横向左右移动实现开合动作，也可做竖向上下移动实现提升动作，其动力来源于横向驱动气缸和竖向驱动气缸。机械手与工业机器人手腕连接。工作时，机械手被工业机器人驱动接近果箱垛堆，在面层目标箱体位置定位，待命动作，其过程如下：

图7-5a中，左钩爪被横向驱动气缸推动左移，然后被竖向驱动气缸推动下移，超越箱体框面定位于左提手孔位置，如图示动作①和②。图7-5b中，左钩爪被横向驱动气缸拉动右移，使钩爪插入箱体左提手孔，如图示动作③。图7-5c中，左钩爪被竖向驱动气缸拉动上升，箱体被单侧拉抬，呈倾斜状态，箱底向左滑移一段距离，致使相邻的箱体之间出现较大的空隙 s，如图示动作④。其后，右钩爪被其横向驱动气缸推动右移，再被竖向驱动气缸推动下移穿过空隙 s 至箱体右提手孔位置定位，如图示动作⑤和⑥。图7-5d中，右钩爪被横向驱动气缸拉动左移，使钩爪插入箱体右提手孔，如图示动作⑦。图7-5e中，右钩爪被竖向驱动气缸拉动上升，拉抬周转箱右侧直至与左侧等高，使箱体处于水平状，如图示动作⑧。在动作⑧进行的同时，左钩爪与右钩爪需同步动作，被横向驱动气缸推动向两侧分开以适应箱体由倾斜变为水平时，其水平尺寸增加的状态如图示动作⑨。

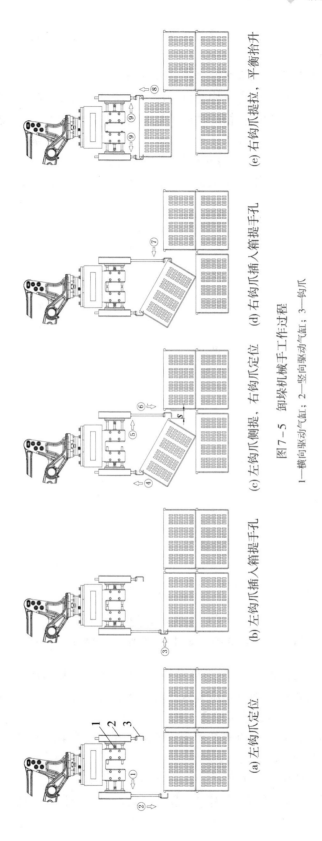

(a) 左钩爪定位　(b) 左钩爪捅入箱提手孔　(c) 左钩爪侧提，右钩爪定位　(d) 右钩爪捅入箱提手孔　(e) 右钩爪提拉，平衡抬升

图 7－5　卸垛机械手工作过程

1—横向驱动气缸；2—竖向驱动气缸；3—钩爪

至此，目标箱体已被机械手单独抬离垛堆，并被稳固夹持。其后，工业机器人驱动机械手把箱体搬运至箱装水果输送机上。

经分析，上述机械手的卸垛搬运过程是可行的。

设计机械手时，不但要考虑机构的可行性，还需要考虑其生产速度和效率问题。上述分析都是基于机械手一次搬运一箱的情况下进行的。实际生产中，为配合全线生产速度，在条件许可的情况下，可以设计多头搬运机械手，一次搬运若干箱。

在图 7-3 中，箱装水果的码垛是以每层 3×2 箱的形式排布，因此，在不超出工业机器人的负载能力范围内，可以把机械手设计成每次同时搬运 3 箱。图 7-6 所示是箱装水果卸垛机械手的总体设计图。

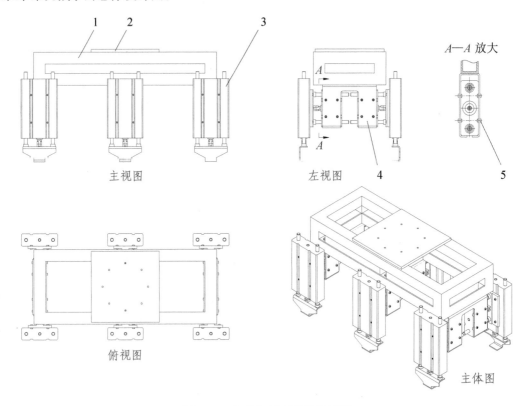

图 7-6　卸垛机械手总体设计图

1—基座；2—连接座；3—提拉手组件；4—装配匣；5—螺钉

由图 7-6 可见，卸垛机械手的总体结构主要由基座 1、连接座 2、提拉手组件 3 和装配匣 4 等组成。所有零部件均以基座 1 为基础进行装配。基座 1 为长方形框架结构，其顶部为连接座 2。装置整体通过连接座 2 与机器人手腕连接。

装配匣 4 是用板材弯折成的倒 U 形盒状结构，其上板面牢固连接在基座 1 底部，其内部嵌套装配提拉手组件 3。

提拉手组件结构如图 7-7 所示，其主体是双气缸组合体。主要零部件包括横向气缸 1、横导杆 2、铰支座 3 和 7、板座 4、竖向气缸 5、竖导杆 6、钩爪 8 等。

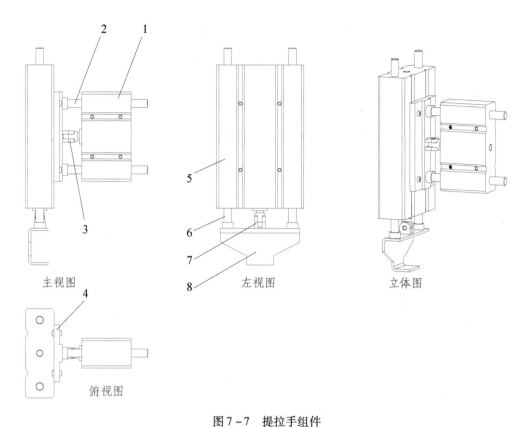

主视图　　　　　　　　　　左视图　　　　　　　　　立体图

俯视图

图 7 - 7　提拉手组件

1—横向气缸；2—横导杆；3—铰支座；4—板座；5—竖向气缸；6—竖导杆；7—铰支座；8—钩爪

由图 7 - 7 可见，竖向气缸 5 通过螺钉固定在板座 4 上；板座 4 的中部通过铰支座 3 连接横向气缸 1 的活塞杆，其上下对称固定装配横导杆 2；上下横导杆 2 分别与安装在横向气缸 1 两侧的导套滑动配合。因此，当横向气缸 1 动作时，可通过其活塞杆推拉板座 4 连同竖向气缸 5 做左右移动。

竖向气缸 5 的下部装配有一个钩爪 8，钩爪是如图所示的弯板形结构，上下板面弯曲形成 C 形状。钩爪上板面中部通过铰支座 7 连接竖向气缸 5 的活塞杆，其两侧对称固定装配竖导杆 6；左右竖导杆 6 分别与安装在竖向气缸 5 两侧的导套滑动配合。因此，当竖向气缸 5 动作时，可通过活塞杆推拉钩爪 8 上下移动。

提拉手组件的安装见图 7 - 6 左视图和 A - A 图，把横向气缸套入装配匣 4 的盒内，用螺钉拧紧，收紧装配匣 4 的两侧夹板，即可使提拉手组件稳固在基座 1 下方。

图 7 - 6 所示的卸垛机械手，在基座下方定距设置了 3 个装配匣，平行排布，每个装配匣安装一对提拉手组件，包括左提拉手组件和右提拉手组件，对称配置。该机械手总共安装有 3 对提拉手组件。因此，应用该机械手进行卸垛作业时，3 对提拉手同步动作，可于垛堆中同时提起 3 箱产品，如图 7 - 8 所示。

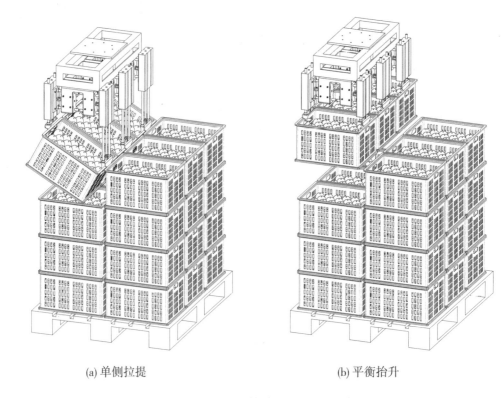

(a) 单侧拉提   (b) 平衡抬升

图 7 - 8　卸垛机械手生产应用时状态

采用并联式 3 套提拉手机构，设计 3 联式卸垛机械手，实现了工作速度和生产效率的提升。

由上述设计过程可见，卸垛机械手的结构比较简单，没有复杂的传动机构，其创新之处在于动作模式的设计。传统的机械手基本是采用双爪或双夹板同时开合的模式进行工作。本机械手则打破传统，模仿人工搬运，左右钩爪分别先后动作，互相配合，从侧提箱体，移出间隙到平衡抬升，一气呵成，实现灵活可靠的卸垛搬运。

7.2.3　生产线设计完善

前已述及，箱装水果卸垛的设计重点是卸垛机械手，也是生产线的关键技术。解决了关键技术问题后，还需要全面考虑设备的整体性能，包括组成设备的各机构装置的配套合理性、各机构装置相互配合工作的可靠性等。即需要对整套设备进行完善设计，把处理对象和生产过程的各个影响因素都考虑进去。

在图 7 - 3 的初步方案中，卸垛机械手只考虑了每次搬运 1 箱产品，经过改善设计后，可采用 3 联式卸垛机械手一次搬运 3 箱产品。此外，仔细观察和分析图 7 - 3，会发现一个问题：当一个垛堆完成卸垛作业后，会留下一块托板置于垛堆输送机上，而这块托板必须被送走，才能让位于后一个垛堆，使设备继续工作。

由此可见，在初步方案中，没有考虑托板的处置方法。

在实际生产中，为了避免需要人工搬运托板的现象出现，可考虑采用工业机器人实现托板的自动搬运，这是完全可行的。如图7-9所示，是装配了钩板式机械手的工业机器人进行托板搬运和托板码垛时的工作状态。通过工业机器人驱动钩板式机械手，把托板从垛堆输送机中搬离至指定位置，然后一块块堆叠整齐。

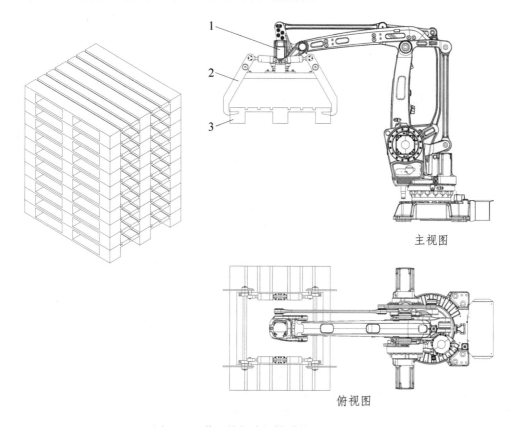

主视图

俯视图

图7-9 装配钩板式机械手的工业机器人
1—工业机器人；2—钩板式机械手；3—托板

至此，箱装水果卸垛生产线运行中的各个生产因素已完全考虑，整体设计方案获得完善，最终得出图7-10所示的总体设计方案。

完善后的总体设计方案有两处改进，其一，采用3联式卸垛机械手，由初步方案的单箱搬运改为同时3箱搬运；其二，增加一台工业机器人7，并且配备钩板式机械手8，实现托板的搬运和码垛。

生产线运行时，工业机器人1、驱动卸垛机械手2，从定位后的垛堆5中搬运箱装水果至果箱输送机4，直至把该垛堆中全部箱装水果搬空，只剩下托板；其后，工业机器人7驱动钩板式机械手8，把托板从垛堆输送机3搬离至指定位置堆叠整齐。随后，后一个垛堆被输送定位，开始下一个工作循环。

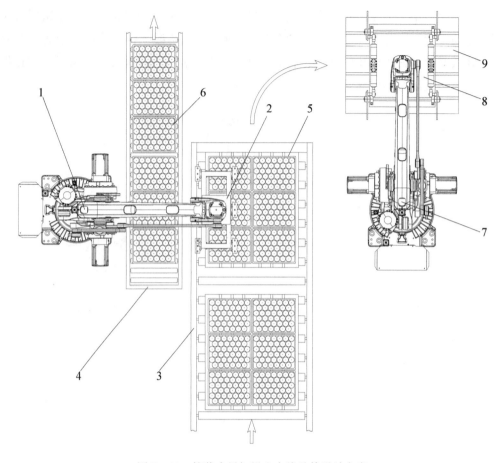

图 7 - 10　箱装水果卸垛生产线总体设计方案

1—工业机器人；2—卸垛机械手；3—垛堆输送机；4—果箱输送机；5—垛堆；

6—箱装水果；7—工业机器人；8—钩板式机械手；9—托板

7.3　箱装水果机器人码垛生产线

水果采用一定规格的纸箱包装，形成箱装产品后，进入码垛工序。码垛处理一般设置在生产线的末端，因此，经码垛后，箱装产品将被输出生产线，进入储运环节。

7.3.1　技术方案

工业机器人进行码垛时，它需要处理的对象有两个：箱装产品、托板。机器人需要把箱装产品整齐堆叠在托板上，最终形成一个组合体。

生产线的设计，需要考虑箱装产品、托板的供送和配合方式。本生产线的设计方案为：箱装产品和托板分别由特定的输送机输送供给，汇集至码垛工位，通过工业机器人操纵的组合式机械手完成两项工作，即抓取托板定位、抓取箱体叠放于托板上。

为了实现更高速高效的运作，生产线设计为双通道方式，即一台机器人可面对两条箱体供给线，同时处理和堆叠两个托板。

由此，确定机器人码垛生产线工艺流程如图 7 - 11 所示：

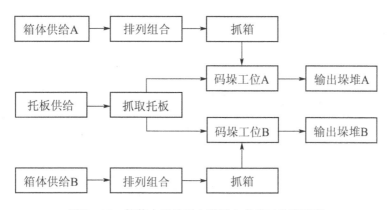

图 7-11　箱装水果机器人码垛生产线工艺流程图

7.3.2　总体设计

　　机器人码垛生产线设计时，首要的事情是选用合适的机器人，配套合适的机械手。机器人型号的选用，需根据应用场合考虑其自由度、工作范围、负载能力等参数。而机械手，作为直接接触处理对象的执行机构，需要考虑其合理的抓取方式。

　　本生产线采用一台 5 自由度工业机器人，装配一套组合式机械手，如图 7-12 所示。组合式机械手在机器人操纵下，可分别对箱体和托板进行抓取和搬运。

　　按图 7-11 的生产线工艺流程图进行设备配置，形成如图 7-13 所示的自动生产线。生产线为双通道输送和码垛形式，围绕工业机器人有两条物流输送线：A 线和 B 线，自左向右运行。

　　由生产线平面图可见，装配机械手的工业机器人安装在底座 2 上，处于生产线中心位置。图中 R 为机器人手腕工作半径（不包含装配在手腕上的机械手）。设计生产线时，所选用的机器人必须确保其有效工作范围能覆盖待处理的包装箱和托板所处的被抓取和放置的位置。

　　在机器人的两侧，以对称平行布置的形式，分别安装进箱机 4、排列机 5、垛堆输出机 8。另外，在图下方，布置托板输送机 6，其要与垛堆输出机形成 90°角。

　　进箱机、排列机、托板输送机、垛堆输出机均为自转式辊筒输送机，各设备的结构形式及功能分述如下：

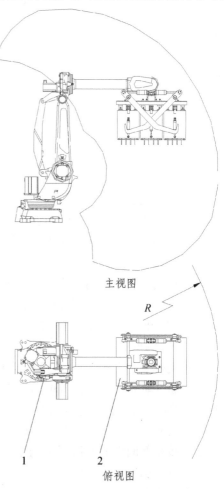

主视图

R

1　　　　2

俯视图

图 7-12　装配组合式机械手的工业机器人
1—工业机器人；2—组合式机械手

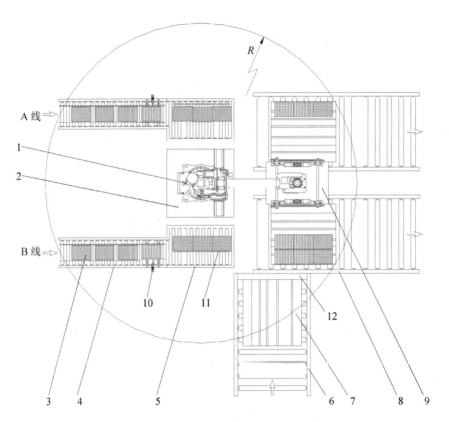

图 7 - 13　箱装水果机器人码垛生产线平面布置图

1—工业机器人；2—底座；3—箱装产品；4—进箱机；5—排列机；6—托板输送机；

7—托板；8—垛堆输出机；9—组合式机械手；10—夹板装置；11—推板机构；12—挡板

（1）进箱机

进箱机 4 工作时，其辊筒连续不间断地自转，把纸箱包装产品送入排列机 5。

在进箱机 4 的末端，接近排列机 5 入口，有一个过渡位置，设置有一套夹板装置 10，其结构如图 7 - 14 所示。当送入排列机的箱体达到设定数量时夹板装置进行动作，夹板 2 被气缸 1 驱动，把处于过渡位置的箱体夹紧于定板 3 之间，阻止其后的箱体继续往前运行。

（2）排列机

排列机 5 连接进箱机 4，接受输入的箱体。排列机上装配有一套气动推板机构，可横向（与箱体输送方向垂直）推动整排的箱体，使箱体排列整齐，以便机械手抓取。

推板机构如图 7 - 15 所示，推板 1 露出辊筒表面，由多支穿越辊筒间隙的连接杆 2 与下部的移动板座 3 连接。移动板座 3 两侧套入导杆 5，中部铰支连接气缸 6 的活塞杆端部。当气缸 6 动作时，驱动移动板座 3 沿导杆 5 滑动，带动推板 1 移动。

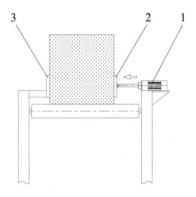

图 7 - 14　夹板装置动作示图

（示图省去夹板两侧导杆）

1—气缸；2—夹板；3—定板

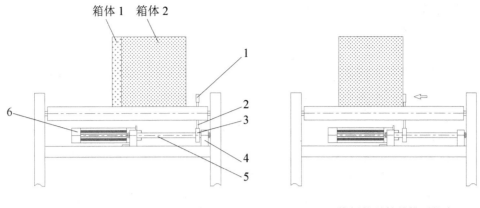

(a) 箱体进入排列机状态　　　　　　　　(b) 推板推送箱体排列状态

图 7 – 15　推板机构动作示图

1—推板；2—连接杆；3—移动板座；4—导杆座；5—导杆；6—气缸

排列机的辊筒间歇转动：输进箱体时转动，达到数量后停止。送入排列机的箱体数量由光电传感器计数，按设定值控制，图示为每次送入 3 箱。

箱体排列过程如下：

①箱体依次进入排列机，第一个箱体运行至设备端部被挡板限位，其后的箱体依次到达，直至箱体达到设定数量（3 个）。进入的多个箱体首尾相接，但大多数情况下前后不会对齐，即出现错位现象，如图 7 – 15a 所示。

②光电传感器发出信号，排列机辊筒停转。与此同时，进箱机的夹板装置动作，阻止箱体继续输进排列机。

③排列机的推板机构动作，把整排 3 个箱体向中部（靠近机器人处）横推一段距离，使箱体排列整齐，如图 7 – 15b 所示。其后，等待机械手抓取。

（3）托板输送机

由图 7 – 13 所示，托板输送机 6 的辊筒间歇转动，每次送进一块托板。在托板输送机端部，托板被挡板 12 限位，静待机械手抓取至码垛工位，即垛堆输出机 8 的起始位置。

（4）垛堆输出机

在机器人进行码垛工作时，垛堆输出机 8 的辊筒处于静止状态。当箱体被整齐堆叠在托板上，满足层数要求后，码垛工作结束。此时，垛堆输送机的辊筒转动，送出垛堆。

7.3.3　码垛机械手设计

配套工业机器人进行码垛的机械手，设计时重点关注的技术问题为：确保机械手爪能快速定位、准确着力，用最小的力和最稳定的状态抓取和释放箱装产品。

本例以纸箱包装产品为处理对象进行设计夹持式机械手，以及组合式机械手，实现箱装产品的搬运码垛。

7.3.3.1　夹持式机械手

（1）总体结构

图 7 – 16 所示是适用于纸箱包装产品的夹持式机械手，主要由联接座 1、基座 2、夹

持气缸3、固定夹板4、托爪5、托爪气缸6、活动夹板7、导杆8、导杆座9组成。

基座2是型钢框架式结构，作为零件安装的架体。基座2下方对称装配两支平行导杆8，各由两个导杆座9固定。

活动夹板7和固定夹板4形成一个夹持组件。活动夹板7通过滑套装配在导杆上，可沿导杆左右滑动。固定夹板4固定安装在导杆的右侧。

两支导杆中间，安装有一个夹持气缸3。夹持气缸的缸体端部，通过铰支座安装在基座2右下方；其活塞杆端部，通过铰支连接固定夹板4中部。因此，气缸的活塞杆伸缩时，可推拉活动夹板左右移动，配合固定夹板，则可实现对箱体的夹持动作。

另外，在活动夹板7的底部边沿，通过铰支连接，装配有一套托爪5。该托爪由多个L形钩指组成，形成一个耙爪式结构，在气缸6的推拉下，可绕支轴上下翻转。

夹持式机械手的顶部有一个联接座1，与工业机器人的手腕配套，相互间采用螺纹固定连接。

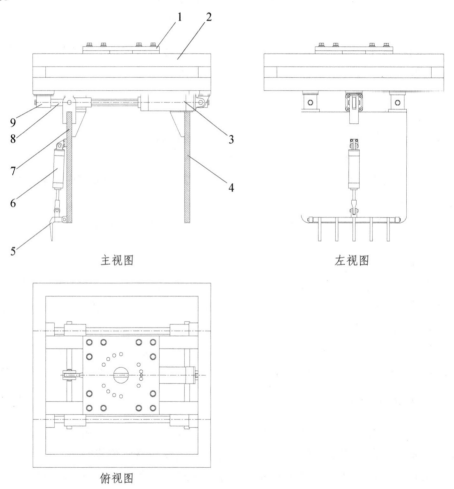

主视图　　　　　　　　　　　左视图

俯视图

图7-16　夹持式机械手总体结构图

1—联接座；2—基座；3—夹持气缸；4—固定夹板；5—托爪；6—托爪气缸；7—活动夹板；8—导杆；9—导杆座

（2）夹持箱体工作原理

夹持式机械手抓取箱体的动作过程如图7-17所示。

图7-17a夹持。当箱体置于活动夹板和固定夹板之间时，活动夹板在夹持气缸驱动下，沿导杆向右移动，即向固定夹板靠拢，夹紧箱体；图7-17b托底。托爪气缸活塞杆向下伸出，推动托爪绕铰支轴逆时针翻转一定角度，扣紧并承托箱体底部。

由于纸箱的外表都是平滑的平面，如果没有托爪，单靠夹板夹紧箱体时，需要有足够大的夹紧力。只有当箱体与夹板接触面产生的摩擦力大于箱体的重量时，机械手才能可靠抓紧箱体。但在实际操作中，夹板的夹紧力太大易造成箱体变形，进而损伤其内水果，因此夹紧力需适可而止。

为解决以上问题，机械手设置托爪机构，在适度夹紧箱体后，再对其进行底部承托。如此，则可减少夹紧力，并有效避免质量较大的箱体出现下滑的现象。

带托爪的夹持式机械手在工作时，需要避免托爪及其气缸与其他机构装置或包装箱的相互干涉。

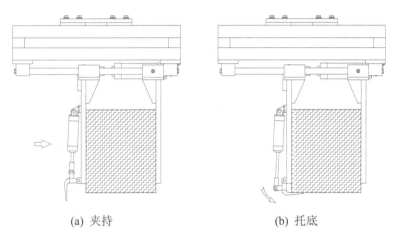

(a) 夹持   (b) 托底

图7-17 夹持式机械手动作示图

（3）夹持式机械手与输送设备的配套应用

由前述工作原理可见，机械手在抓取包装箱时，需要对箱体两侧面进行夹持，同时利用活动夹板下沿的托爪扣紧并承托箱体底部。箱体底部必须要留有空隙，才能让托爪插入箱体底部。只有当托爪托紧箱体底部后，机器人才能驱动机械手抬升，提起包装箱并搬运至指定地方。

在实际的包装生产线上，包装箱一般通过辊筒式输送机进行输送，如图7-18所示。当包装箱依次进入机械手活动范围时，通过限位装置定位使每个包装箱都定位在固定的位置，即取料位置。在此位置，机器人驱动机械手夹持箱体并托底，提升并搬离。如此，循环往复，一个一个地搬运到达取料位置的包装箱。

图7-18显示机械手在取料位置抓取包装箱时的状态。在取料位置，机械手的托爪插入箱底时，每一个钩指均处于辊筒之间的间隙，不会与辊筒产生干涉。因此，设计时，应确保钩指间距 L 与辊筒间距 P 相等，即 $L=P$；另外，要确保钩指厚度 t 小于辊筒之间的间隙 b，即 $t<b$。

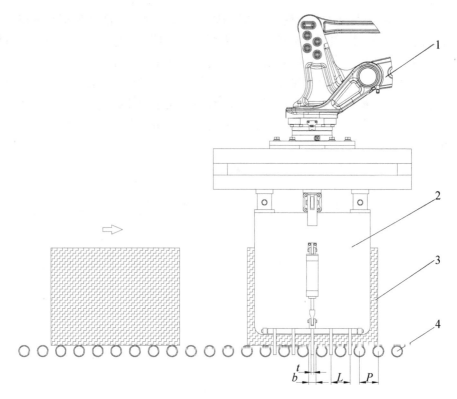

图 7 - 18　夹持式机械手与输送设备的配套应用

1—工业机器人；2—机械手；3 - 纸箱包装产品；4 - 辊筒输送机

7.3.3.2　组合式机械手

水果装箱后，必须要把一箱箱产品进行堆叠码垛，形成一定数量的立方体组合，如此才能方便搬运、装车、储存。图 7 - 19 所示是一种纸箱包装的码垛形式。

传统的码垛作业，需要人工及叉车辅助。现在由于工业机器人的加入，使生产效率及效果均得到改善。

采用机器人码垛，首先要明确托板已经置于合适位置并且定位，然后才能把一箱箱产品抓取并搬到托板上堆叠。由此可见，机器人进行码垛作业时，需要面对两个目标对象，其一是包装箱，其二是托板。因此，必须要给机器人配套形式结构不同的机械手，才能分别适应这两个对象。

为解决上述问题，在大多数机器人码垛生产线中，抓取包装箱和抓取托板均采用独立的机器人进行工作，即要求 2 台机器人分别装配结构形式不同的机械手。工作时，其中一台机器人负责定时抓取托板定位，另一台机器人负责抓取包装箱，依次堆叠到托板上。虽然这种方法可行，但使生产线变得复杂，并大幅增加了设备成本。

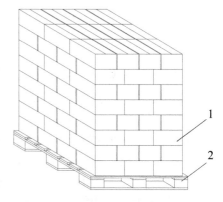

图 7 - 19　箱装产品码垛形式之一

1—纸箱包装产品；2—托板

要解决上述的技术问题，就需要通过优化组合，设计多功能的机械手，这样既可以适应抓取托板定位，又可以一次抓取多个包装箱进行堆叠，从而减少生产线上机器人的配置量，节省生产线设备成本，有效提高生产效率。

（1）总体结构

图7-20所示是用于码垛的组合式机械手总体结构图，主体由两大部分组成，分别是夹持抓箱组件、勾夹托板组件。所有零部件均以基座1为基础进行装配，装置整体通过联接座2与机器人手腕连接。

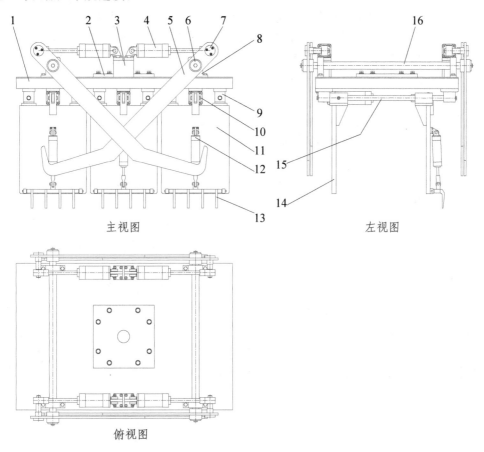

图7-20　组合式机械手总体结构图

1—基座；2—联接座；3—气缸座；4—钩板气缸；5—钩板；6—轴承套；7—铰支；8—支轴座；9—导杆座；
10—夹持气缸；11—活动夹板；12—托爪气缸；13—托爪；14—固定夹板；15—导杆；16—支轴

①夹持抓箱组件结构。

图示基座1为长方形框架结构，其长度尺寸与托板长度相近。基座下部并排装配了3套结构相同的夹持抓箱组件。每套夹持抓箱组件均由导杆座9、夹持气缸10、活动夹板11、托爪气缸12、托爪13、固定夹板14、导杆15等组成。夹持和抓取包装箱的执行机构是2块夹板，分别是活动夹板11和固定夹板14，两者安装在两支平行导杆15上。导杆15两端套入导杆座9，并固定装配在基座1下方。

2块夹板安装时，固定夹板14由螺钉紧固在导杆左侧（如7-20左视图），而活动夹板 11 则可以沿导杆 15 水平左右滑动，其动力源来自夹持气缸 10。夹持气缸 10 安装在两支导杆中间位置，缸体端部通过铰支座固定在基座，而活塞杆则与活动夹板中部铰支连接。

活动夹板下端边沿装配有一个托爪 13，托爪与夹板之间铰支连接，在托爪气缸 12 的驱动下，托爪可绕铰支翻转一定角度。

②勾夹托板组件结构。

基座长度方向两侧，装配有 4 支 L 形的钩板 5。按图 7－20 主视图所示，钩板前后对称，前两支后两支。每支钩板的上部，均通过轴承套 6 装配在支轴 16 的轴端部。支轴 16 横向布置在基座 1 上表面，并由 2 个支轴座 8 固定。因此，钩板可以轴承套 6 为中心绕支轴 16 摆动。每支钩板均配置 1 个气缸作为动力源。如图所示，钩板气缸 4 的缸体端部通过铰支座固定在气缸座 3 上，其活塞杆与钩板上的铰支 7 连接。钩板气缸 4 的活塞杆伸缩时，可通过铰支 7 驱动钩板以轴承套 6 为中心左右摆动。

（2）工作原理

组合式码垛机械手通过联接座与机器人手腕连接，被机器人驱动进行工作，可根据生产的实际情况进行抓取包装箱或抓取托板的动作，灵活转换。

①抓取搬运包装箱原理。

组合式码垛机械手有 3 套夹持抓箱组件，分别由独立气缸驱动，即每一套夹持抓箱组件均可独立工作。

机械手工作时，可同时抓取并排布置的 3 个箱体，或者多个箱体（只要并排的箱体总长度处于夹板的有效夹持范围内）。另外，机械手也可以随意抓取 1 个独立的箱体。

如图 7－21 所示，辊筒输送机把纸箱包装件依次送至取料位置。当有 3 个包装箱进入取料位置，并被限位机构定位后，机械手接受指令开始抓取包装箱，此时钩板静止不动（处于图示状态）。抓箱搬运过程为：① 夹持。3 套夹持抓箱组件同时动作，活动夹板在气缸拉动下向固定夹板靠拢，夹紧箱体。② 托底。托爪被托爪气缸推动翻转，插入并承托箱体底部。③ 机器人驱动机械手提升，稳固抬起包装箱，按要求搬运到托板上方。④ 托爪气缸拉动托爪翻转，松开箱底。⑤ 夹持气缸推动活动夹板，松开箱体。使包装箱准确叠放在指定位置。

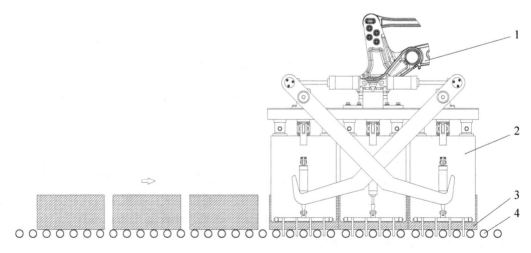

图 7－21　组合式码垛机械手在箱体搬运中的应用

1—工业机器人；2—组合式机械手；3—纸箱包装产品；4—辊筒输送机

②抓取搬运托板原理。

如图 7 - 22 所示。当机械手接受指令抓取托板时，则抓箱组件静止不动。钩板气缸启动，驱动 4 支钩板同步开合（如图中箭头所示），抓取搬运过程为：① 钩板气缸的活塞杆收缩，拉动钩板张开至与托板长度尺寸适合的位置；② 机械手稍下降，钩板气缸的活塞杆慢慢伸出，推动钩板合拢，使其下端勾头插入托板两侧中空位置，直至夹紧；③ 机械手稳固抬起托板，按要求搬运到指定的码垛位置放下；④ 钩板气缸拉动钩板张开，松开托板；⑤ 机械手上升，钩板气缸推动钩板合拢，回复原位，处于交叉状态。

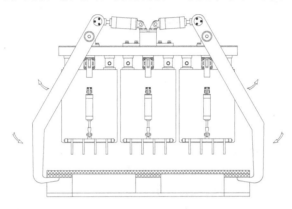

图 7 - 22 组合式码垛机械手搬运托板原理图

由于 4 支钩板分别由独立气缸驱动，因此可确保在 4 个夹持点位置勾头与托板均能紧密接触，而且力度相等。这样的设计，使装置不但适应注塑形成的结构匀称的塑料托板，而且适应用木板装订制作的尺寸偏差稍大的托板。

7.3.3 生产线码垛过程

如图 7 - 13 所示，生产线运行时，机器人操纵组合式机械手同时对 A 线和 B 线进行码垛作业，过程如下：

①机械手在托板输送机上抓取托板，放置于 A 线或 B 线的码垛工位（即垛堆输出机起始位置），然后等待箱装产品进入取料位置（即排列机中的排列位置）。

②箱装产品分别由 A 线和 B 线送入，在对应的排列机中形成整齐的组合体。

③机械手从 A 线或 B 线的排列机上成组抓取箱体，搬运并叠放到对应的托板上。

④若 A 线托板堆叠层数达到设定数量，则被垛堆输送机送出。随后，机械手抓取一块新的托板补充至其码垛工位，重新开始码垛作业。B 线亦然。

由此可见，生产线配备一台机器人和一套组合式机械手，既可抓取成组的箱体又可抓取托板，可同时对两条输送线上的相同规格或不同规格的箱装产品进行码垛作业，极大地提高了生产效率。

7.3.4 生产线主要技术参数和指标

图 7 - 13 所示箱装水果机器人码垛生产线的主要技术参数指标如表 7 - 1 所示。

表 7-1　箱装水果机器人码垛生产线主要技术参数和指标

序号	技术参数	参考指标
1	机器人自由度/个	5
2	机器人最大作用范围 R/mm	2500
3	机器人负载能力/kg	180
4	机械手最大抓取重量/kg	50
5	每次抓取箱体最大数量/箱	4
6	机器人运作节拍时间/s	6～9.6
7	输送机总功率/kW	6.75

问题与思考

1. 卸垛和码垛一般应用在生产线上哪一个环节？请简述各自的工作过程。

2. 机器人搬运生产线的主要组成部分有哪些？

3. 在搬运生产线中，选用工业机器人主要考虑哪些参数？

4. 根据被搬运产品的重量选取机器人的负载能力，是否合理？为什么？

5. 设计产品搬运机械手时，须要考虑什么因素？重点关注什么技术问题？

6. 改进图 7-10 的生产线，增加一项功能：当托板堆叠到一定数量后，可以自动向立体仓库方向输送（与垛堆输送机方向相反）。请画出改进后的生产线平面布置图。

7. 简述夹持式机械手的托爪机构的作用。

8. 纸箱包装的产品在平皮带输送机上运行时，可否采用带托爪的夹持式机械手搬运？为什么？

参考文献

[1] 张聪. 果蔬采后处理机械设备及生产线设计 [M]. 广州：华南理工大学出版社，2017.

[2] 张聪. 机械设备创新设计方法与实例 [M]. 广州：华南理工大学出版社，2022.

[3] 张聪. 净菜加工关键技术和设备的研究开发 [J]. 广东包装食品机械，2004（3，4）：2~4.

[4] 张聪，梁材，梁健. 一种蔬果连续清洗机：中国，ZL200420083250.8 [P]. 2005 – 08 – 17.

[5] 张聪，梁健，梁材，等. 果蔬清洗的隔滤筛板装置：中国，ZL200710029506.5 [P]. 2008 – 01 – 09.

[6] 广东省农业机械研究所. Q/NJS 52 – 2005，6SJ – 500 型蔬菜洁净加工成套设备 [S].

[7] 张聪. 砂糖桔保鲜分级包装技术装备的研究开发 [J]. 现代农业装备，2011（9）：61~63.

[8] 张聪，梁材，梁健，等. 保鲜喷雾装置：中国，ZL200720054929.8 [P]. 2008 – 07 – 16.

[9] 张聪，秦晓阳. 一种水果连续除湿设备：中国，ZL201821830495.0 [P]. 2020 – 10 – 20.

[10] 张聪，秦晓阳. 用于水果连续除湿设备的输送装置：中国，ZL201821830493.1 [P] 2020 – 10 – 20.

[11] 广东省农业机械研究所. Q/NJS74 – 2009，6BFG – 5000 型柑橙保鲜分级成套设备 [S].

[12] 张聪，梁健，梁材. 一种自动的水果分级设备：中国，ZL200920049609.2 [P]. 2009 – 11 – 04.

[13] 广东省农业机械研究所. Q/NJS76 – 2009，6BFJ – 2000 型沙糖桔保鲜分级成套设备 [S].

[14] 张聪，梁材，梁健，等. 一种水果智能分级装置：中国，200510035962.1 [P]. 2005 – 12 – 28.

[15] 张聪，吴玉发，梁材，等. 果蔬在线检测分选中的自动执行机构：中国，200710028174.9 [P]. 2007 – 12 – 12.

[16] 张俊雄，荀一，李伟，等. 基于计算机视觉的柑橘自动化分级 [J]. 江苏大学学报，2007（2）：100~103.

[17] 广东省农业机械研究所. Q/NJS 58 – 2007，6ZBX – 2 智能型果蔬保鲜分选成套设备 [S].

［18］张聪，梁健，梁材．水果浸药保鲜机：中国，ZL200920236543.8［P］．2010－10－06.

［19］李胜，梁勤安，刘向东，等.6JGG－1000型可变间隙辊轴式果蔬分级机的研制［J］.新疆农机化，2010（6）：16～17.

［20］张聪，吴玉发，梁材，等．高速水果分级机：中国，ZL200820048484.7［P］.2009－04－08.

［21］张林泉．荔枝剥壳设备的研制［J］.包装与食品机械，2004（6）：4～6.

［22］张聪，林立雪．番茄表皮恒压蒸汽热烫及真空处理系统的研制［J］.食品与机械，2014（5）：147～150.

［23］张聪，吴首佟，李艳平，等．推进式果蔬恒压蒸烫及真空处理设备与方法：中国，ZL201210300627.X［P］.2012－12－05.

［24］张聪，李艳平，刘思波．贮罐式果蔬恒压热烫冷却处理设备与方法：中国，ZL201210301961.7［P］.2012－12－05.

［25］张聪，吴柏毅，蔡叶，等．全自动蔬果搓皮机：中国，ZL201220245036.2［P］.2012－12－12.

［26］张聪，蔡叶，吴柏毅，等．蔬果表皮连续自动撕脱清除的装置：中国，ZL201220245040.9［P］.2012－12－12.

［27］张聪，何俊明，黄灿军．自动移位式装箱机构：中国，ZL201620805503.0［P］.2016－07－29.

［28］张聪，何俊明．一种补给式水果称重装箱机及称重装箱方法：中国，201810107068.8［P］.2018－06－01.

［29］张聪，何俊明．一种轻柔层叠式的水果装箱机及水果装箱方法：中国，201810220114.5［P］.2018－07－27.

［30］张聪．罐头装箱组合式机械手设计［J］.包装工程，2016，37（19）：163－167.

［31］张聪，秦晓阳．一种水果抓取机械手及其抓取方法：中国，201811635775.0［P］.2018－12－29.

［32］张聪，秦晓阳．一种容让式水果抓取机械手及方法：中国，ZL202111355686.2［P］.2022－02－18.

［33］张聪，秦晓阳．椭圆状水果定向排列抓取装置及方法：中国，ZL202111354653.6［P］.2022－02－18.

［34］张聪，秦晓阳．一种薄膜牵引分切装置及方法：中国，201811635772.7［P］.2019－03－26.

［35］张聪，秦晓阳．水果自动包装设备用的覆膜包装装置：中国，ZL201822272929.6［P］.2020－07－24.

［36］张聪，秦晓阳．水果自动包装设备用的合盖包装装置：中国，ZL201822268746.7 ［P］．2020 – 07 – 10.

［37］张聪，秦晓阳．机械手抓取式水果自动包装设备及方法：中国，201811634974. X ［P］．2019 – 04 – 05.

［38］张聪，何俊明．一种周转箱卸垛机械手：中国，ZL201721420242.1 ［P］．2018 – 06 – 19.

［39］张聪，周钦河．组合式码垛机械手：中国，ZL201521110029.1 ［P］．2016 – 08 – 10.

［40］张聪，黄灿军，何俊明．双通道机器人码垛设备：中国，ZL201620880753.0 ［P］．2016 – 08 – 16.